죽이는 화학

**애거서 크리스티의 추리 소설과
14가지 독약 이야기**

The Poisons of
Agatha Christie

캐스린 하쿠프 지음 x 이은영 옮김

A is for Arsenic

죽이는 화학

애거서 크리스티의
추리 소설과
14가지 독약 이야기

Kathryn Harkup

생각의힘

그것이 모든 것의 시작이었다.
갑자기 내가 가야 할 길이 뚜렷이 보였다.
그리고 하나의 살인이 아닌,
거대한 규모의 살인을 저지르기로 결심했다.

애거서 크리스티, 「그리고 아무도 없었다」

차례

애거서 크리스티의 독약 조제실

그녀는 안락하게 죽음에 이르는
무수한 방법을 강구했다.
— 윌리엄 셰익스피어, 『안토니오와 클레오파트라』

'범죄의 여왕' 데임[1] 애거서 메리 클래리사 크리스티Agatha Mary Clarissa Christie(1890~1976)는 역대 가장 성공한 소설가라는 기네스 기록을 보유하고 있다. 오직 성경과 셰익스피어만이 그녀의 작품보다 많이 팔렸다(그리고 셰익스피어보다 더 널리 번역되었다). 크리스티는 최장기 공연 중인 연극 「쥐덫The Mousetrap」을 쓴 작가이자, 가장 유명한 허구적 탐정을 하나도 아닌 둘씩이나 창조해냈다. 에르퀼 푸아로와 마플 양 말이다. 찬사와 상패와 메달이 그녀 앞에 수북이 쌓여 있으며, 여전히 수백만의 사람들이 크리스티의 책과 연극을 사랑해 마지않는다.

많은 이들이 그녀가 성공한 비결을 찾으려 시도했다. 크리스티는 언제나 자신을 '대중' 작가라 여겼다. 자신의 소설이 위대한 문학 작품 혹은 인간에 대한 깊은 성찰을 담은 작품은 아니라는 사실을 스스로 알고 있었다. 그렇다고 살인을 즐기거나 불필요한 폭력으로 독자들에게 충격을 주려 하지도 않았다. 책 속 여기저기에 시체가 등장하지만, 그들이 불러일으키는 반응은 호기심에 가까웠다. 단서와 눈속임, 뛰어난 추론에 대한 기대로 독자들이 미소 짓게 만들었다. 그녀는 이야기꾼이자 즐거움을 제공하는 사람이었으며, 언뜻 풀리지 않을 것 같은 수수께끼를 던져 주는 시험관이었다.

크리스티의 추리 소설들은 그녀가 속임수의 명수임을 거듭해서 증명해 주었다. 그녀는 단서들을 공정하게, 숨김없이 드러냈고 종종 그것들로 관심을 이끌기도 했다. 하지만 그녀는 대다수 독자들이 자기만의 그릇된 결론에 도달하리라는 확신을 갖고 있었다. 마침내 살인자가 밝혀졌을 때 독자들은 명명백백한 범인을 알아차리지 못한 데 자책하며 화를 내거나, 부당하다고 외치면서 첫 장으로 되돌아간다. 그곳에 내내 있었던 단서들을 이번에는 발견하기를 바라면서 말이다.

크리스티는 위험한 약물에 관한 상세한 지식을 자신의 작품에 십분 활용했다. 그녀는 당대 어느 작가보다 여러 차례, 대부분의 이야기에서 고도의 정확성을 가지고 독약을 활용했다. 하지만 독자들이 의학 전문 지식을 가졌으리라고 예상하지는 않았기 때문에 약물의 증상과 입수 가능성을 일상의 언어로 간결하게 묘사했다. 그렇다 보니 독성학이나 의학 학위가 있는 사람들이라고 해서 일반 독자들보다 더 유리한 것도 없었다.[2] 다만 크리스티가 사용한 독약 배후의 과학을 이해하면 이야기를 만드는 그녀의 명민함과 창의성에 더욱더 감탄하게 된다.

독살자의 견습생

애거서 크리스티가 독약에 대해 갖고 있는 지식은 확실히 이례적일 정도로 뛰어났다. 그녀의 작품이 실제 독살 사례에서 병리학자들에게 참고 자료로 읽힌다고 주장하는 소설가들도 있다. 이 책을 쓰던 초기 단계에서 내 글을 접한 사람들은 "그녀가 이 모든 것을 어떻게 알았을까요?"라고 내게 묻기도 했다. 그 대답은 그녀의 지식이 독약을 직접 경험한 데에서, 그리고 관련한 주제에 범죄적 의미로서는 아니지만 평생 동안 관심을 가진 데에서 유래했다는 데 있다.

제1차 세계대전 당시 크리스티는 토키Torquay에 있는 한 지역 병원에서 간호사로 자원 근무했다. 그녀는 간호사 일을 좋아했지만 병원에 새로이 약품 조제실이 생기자 그곳으로 옮길 것을 제안받았다. 새일은 추가적인 훈련을 필요로 했다. 또한 그녀는 약제사apothecary의 보조 혹은 1917년 실제로 그녀가 맡아 했던 조제사dispenser[3]가 되기 위한 자격시험을 치러야 했다.

당시 이래 오랫동안 의사의 처방전은 약국이나 병원 조제실에서 사람 손을 거쳐 약물로 만들어졌다. 독약과 위험한 약물들을 조심스레 정량으로 계량하고 환자들에게 건네기 전 이를 동료들이 확인했다. 그리고 나면 색을 입히거나 향을 더하는 데 사용되는 무해한 성분들이 취향에 따라 첨가되기도 했다. 크리스티가 자서전[4]에서 설명했다시피, 이 때문에 자신이 처방받은 약이 정상적으로 보이지 않는다거나 평소와 다른 맛을 띤다고 불평하는 환자들도 있었다. 약이 정확한 양으로 조제되는 한은 전혀 문제가 없었지만, 가끔은 사고가 발생했다.

어포테커리즈 홀Apothecaries' Hall[5] 시험을 준비하는 동안 크리스티는 조제실에 함께 근무하는 동료로부터 화학 및 약학의 이론적 측면을 배운 것은 물론 실무 경험을 쌓았다. 병원에서 일하고 배우는 데 더해 토키에 있는 약국의 약사 미스터 P에게서 개인 교습도 받았다. 어느 날 교육의 일환으로 미스터 P가 좌약을 만드는 올바른 방법을 보여 주었다. 몇 가지 기술이 필요한 까다로운 과제였다. 미스터 P는 카카오 기름을 녹인 다음 약물을 첨가했다. 그리고 좌약이 만들어지는 정확한 순간에 약물을 상자에 담아 숙달된 솜씨로 '100분의 1'[6]이라고 적어 두었다. 하지만 크리스티는 조제 과정에서 미스터 P가 100분의 1이 아니라 10분의 1을 첨가하는 실수를 저질렀다고 확신했다. 1회분으로 필요한 것보다 10배가 많은 양이었고, 이는 복용하는 사람에게 위험한 상황을 초래할 수 있었다. 그녀는 몰래 계산을 다시 해 보았고 실수를 확인했다. 미스터 P에게 그의 실수를 드러내 보일 수는 없었다. 하지만 위험한 약물을 조제한 데 뒤따를 결과가 두려웠다. 크리스티는 움직이는 척하다 좌약을 바닥으로 떨어뜨렸고 땅에 떨어진 약을 짓밟아 버렸다. 그녀는 잘못을 거듭 사과하며 엉망진창인 바닥을 깨끗이 치웠다. 좌약이, 이번에는 정확하게 희석된 상태로 다시 만들어졌다.

미스터 P는 미터법을 사용해 정량을 계산했다. 당시 영국에서는 야드파운드법이 훨씬 더 일반적으로 사용되고 있었다. 크리스티는 미터법을 신뢰하지 않았다. 그녀가 말했듯이 '만일에 잘못되면 10배가 잘못되는 … 엄청난 위험' 때문이다. 소수점을 엉뚱한 데 찍음으로써 미스터 P는 심각한 계산 착오를 저질렀다.[7] 당시 대부분의 약사들은 그레인(grain, gr로 표기)이라 불리는 단위로 약물을 재고 나누는

전통적인 약제 계량법에 익숙했다.[8]

미스터 P의 실수와 같은 세부 사항에 대한 부주의만이 크리스티를 괴롭힌 것은 아니었다. 어느 날에는 미스터 P가 주머니에서 갈색 덩어리를 꺼내더니 그게 무엇이라 생각하는지를 물었다. 크리스티는 당혹스러웠다. 미스터 P는 갈색 덩어리가 쿠라레curare라고 하는 남아메리카 사냥꾼들이 화살 끝에 묻혀 사용하는 독약이라고 설명했다. 쿠라레는 먹어서는 전혀 문제가 없는 안전한 화합물이지만 혈액으로 직접 주입되면 치명적인 물질이었다. 미스터 P는 쿠라레가 '자신을 매우 힘 있는 사람처럼 느끼게 만들어 주기 때문에' 몸에 지니고 다닌다고 했다. 거의 50년이 지난 후 크리스티는 몹시 당혹스러운 인물인 미스터 P를 『창백한 말The Pale Horse』에서 약사로 부활시켰다.

크리스티는 1917년까지 시와 단편 몇 편을 썼다. 그중 몇 개는 출판이 되기도 했다. 그러던 중 가스통 르루Gaston Leroux의 『노란 방의 비밀The Mystery of the Yellow Room』을 읽고는 추리 소설을 써 볼 생각을 하고 언니인 매지Madge에게 이야기했다. 당시 비교적 성공한 작가였던 매지는 추리 소설을 쓰는 건 매우 어려운 일이라며 동생이 해내지 못하리라 장담했다. 하지만 언니의 말은 오히려 크리스티로 하여금 글을 쓰도록 자극했다. 약국에서 일하는 동안 크리스티는 줄거리와 등장인물들을 구상했고, 독약 병에 둘러싸여 지내면서 살인 도구로 독약을 사용하기로 결심했다.

그 결과로 나온 소설이 『스타일스 저택의 괴사건The Mysterious Affair at Styles』이었다. 크리스티는 이 소설 전체에 걸쳐 스트리크닌strychnine에 대해 자신이 알고 있는 상세한 지식을 십분 활용했다. 하지만 원고가 책으로 나오기까지는 몇 년을 더 기다려야 했다. 몇 군데 출판사에 원고를 투고한 끝에 마침내 1920년에 출간이 결정되었다. 책이 나온 후 「약학 저널과 약사Pharmaceutical Journal and Pharmacist」이라는 한 학술지에 책이 소개되며 크리스티는 일생에 걸쳐 스스로 가장 자랑스러워 하는 찬사를 받았다. "이 소설은 정확하게 씌어졌다는 매우 드문 장점을 가지고 있다." 학술지의 평론가는 작가가 제약 관련 훈련을 받은 사람이거나 전문가에게 도움을 받았으리라 믿었다.

범죄 경력

『스타일스 저택의 괴사건』의 출간은 길고도 매우 성공적인 경력의 시발점이었다. 하지만 크리스티는 세 권의 소설을 출간한 후에야 자신이 직업 작가라는 인식을 갖게 되었다. 작가로서의 삶 내내 그녀는 독약과 다른 약물에 꾸준히 관심을 가졌고, 총은 부득이한 경우에만 사용했다. 탄도학ballistics에 대해 아는 것이 없다는 사실도 거리낌 없이 인정했다. 그녀는 작품에서 선택한 독약의 과학적 세부 사항들을 면밀히 조사했다. 여러 해에 걸쳐 상당한 수의 법의학 장서들을 모았으며, 그중 가장 자주 참고한 책은 『마틴데일 약전Martindale's Extra Pharmacopoeia』[9]이었다.

제2차 세계대전 동안에도 크리스티는 런던 대학 병원에서 조제사로 자원 근무했다. 근무를 재개한 후 약국에서 정규 근무하며 주중 이틀은 종일, 사흘은 반나절, 토요일은 아침에만 일했다. 다른 직원들이 병원에 오지 못할 때에는 대신 나가 일을 하기도 했다. 병원에서 일을 하며 그녀는 신약과 최신 제약 기술들을 배워 나갔다. 미리 준비한 표준 제형의 가짓수가 늘어나자 남는 시간에 새로운 이야기를 창작하고 교묘하게 사람들을 현혹시킬 줄거리를 짤 수 있었다.[10]

크리스티는 또한 사실 확인을 위해 전문가들과 연락했다. 예를 들어, 1967년에는 생일 케이크 아이싱icing[11]에 탈리도마이드thalidomide를 넣었을 때의 효과를 묻고자 전문가에게 편지를 썼다. "효과가 있으려면 시간이 얼마나 걸릴까요?" "몇 그레인을 넣어야 할까요?" 하지만 이 아이디어는 소설에서 한 번도 쓰이지 않았다.

크리스티는 추리 소설의 황금기라 불리는 기간 동안 글을 썼다. 1920년대와 1930년대에 추리 소설은 진지한 일이었다. 1928년, 로널드 녹스Ronald Knox(1888~1957)[12]는 '추리 소설 십계명'을 남겼다. 범죄 소설 작가들이 독자들에 대한 공정함의 정신으로 고수해야만 하는 열 가지 규칙으로, 아래와 같다.

1. 범인은 반드시 이야기 초기에 언급된 인물이어야만 한다. 하지만 반드시 독자들이 사고의 흐름을 따라갈 수 있는 인물일 필요는 없다.
2. 모든 초자연적인 힘은 물론 제외시킨다.
3. 비밀의 방이나 비밀 통로는 하나 이상 허락되지 않는다.
4. 지금까지 발견되지 않은 독약을 사용해서도, 끝에 가서 기나긴 과학적 설명이 필요한 장치를 써서도 안 된다.
5. 중국인이 이야기에 등장해서는 안 된다.
6. 사건이 탐정을 도와서는 안 되며, 설명할 수 없는 그의 직관이 옳은 것으로 밝혀져서도 안 된다.
7. 탐정 자신은 범죄를 저질러서는 안 된다.

8. 탐정은 즉각 독자들에게 드러나지 않는 단서를 우연히 발견해서는 안 된다.

9. 탐정의 우둔한 친구, 왓슨은 자신의 마음을 관통하는 어떤 생각도 숨겨서는 안 된다. 그의 사고력은 평균적인 독자들보다 약간, 하지만 아주 약간 아래여야 한다.

10. 쌍둥이 형제, 그리고 1인 2역은 충분히 준비되지 않은 한 일반적으로 등장해서는 안 된다.

크리스티는 이 규칙들을 거의 전부 깨뜨렸는데, 『애크로이드 살인 사건The Murder of Roger Ackroyd』이 가장 화려했다. 당시 출판계는 경악했으며 신문 칼럼들은 크리스티가 사기를 쳤다는 장광설을 늘어놓았다. 『애크로이드 살인 사건』은 오늘날 전 시대를 통틀어 가장 뛰어난 추리 소설 중 하나로 꼽히고 있다. 실제로 규칙을 어기지 않을 때에도 그녀는 절대적 한계에 도달할 때까지 규칙들을 밀어붙였다. 그럼에도 불구하고 크리스티는 추리 클럽The Detection Club의 창립 회원이었다. 추리 클럽은 추리 소설을 쓰는 작가들의 저녁 모임으로, G. K. 체스터턴G. K. Chesterton, 도로시 L. 세이어스Dorothy L. Sayers, 십계명을 쓴 로널드 녹스 등이 회원으로 참여하고 있었다. 녹스의 규칙은 추리 소설 작가들이 반드시 지켜야 할 일종의 윤리 강령처럼 클럽 회원들에게 받아들여졌다. 또한 회원들은 정성 들인 입회식의 일부로서 다음의 맹세를 해야 했다.

당신의 탐정이 제시된 범죄 행위를 훌륭히, 그리고 올바르게 자신들의 기지를 발휘해 간파하게끔 할 것을 맹세합니까? 아마도 당신은 그들에게

이 같은 지혜를 선사한 것에 무척 만족해 하겠지요. 신의 계시나 여자의 직감, 주술, 속임수, 우연, 혹은 불가항력에 의지하거나 이들을 사용하지 않을 것을 맹세합니까?

크리스티는 녹스의 규칙보다는 추리 클럽의 서약을 아주 약간 더 중요하게 여겼다. 하지만 그녀는 여전히 독자들에게 공정함을 유지하도록 애썼고 결코 독자들을 속이지 않았다는 데 자부심을 느꼈다. 단서들은 제공되었지만, 그것들을 발견하고 올바르게 해석하는 것은 독자들의 몫이었다.

독약의 경우 크리스티는 언제나 정직하게 사용했다. 추적 불가능한 독약은 결코 사용하지 않았다. 그녀는 약물 과잉 투여로 인한 증상을 신중하게 확인했고, 할 수 있는 한 화합물의 이용 가능성과 검출에 정확성을 기했다. 하지만 몇몇 두드러진 예외도 있었다. 세레나이트(『카리브 해의 미스터리』), 벤보(『프랑크푸르트행 승객』), 칼모(『깨어진 거울』)는 비록 특성이 바르비투르barbiturate 약제와 비슷했지만 순수하게 크리스티 머릿속에서 나온 약물들이었다. 공정하게 말하자면, 그녀는 그중 한 가지 독약만을 『깨어진 거울』에서 등장인물을 죽이는 데 사용했고 나머지 경우에는 이 독약들에 썩 중요한 역할을 맡기지는 않았다.

단지 등장인물을 간편하게 처리하기 위해 크리스티가 독약을 사용한 것만은 아니었다. 소설 곳곳에 비소나 시안화물 같은 고전적인 독약들을 흩뿌려 놓았지만, 다양한 종류의 독극물 또한 이 책에서 모두 다루기에는 너무 많을 정도로 방대하게 사용했다. 소설 속에서 묘사한 많은 독약들이 그녀가 약국에서 일하면서 친숙해진 약제들이었다.

스트리크닌이나 인, 코닌, 탈륨 같은 독성 화합물이나 화학 물질들은 1917년만 해도 조제 약품으로 쓰이고 있었다. 높은 독성과 낮은 치료 가치가 알려지고 난 후로 이들은 『영국 약전British Pharmacopoeia』에서 사라졌다. 그러나 모르핀이나 에세린, 디기탈리스, 아트로핀, 바르비투르 등의 다른 화합물들은 오늘날에도 의료 분야에서 사용되고 있다. 의사이자 독성학의 창시자인 파라켈수스Paracelsus(1493~1541)가 말했듯이, "독물은 모든 곳에 있으며 독물 없이 존재하는 것은 아무것도 없다. 투약 정도에 따라 독약이 되거나 치료제가 된다." 크리스티는 이 말의 의미를 잘 알았고 예상하지 못한 색다른 독약, 예를 들어 니코틴이나 리신을 사용해 놀라운 효과를 만들어냈다. 독약의 증상과 이용 가능성, 그리고 판독은 사건의 단서를 제공했을 뿐만 아니라, 크리스티의 소설만이 갖는 특징적인 구성에 기여했다. 예를 들어, 놀라운 구성이 돋보이는 소설 『다섯 마리 아기 돼지Five Little Pigs』에서는 독미나리를 사용했다. 약물이 체내에서 작용하는 방식, 맛, 실제로 효과를 나타내기까지 걸리는 시간 등 모든 것이 소설 속 시간표와 완벽하게 맞아떨어졌다.[13]

현실로부터의 영감

애거서 크리스티는 독약에 대해 자신이 알고 있는 정확하고 상세한 지식에만 의존하지 않았다. 실제 범죄 사례를 광범위하게 조사했으며, 과거 떠들썩했던 살인 사건들에도 정통했다. 현실의 살인자와 독살범 다수를 참조하여 허버트 로즈 암스트롱Herbert Rowse Armstrong,

프레더릭 세던Frederick Seddon, 애들레이드 바틀릿Adelaide Bartlett 같은 자신의 작품 속 인물들을 만들어냈다. 심지어 살인 사건이 일어난 정황들을 줄거리를 구상하는 영감으로 활용하기도 했다.

『맥긴티 부인의 죽음Mrs McGinty's Dead』은 악명 높은 살인마 닥터 홀리 하비 크리픈Dr Hawley Harvey Crippen 사건에 토대를 둔 소설이다. 크리픈은 아내를 독살한 죄로 1910년 교수형에 처해졌다. 런던에 있는 크리픈의 집 지하실에서 시체가 발견되었다. 크리픈의 잠옷에 묻은 살점 일부에서는 히오신 하이드로브로마이드hyoscine hydrobromide가 치사량으로 검출되었다. 한편, 크리픈은 소년으로 위장한 연인 에델 르네브Ethel le Neve와 함께 캐나다행 배에 올라 도주 중이었다. 하지만 위장술도 선장을 속이지는 못했다. 무선 전보로 영국 경찰에 소식이 전해지자 듀 경감Inspector Dew이 더 빠른 배를 타고 몬트로즈Montrose에 먼저 도착해 이들을 기다렸다. 그리고 배가 도착하자 크리픈과 르네브를 체포했다. 『맥긴티 부인의 죽음』에서는 살인자의 비밀을 감추기 위해 살인 사건들이 벌어졌다. 그들의 어머니는 아내를 죽이고 지하실에 묻은 남자와 연인 관계였다.

『누명Ordeal by Innocence』은 어머니를 살해한 자코 아가일의 이야기를 담고 있다. 자코가 감옥에서 사망한 지 몇 년 후 낯선 이가 아가일의 집에 나타난다. 자코가 무죄라는 증거를 들고서 말이다. 만일 자코가 어머니를 죽인 게 아니라면 가족 중 누가 범인이란 말인가? 이 이야기는 1875년에 실제로 벌어진 독살 사건인 '브라보 사건Bravo case'에서 영감을 얻었다. 찰스 브라보Charles Bravo는 열렬한 구애 끝에 부유한 젊은 미망인 플로렌스 리카도Florence Ricardo와 결혼했다. 결혼 후 네 달이 지났을 무렵 찰스는 앓아누웠다. 아내와 그들의 집에서 지내는 아내의 친구 제인 콕스Jane Cox와 함께 저녁을 먹은 뒤였다. 찰스는 아내의 옛 애인이자 의사인 제임스 걸리James Gully로부터 진찰을 받고 나서 사흘 만에 사망했다. 사후 검시 결과, 찰스가 안티몬antimony에 중독되었다는 사실이 밝혀졌다. 사인 불명으로 판결이 났지만 사람들은 찰스가 자살을 했다고 생각했다.

언론은 제인 콕스와 찰스 브라보의 사이가 나빴음을 탐사 보도했다. 또한 부부가 아내와 옛 애인의 친밀한 관계를 두고 언쟁을 벌이는 걸 콕스가 들었다고도 했다. 두 번째 심리는 사실상 두 여성에 대한 공판이 되었다. '고의 살인' 의혹이 제기되었지만 치사량의 안티몬을 누가 주입했는지를 지시하는 증거가 충분치 않았다. 찰스 브라보를 살해한 범인은 끝내 잡히지 않았다. 애거서 크리스티의 말을 인용하면, "플로렌스 리카도는 가족에게 버림받고 외로이 알코올 중독으로 사망했다. 제인 콕스는 사람들로부터 외면당한 채 어린 세 소년과 함께 노년까지 살았다. 그녀를 아는 대부분의 사람들이 그녀가 살인자라고 믿었다. 제임스 걸리는 직업적으로뿐만 아니라 사회적으로도 매장당했다." 크리스티가 생생하게 표현했듯이 "누군가는 죄를 저질렀다. 그리고 처벌도 받지 않고 교묘히 빠져나갔다. 하지만 다른 이들은 결백하다. 그들은 그 무엇으로부터도 빠져나가지 못했다."

나는 십 대 시절에 애거서 크리스티의 책들을 처음 접했다. 그녀의 이야기들과 사랑에 빠졌지만 당시 그 속에 담긴 과학적 내용들을 제대로 인식했는지는 모르겠다. 이 책을 쓰기 위해 소설과 단편 들을 다시 읽으면서 크리스티가 지닌 과학 지식뿐만 아니라 그 지식들을 작품 속에 혼합해 넣는 방식들의 진가를 알게 되었다. 많은 사람들이 과학을 좋아하기 힘들다고 말한다. 하지만 크리스티는 독자들이 줄거리로부터 멀어지지 않게 만들면서 필요한 세부 사항 모두를 상세히 설명하며 독약의 중요성을 이해할 수 있게 만들었다. 나는 이 책에서 그녀가 작품에서 사용한 독약 14가지를 살펴볼 것이다. 또한 크리스티에게 영감을 주었거나 혹은 그녀의 작품으로부터 영감을 받았을지 모를 실제 사건들도 다룰 것이다. 이 책은 애거서 크리스티의 독창성과 뛰어난 구성 능력, 과학적 정확성을 향한 집념에 보내는 찬사다.

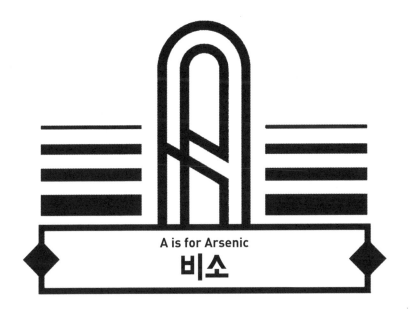

A is for Arsenic
비소

살인은 쉽다

왕의 독약 그리고 독약의 왕.
― 익명의 작가

'비소arsenic'는 거의 독약의 동의어처럼 사용되었다. 독살의 표본이라 여겨지기도 했다. 비소는 고대 그리스 시대부터 오늘에 이르기까지 길고도 화려한 살인의 역사, 암살의 역사와 함께했다. 사람들은 종종 애거서 크리스티를 비소와 가장 많이 연관 짓지만, 실제로는 네 편의 소설과 두 편의 단편에서 오직 일곱 명의 등장인물만이 이 악명 높은 독약으로 죽음에 이르렀다. 어떤 경우에는 '무대 밖에서' 증상을 짧게 설명하기도 했다. 크리스티가 희생시킨 등장인물이 300명 이상이라는 데 비춰 보면 7명은 상대적으로 적은 수이다. 비소의 악명을 놓고 봐도 다소 절제된 편이다. 하지만 그녀의 많은 책에서 비소가 언급되고 있으며, 이렇게 지나가며 언급하는 대목에서도 독약에 대한 크리스티의 깊은 지식이 드러난다.

1939년 소설 『살인은 쉽다Murder is Easy』는 비소 살인을 특징적으로 다룬다. 책에는 자세한 증상뿐만 아니라 약물을 어떻게 투여했는지도 담겨 있다. 한적한 영국 시골 마을에서 대규모 살인이 벌어진다는 점에서 전형적인 '애거서 크리스티'식 설정이다. 은퇴한 수사관인 루크 피츠윌리엄은 범죄 해결의 임무를 떠맡는다. 피츠윌리엄은 런던으로 가는 기차 안에서 나이 든 독신 여성인 라비니아 핀커튼을 만나고선 사건에 휩쓸린다. 핀커튼은 자신이 살고 있는 마을에서 벌어진 의심스러운 3건의 죽음을 신고하기 위해 런던 경시청에 가는 길이라고 했다. 에이미 깁스는 모자 염료(그렇다. 모자의 색깔을 바꾸는 데 사용하는 염색약을 말한다)를 감기약으로 착각해서 들이마신 후 사망했다. 토미 피어스는 창문을 닦던 중 지붕에서 떨어져 죽었다. 그리고 해리 카터는 밤새 술을 마신 후 다리에서 떨어져 익사했다. 그들은 실수로 떨어진 것일까? 아니면 누군가에게 떠밀린 것일까? 핀커튼은 이들의 죽음이 사고사가 아니며, 험블비 박사가 다음 희생자가 될 거라 확신했다.

피츠윌리엄은 처음에는 노부인의 이야기를 무시했다. 하지만 나중에 신문에서 핀커튼과 험블비 박사의 부고를 접하고선 자세히 조사해 보기로 결심한다. 핀거튼의 고향 마을을 찾아간 그는 근래 있었던 다수의 사망 사건을 모조리 살폈다. 모두가 사고사 혹은 자연사인 듯 보였지만, 전례 없이 많은 사망자가 발생했다는 것은 이 마을이 매우 불운하거나 무언가 불길한 일이 벌어지고 있음을 의미했다. 피츠윌리엄이 가장 관심을 가진 사건은 호튼 시장 부인의 사망으로, 그녀는 오랜 병치레 끝에 지난해 죽었다. 그 전에 호튼 부인은 급성 위염으로 한동안 병원에 입원해 있었다. 물론 그녀의 증세는 자연적인 원인으로 설명이 되었지만 또한 비소 중독으로도 나타날 수 있는 문제였다.

비소 이야기

비소Arsenic(As)는 비록 자연 상태에서는 순수한 원소보다는 화합물의 형태로 나타나긴 해도, 지구 표면에서 14번째로 흔한 원소이다. 13세기에 처음 검출되었으며 회색의 준금속[1]으로 판명되었다. 비소의 영어 단어 'arsenic'은 '노란 석황石黃, orpiment'을 뜻하는 페르시아어 'zarnikh'에서 왔다. '노란 석황'은 밝은 색상의 비소와 황sulfur[2] 복합물이다. 'zarnikh'는 이후 그리스어로 'arsenikon'이라 번역되었는데 '남자다움' 혹은 '강함'을 뜻하는 그리스어 'arsenikos'와 관련이 있다. 그리고 'arsenikon'에서 마침내 'arsenic'에 이르렀다. 비소를 독약이란 의미로 사용할 때에는 대개 '흰색 비소white arsenic' 혹은 삼산화비소 arsenic trioxide(As$_2$O$_3$), 아니면 다른 치명적인 비소 화합물을 말한다. 순수한 원소 형태에서 비소는 인체에 쉽게 흡수되지 않기 때문에 삼산화비소보다 덜 치명적이다.[3]

  비소 화합물의 유독함은 적어도 클레오파트라 시대부터 알려져 있었다. 삶을 끝내기로 마음먹은 이집트의 여왕은 죽음에 이르는 과정이 가능한 덜 고통스러우면서 또한 사망 후에도 매력적인 모습으로 남기를 바랐다. 여왕은 노예들에게 다양한 독약을 시험하고 그 결과를 지켜보았다고 전해진다. 그중 비소도 있었는데, 죽음에 이르는 길로는 명백히 좋지 않은 방법이었다. 결국 그녀는 독사를 선택했다.[4]

르네상스 시대의 유럽에서는 대중적인 살인 방법으로 쓰였다. 특히 보르지아Borgia 가문에서 애용했다. 보르지아 가문에서는 도살한 돼지 내장에 비소를 뿌린 다음 부패하도록 내버려두었다고 한다. 그런 다음 조심스레 말려 가루로 만들었는데 '라 칸타렐라La Cantarella'라 부르는 이 연한 고형물을 음식이나 음료에 첨가했다. 만일 비소가 희생자의 목숨을 끊어 놓지 못하면 썩은 내장에서 추출한 독소로 마무리했다. 비소를 사용하는 이점은 두 가지였다. 첫째, 비소는 아무런 맛이 없어서 잠재적인 희생자가 자신이 중독되고 있음을 눈치채지 못한다. 둘째, 비소 중독은 식중독이나 콜레라, 이질dysentery과 증상이 비슷했다. 이들 모두 여러 연령대에서 다양한 시기에 흔하게 발생하는 질환들이다.

16세기와 17세기 내내 독살은 독특한 이탈리아 예술로 여겨졌다. 어느 정도는 보르지아 가문의 명성[5]과 토파나Toffana(성인聖人의 그림을 상표에 새겨 치명적인 화장품을 판매한 전문 독살자), 그리고 베니스의 정부 기관이었던 10인 위원회the Council of Ten 때문이었다. 10인 위원회는 경쟁자를 제거하는 데 독약의 힘을 빌렸으며, 범죄 목적을 위해 독약을 쟁여 놓았을 뿐만 아니라 심지어는 독살자들을 열렬히 광고하기까지 했다.

17세기에는 비소의 명성이 프랑스 궁정에까지 퍼졌다. 귀족 일부가 악마 숭배 의식black masses에 참여한 혐의를 받고 있던 악명 높은 독살자 라 보아장La Voisin과 공모한 것으로 밝혀졌다. 수사 범위가 확장되고 당시 프랑스 사회의 주요 인물들이 다수 포함되자 '이단자 재판소the Chambre Ardent' 혹은 '불타는 법원Burning Court'이라 이름 붙인 특별 법원이 소집되었다. 12명의 판사가 유죄를 선고한 죄인들을 처형한 방법에서 따온 이름이있다. 난처한 상황이나 파급 효과를 우려해 법정은 비밀리에 열렸고 오직 국왕에게만 보고되었다. 판사 중 한 명이었던 니콜라 가브리엘 들 라 레니Nicolas Gabriel de la Reynie는 "인간의 목숨이 거래되었다. 그것도 싼값에", "독약은 대개의 가족 문제를 해결하는 유일한 수단"이라고 기록했다. 그리고 물론, 선택된 독약은 비소였다. 너무도 흔하게 사용되면서 비소는 '상속의 가루poudre de succession, inheritance powder'로 불리기도 했다.

17세기 이전에 힘 있고 영향력 있는 많은 사람들은 공인 맛 감식가를 고용했고, 음식과 음료를 준비하도록 허락된 사람들을 면밀히 주시했다. 맛 감식가를 피해 살인을 저지르는 방법에 대해서도 많은 이야기가 전해진다. 장갑과 승마용 장화에다 독약을 묻혀서 피부 접촉으로 사람을 죽였다는 이야기는 다소 과장되었을 것이다. 하지만 실험을 통해 독약을 바른 셔츠가 적어도 이론상으로는 비소를 투여하는 유효한 방법일 수 있음은 입증되었다. 문제의 옷은 비소가 든 용액에 말단 부위를 흠뻑 적신 후 건조한다. 천이 빳빳한 느낌은 있지만 달리 다른 문제가 발생했다는 두드러진 징조는 없다. 이제 옷이 맨살에 닿으면 죽음에 이를 만큼 충분한 양의 비소가 피부를 통해 공급된다. 특히 피부에 물집이 잡히게 만드는 물질을 비소 혼합물에 함께 첨가하면 비소가 피부를 뚫고 혈액 속으로 더 빨리 침투한다.

비소 독살은 오랫동안 부유하고 힘 있는 사람들의 전유물이었고, 가난하고 힘 없는 사람들은 서로를 죽일 다른 방법을 찾아야만 했다. 그러나 산업혁명이 시작되자 철이나 납과 같은 금속이 대량으로 필요해졌다. 땅에서 광석의 형태로 추출되는 이 금속들에는 종종 비소가 묻어 있었다. 순수한 금속을 얻기 위해 광석을 불에 그을려 공기 중에 있는 산소와 비소가 반응하게 만들었다. 산소와 만난 비소는 삼산화비소로 변해 굴뚝 내부에 흰색 고체 형태로 응축되었다. 굴뚝이 막히는 걸 방지하기 위해서는 주기적으로 굴뚝 내벽에 쌓인 삼산화비소를 긁어내야 했다. 기업가들은 흰색 비소를 쓰레기로 내다 버리는 대신 독약으로 판매하면 이윤을 얻을 수 있음을 깨달았다. 쥐, 빈대, 바퀴벌레, 혹은 인간에게 문제를 일으키는 다른 해충들을 제거하는 용도로 말이다. 비소의 가격이 급락했고 이내 누구나 달갑지 않은 친지 혹은 귀찮은 적을 제거하는 데 필요한 만큼 충분한 비소를 구입할 수 있게 되었다.

놀라울 것도 없이, 비소 독살이 증가하기 시작했다. 19세기 영국의 신문을 읽은 사람이라면 당시 비소 살인이 전염병 수준으로 만연했다고 생각할 것이다. 실제 독살 사건은 극히 적었다. 언론에서 지나치게 흥분해 보도를 일삼았을 때에도 영국 전역에 걸쳐 오직 두세 건의 재판이 있었을 뿐이다. 갑작스런 사망 사건이 발생하면 간혹 독살에 대한 의혹이 일기도 했다. 하지만 대개는 원한을 품은 사람이 있을지 모른다는, 해당 지역에서 떠도는 소문이나 선정적인 언론 보도로 부풀려진 것이었다. 예를 들어, 1849년 영국에서 발생한 2만 건의 사망 중 415건이 독약과 관련된 것으로 여겨졌지만, 그중 11건만이 살인으로 의심되었고 그 모두가 유죄 판결을 받지도 않았다.

만일 비소가 사용되었다 하더라도 이들 초기 사례에서 독살을 판별하기는 어려웠다. 희생자의 증상은 자연적인 원인으로 여겨질 수 있었으며 당시에는 사체에서 비소를 검출하는 방법 또한 없었다. 이제 무언가 필요하다는 것이 명백해졌다. 인체 조직에서 비소를 검출하는 다양한 방법들이 시도되었다. 하지만 초기 방법들 중 신뢰할 만한 것은 없었다. 손쉽게 논의되거나 심지어 법정에 제시할 수 있는 결과를 내놓지도 못했다. 존 보들John Bodle 사건이 당시 상황을 잘 보여 준다.

1832년, 영국의 화학자 제임스 마시James Marsh(1794~1846)는 80세 농부 조지 보들George Bodle의 사인을 조사해 달라는 의뢰를 받았다. 마시는 사체의 장기와 고인이 죽기 전 커피를 따라 마셨던 컵 안에서 비소를 발견했다. 그러나 마시가 재판을 위해 준비한 시료의 보존 상태가 좋지 못했고 배심원들은 그가 설명하는 실험의 기술적 의미를 이해하지 못했다. 결국 용의자 존 보들(조지 보들의 손자)은 무혐의로 풀려났다. 나중에 존 보들은 살인을 자백했지만, 그를 다시 법정에 세울 수는 없었다. 마시는 분노했고 가장 멍청한 배심원도 이해할 수 있는 비소 검사법을 고안하기 시작했다. 그는 배심원들이 직접 눈으로 비소를 확인하길 바랐다.

마시는 U자 모양의 유리관을 만들었다. 유리관 한쪽 끝은 뚫려 있으며 다른 한쪽은 가늘어지는 분출구와 연결되어 있었다. 분출구에는 아연을 매달아 두었다. 검사하려는 용액은 뚫려 있는 쪽에다 두고 산을 첨가했다. 용액이 아연이 있는 곳까지 다다르면 극히 적은 양의 비소도 아르신 가스(AsH_3)[6]로 탈바꿈해 분출구를 빠져나오며 불이 붙었다. 차가운 자기磁器, porcelain로 된 우묵한 부분은 불길에도 끄떡없

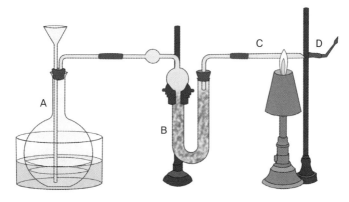

| 1921년 당시의 마시 검사 장치(자료: 휴 맥기건, 『화학 약리학Chemical Pharmacology』) |

(A) 수소를 발생시키기 위해 아연과 산을 담고 있는 플라스크
(B) 생성뇌는 기제를 건조시키기 위한 염화칼슘
(C) 유리관
(D) 비소 거울

었다. 순수한 금속 비소는 그 표면에 축적되었다. 마시의 기구는 점차 수정되었지만 애거서 크리스티의 시대에도 여전히 쓰였다. 그리고 크리스티는 조제사 시험을 준비하는 과정에서 동료와 함께 '코나' 커피 기계를 사용해 마시 검사법을 연습해 보았다.

마시 검사는 1840년 저명한 독성학자 마티외 오르필라Mathieu Orfila (1787~1853)가 형사 사건 재판에서 처음 선보였다. 오르필라는 샤를 푸시-라파르Charles Pouch-Lafarg의 사인을 조사했다. 1839년 샤를은 마리 카펠Marie Capelle과 결혼했다. 두 사람 모두 이 결혼을 통해 부자가 되리라 믿었다. 실제로 마리가 결혼 지참금으로 가져온 돈은 그리 대단치 않았는데, 그녀는 자신의 처지보다 훨씬 높은 수준의 생활을 꿈꾸었다. 마리는 엘리트 교육을 받았고 스스로가 왕족이라 믿었다. 샤를도 자신이 부유한 주철 제조업자라 주장했지만 아주 작은 마을, 황폐한 토지 위에 쥐들로 뒤덮인 음습한 집에서 살고 있었다. 게다가

집의 일부를 주물 공장으로 개조하면서 쓴 비용으로 거의 파산할 지경에 이르렀다. 결혼 생활이 나아질 기미는 없었다. 마리가 남편을 설득해 자신이 바라는 대로 유언상을 수정하기까지는. 샤를은 크리스마스 기간 동안 새롭게 시작하는 사업의 재정 후원자를 찾기 위해 파리로 갔다. 마리는 크리스마스 선물로 샤를에게 소포를 보냈다. 라파르 집안 하녀들이 마리가 작은 케이크 다섯 조각과 그녀의 초상화, 그리고 애정 어린 편지를 상자 속에 담는 걸 목격했다. 소포가 파리에 도착했을 때 그 속에는 커다란 케이크 하나가 들어 있었고 케이크를 먹은 후 샤를은 몸 상태가 나빠졌다. 집으로 돌아갈 만큼 건강이 회복되었지만 다시 앓기 시작했고 얼마 지나지 않아 사망했다. 비소 중독이 의심되었다. 마리는 비소를 구매한 적이 있었다. 집 안에 있는 쥐를 죽이려는 목적으로 보였다. 샤를의 죽음에 비소가 원인으로 작용했는지 조사해 달라는 요청이 오르필라에게 들어갔다. 오르필라의 증언과 그가 시행한 마시 검사 결과는 배심원단이 마리에게 살인죄를 선고하기에 충분했다.[7]

라파르 사건에는 여전히 의혹이 남았다. 그 누구도 마리가 케이크를 바꿔치기 했다는 사실을 입증할 수 없었다. 심지어 그녀에게 그런 일을 벌일 기회조차 있었는지도 말이다. 또 다른 독성학자 프랑수와-뱅상 라스파일François-Vincent Raspail(1794~1878)은 법의학 증거에 의구심을 던졌다. 라스파일은 오르필라가 마시 검사를 실시할 때 사용한 아연이 비소로 오염되었고 샤를의 사체에 비소가 남아 있지 않아도 독극물 검사 결과 양성 반응을 나타낼 수 있음을 입증했다. 하지만 라스파일의 증거가 나왔을 땐 이미 늦었다. 라스파일이 법정에 도착하기도 전에 마리는 종신형을 선고받았다. 라스파일은 마시 검사

법의 유일한 결점을 드러내었다. 너무 민감하다는 것이었다. 0.02밀리그램의 비소를 탐지해내는 능력은 일반적으로 과학 수사에서 유리하게 작용할 것이다. 하지만 비소는 전 세계에 널리 퍼져 있다. 게다가 19세기에는 각 가정에서도 널리 쓰이고 있었다. 곧 거의 모든 곳에서 비소가 발견될 터였다.

이름에서 알 수 있듯, 하얀 비소는 하얀 가루 물질이다. 겉으로 봐선 설탕이나 밀가루와 유사해서 때때로 잘못 사용하는 실수가 벌어지기도 했다. 빅토리아 시대 영국에선 음식에 불순물을 섞는 일이 제법 흔했다. 단맛을 제조하는 사람들은 석고나 분필 가루처럼 활성이 없는 물질들을 단맛 나는 음식의 양을 불리는 데 사용했다. 설탕보다 값이 쌌기 때문이다. 1858년, 브래드포드에 있는 한 제조업자가 평소 통 속에서 사용하던 물질인 하얀 가루를 퍼내 사탕을 만드는 도중에 집어넣었다. 그런데 불운하게도 그 가루는 하얀 비소였다. 사탕을 먹은 몇몇 아이들에게 문제가 생기면서 사람들이 실수를 알아차렸고 죽음의 사탕은 회수되었다. 하지만 이미 200명이 심각한 질병에 걸렸고 20명이 사망한 후였다. 현대인들의 눈에는 이상하게 보이겠지만, 이 사건으로 처벌받은 사람은 한 명도 없었다.

반면에 1836년, 요리사였던 엘리자 페닝Eliza Fenning은 자신이 일했던 집 안의 사람들 모두를 독살하려 한 혐의로 처형당했다. 그녀가 준비한 경단을 먹은 후 사람들이 심각하게 앓기 시작했다(나중에는 모두가 회복했다). 몇 주 전 집 안에서 비소 한 묶음이 사라졌다고 했다. 엘리자는 증거가 허술했음에도 유죄를 선고받았다. 집 안에 있던 다른 사람들도 경단에 독약을 넣을 기회가 있었다. 어쩌면, 끔찍한 실수로 벌어진 일인지도 모른다.

18세기 기업가들은 제련소에서 점차 쌓여만 가는 비소 쓰레기를 쥐약 외에 사용할 방도를 찾아냈다. 일부 비소 화합물은 밝은 색상을 띠어 수천 년 동안 안료로 이용되었다. 강렬한 노란색의 석황(As_2S_3)과 새빨간 광물인 계관석realgar, 鷄冠石(AsS)이 대표적이다. 1775년, 카를 빌헬름 셸레Carl Wilhelm Scheele(1742~1786)가 셸레그린Scheele's green($CuHAsO_3$)을 발명하면서 비소 기반 안료에 한 가지가 더 추가되었다. 비소 화합물은 식물성 염료에 크나큰 향상을 가져왔다. 색이 쉽게 바래지 않고 값이 싸며 만들기도 쉬웠다. 빅토리아 시대 영국에서 붉은색과 초록색이 엄청난 인기를 끌었다는 것은 벽지에서부터 의류, 장난감, 심지어 사탕이나 케이크 장식 같은 먹을거리 등 거의 모든 것에 비소가 염료로 사용되었음을 뜻한다.[8]

비소로 염색한 벽지는 벽지 제조 과정에 참여하는 사람들에게만 직접적으로 해로웠다. 비소 가루에 노출되기 때문이었다. 비소 벽지가 도배된 침실은 빈대가 없어져 깨끗했고 이것이 장점으로 여겨지며 초기에는 판매가 증가했다. 하지만 빈대를 사라지게 만든 원인이 무엇이었건 이내 같은 공간을 차지하고 있는 인간에게도 영향을 주기 시작했다. 벽에다 벽지를 고정하기 위해서 밀가루 풀이 사용되었는데, 이것이 영국의 습한 기후와 합쳐져 곰팡이들이 자랄 완벽한 환경을 제공했다. 또한 비소를 화학적으로 제거하거나 처리함으로써 새로운 환경에 적응하는 곰팡이들도 생겨났다.

1893년, 바르톨로메오 고지오Bartolomeo Gosio(1863~1944)가 '페니실리움 브레비카울룸Penicillium brevicaulum'(지금은 스코풀라리옵시스 브레비카울리스Scopulariopsis brevicaulis로 알려져 있다)이라는 곰팡이가 녹말풀을 공격해 비소 가스를 배출한다는 사실을 처음으로 입증했다. 그는 직접 가스를 확인할 수는 없었지만 가스에서 나는 독특한 마늘 향을 맡았다. 이 가스는 고지오 가스로 불리게 되었다. 1945년, 고지오 가스가 트리메틸아르신trimethylarsine $(As(CH_3)_3)$이라는 사실이 밝혀졌다. 가스는 매우 유독했고 벽지에 사용된 비소를 모조리 제거하라는 권고가 내려졌다. 하지만 불행히도 한 유명한 프랑스인에게는 너무 늦은 권고였다.

1821년 나폴레옹 보나파르트의 죽음에 대해서는 여러 가지 추측이 있다. 세인트헬레나 섬에서의 유배 생활 중 마지막 달 내내 나폴레옹은 몸이 좋지 않았고, 프랑스와 영국에서 의사 여럿이 다녀갔다. 황제는 심각한 위통을 겪고 있었는데, 의사들의 치료도 별 효과가 없었던 것 같다. 나폴레옹이 죽자 일곱 명의 의사가 부검에 참석했고, 사인을 위암으로 결론내렸다. 하지만 독살됐다는 소문이 빠르게 퍼져 나갔다. 예상대로 프랑스는 영국에 죄를 덮어씌웠고 영국은 프랑스를 탓했다. 당시에는 신뢰할 수 있는 검사법이 없었기 때문에 독살을 확인하거나 부인하기 위해 할 수 있는 게 거의 없었다.

1960년대 들어 사망 직후에 수거해 유품으로 보관해 온 나폴레옹의 머리카락을 대상으로 검사가 이루어졌다. 비소를 함유하고 있는지 확인하기 위해서였다. 이 검사에서 비정상적으로 많은 양의 비소가 검출되자, 어떻게 그렇게 많은 양의 비소가 축적될 수 있었는지에 대한 의견이 분분했다. 한 가설은 벽지를 의심했다. 1980년대에 나폴레옹의 침실 벽지 일부가 발견되었는데, 분석 결과 $0.12g/m^2$라는 상당한 양의 비소가 검출되었다.[9] 1893년에 이루어진 한 자세한 연구에 따르면, $0.015g/m^2$에서 $0.6g/m^2$ 사이의 비소를 포함하고 있는 벽지는 건강상 문제를 일으킬 수 있고, 심지어 $0.006g/m^2$이라는 아주 적은 양으로도 위험을 초래할 가능성이 있다.[10] 세인트헬레나 섬은 따뜻하고 습한 기후여서 벽지 안에서 곰팡이가 퍼졌을 수도 있다. 하지만 그렇다 하더라도 나폴레옹을 죽일 만큼 트리메틸아르신을 충분히 방출하지는 못했을 것이다. 다만 벽지가 그의 좋지 못한 건강 상태에 기여했던 것만은 확실하다. 나폴레옹은 아픈 사람들이 으레 그러듯이 의사를 불렀으나 불행히도 의사들은 별 도움을 주지 못했고 오히려 약물의 형태로 그의 체내에 더 많은 중독성 화합물을 주입했다. 물론 그를 독살하려는 의도가 있었던 것은 아니었다.

19세기 의사들이 사용할 수 있는 의약품의 범위는 제한적이었다. 구토, 설사, 발한과 같은 증상에 대한 것들을 제외하고는 효과가 입증된 의약품이 거의 없었다. 회복은 대개가 일시적이었고 임상 실험이나 추적 검사는 사실상 없었다. 환자들은 종종 의사의 도움 없이도 회복했다. 어쩌면 되려 의사의 도움이 없었기 때문에 회복했을 수도 있다. 인체에 눈에 띄는 효과를 발휘하는 화합물들은 간혹 매우 유독했고, 21세기 이전 의사들의 왕진 가방 속에 담겨 있던 화합물들은 거의가 오늘날 매우 위험하다고 여겨지는 것들이었다.

19세기에 흔히 사용된 약물로 파울러 용액Fowler's solution이 있다. 1809년 『영국 약전British Pharmucopoeia』에 처음 소개되었고, 초기에는 말라리아 치료제로 쓰였지만 이후 다양한 질환에 처방된 강장제이다. 파울러 용액은 아무런 맛이 없었기에 말라리아 치료제로 주로 사용되던 쓴맛의 키니네보다 선호되었고, 점차 피부 질환에서 천식까지 치료 대상 질환이 늘어났다. 파울러 용액의 주요 성분은 물론 비소의 한 형태인 아비산칼륨potassium arsenite(K_2AsO_3)이었다.[11]

따라서 빅토리아 시대의 사체에서 비소가 검출되는 것은 전혀 놀라운 일이 아니었다. 독극물 범죄 사건을 기소한 측에서는 비소가 사망 원인임을 밝혀야 했을 뿐만 아니라, 비소 입수 경로와 희생자에게 비소가 주입된 경로까지 밝혀야 했다.

1851년 영국에서 비소 법안The Arsenic Act이 통과되었다. 비소의 판매를 통제하고 관리하려는 목적에서였다.[12] 비소를 구매하는 사람은 이름과 구매량, 사용 목적을 등록부에 기록하도록 규정했다. 또한 어린아이들이 사탕과 같이 단맛 나는 먹을거리로 오해하는 위험을 줄이고자, 의료 혹은 농업에서 검은색이나 남색으로 염색하는 데 비소를 사용하지 못하도록 했다. 불행하게도 이 법안에도 커나란 구멍이 있었다. 예를 들어, 비소 화합물을 판매하려는 사람에게는 어떠한 규제도 없었으며, 다른 누군가를 살해하기로 결심한 사람이 등록부에 허위 정보를 기재해도 검증할 수단이 없었다. 이후 시간이 흐르며 비소뿐 아니라 다른 독약들의 판매에 가해지는 규제들도 강화되어, 일부 전문가나 약국과 같은 일부 상점에서만 독약을 판매할 수 있게 되었다. 독약을 사려는 사람도 약사 혹은 약사와 구매자 모두를 아는 사람에게 보증을 받아야 했다. 이와 같이 독극물 범죄가 일어나면 이론상으로는 독약 등록부를 통해 독살범을 추적할 수 있는 시스템이 갖춰졌다. 하지만 여전히 비소를 구하기란 굉장히 쉬웠고, 독약 등록부에 기재된 수많은 '적법한' 사용 목적과 달리 부적절하게 사용되었다는 것을 입증할 의무는 기소자 측에 있었다.

만일 피고인이 '스티리안 변론Styrian defence'을 펼친다면 사건은 더욱 복잡해졌다. 스티리안 변론은 사체에 많은 양의 비소가 존재하는 이유를 설명하기 위해 쓰인 법적 논거였다. 1851년 오스트리아 빈의 한 의학 잡지에 정기적으로 비소를 복용하는 스티리아 지역Styria[13] 사람들에 관한 보고가 실렸다. 이들은 삼산화비소 덩어리를 으깨 먹거나 일주일에 두세 번 빵에다 발라 먹었다. 1회 복용량은 작은 완두콩만 한 크기에서 시작해 점차 늘어나서, 법적인 처벌에서는 벗어나지만 통상 치사량으로 여겨지는 데까지 이르렀다. 이와 같은 기이한 현상은 이 지역 사람들이 삼산화비소가 그들에게 바람wind을 가져다준다고 생각했기 때문이었다. 산소가 희박한 산악 지대에서 고된 육체 노동을 하는 동안 보다 원활하게 호흡할 수 있도록 도와준다고 믿었다. 또한 비소는 남성들의 덩치를 키우고 피부를 밝게 하며 보다 매력적으로 만들어 주었다. 여성들 또한 비소를 사용했는데, 좀 더 굴곡진 몸매와 '혈색이 좋고 매끄러운' 피부색을 갖게 해 주었다. 게다가 비소는 잡티나 반점을 유발하는 박테리아를 제거했으며, 피부 아래 부종(근육 내에 체액을 가두는)과 모세혈관 확장을 일으켜 뺨을 붉은 장밋빛으로 물들여 주었다. 비소를 습관적으로 복용할 경우 여러 질환이 생길 것으로 예상되었지만, 일부는 오히려 비소를 먹지 못했을 때 몸이 아프다고 불평했다. 처음에는 스티리아 사람들이 비소에 내성을 갖게 된 것처럼 보였다. 살해하려는 목적으로 주변 사람들이 비소를 천천히 투약했다는 의심을 사기에 딱 좋은 경우였다. 하지만 이들은 진짜 내성을 발달시킨 게 아니었다. 고운 가루 혹은 액체에 녹인 상태로 복용하는 것에 비해, 비교적 큰 덩어리로 꿀꺽 삼키면 많은 양도 섭취가 가능했다. 그리고 대부분은 혈액으로 흡수되기 전에 몸 밖으로 배출되었다.

스티리아 사람들에 대한 보고와 그들의 매력적인 외모, 겉으로 보기에 매우 훌륭한 건강 상태가 알려지자 유럽과 미국에서 비소를 복용하는 사람들이 등장하기 시작했다. 미용을 위해 피부에 직접 바르거나 건강을 목적으로 적은 양을 물에 타서 마시는 사람들도 생겨났다. 애거서 크리스티는 소설 『백주의 악마*Evil Under the Sun*』에서 비소를 상습적으로 복용하는 데 따르는 이점과 단점을 다룬 바 있다. 남편이 비소 복용자였던 한 미망인은 그 덕분에 남편 살해 혐의로부터 벗어날 수 있었다.

비소는 축적성 독약이기 때문에 복용자의 몸속에서 점차 누적되어 매우 위험하거나 치명적인 수준에 이를 수 있다. 사망의 원인이 설사 비소 중독이 아니었다 하더라도 사후 검시 과정에서 당사자가 비소 복용자였는지 여부는 상대적으로 손쉽게 가려진다. 체내에 쌓인 비소가 보통은 부패를 유발하는 박테리아들을 제거해 버려 사체를 보존하는 역할을 하는 탓이다. 스티리아에서는 매장 후 12년이 지나면 무덤에서 송장을 꺼내는 관습이 있었다. 무덤으로 쓸 땅이 부족해서 고인의 뼈를 추려 지하 납골당으로 옮기고, 무덤은 다음 사람을 위해 비워 두었다. 한데 비소 복용자들의 시신이 종종 너무도 잘 보존되어 있어서 12년이나 흘렀음에도 가족이나 친지들이 시신의 얼굴을 알아볼 정도였다. 어쩌면 중부와 동부 유럽에서 시작된 뱀파이어 전설이 비소를 품은 사체에서 기인했는지도 모른다.

비소는 이 탁월한 보존 능력 탓에 방부 처리에 사용되곤 했다. 하지만 비소로 독살된 사체의 경우 살해의 증거를 덮어 버릴 수 있다는 점이 알려지면서, 비소는 더 이상 방부 처리에 사용할 수 없게 금지되었다. 그 자리는 포름알데히드가 대신했다. 그럼에도 사체가 비소로 오염되는 문제는 사라지지 않았다. 비소는 흔한 광물이었고, 땅에 묻힌 후 흙에서 유입될 수도 있었다.

비소는 황 원자와 강하게 결합한다. 황은 우리 몸, 특히 머리카락에 많이 존재한다. 그 덕분에 비소에 노출된 시점에 관한 유용한 정보를 얻을 수 있다. 섭취 후 몇 시간 안에 비소는 모근에 자리를 잡는다. 머리카락이 자라도 비소는 고정된 위치에 머물러 있다. 머리카락은 대략 한 달에 1센티미터 정도의 규칙적인 속도로 자라기 때문에 머리카락 가닥의 순차 분석을 통해 비소에 노출된 연표를 짤 수 있다. 또한 비소가 든 용액에 사체의 머리카락이 닿으면 스펀지처럼 비소를 흡수해 저장할 수도 있다. 그 결과로 용액보다 머리카락의 비소 농도가 더 높아진다. 사후 검시를 하는 동안에는 머리카락이 사체에서 나온 체액과 접촉하지 않도록 주의해야 한다. 체액과 닿는 경우 머리카락의 비소 농도가 인위적으로 높아져 오랜 기간 비소에 노출되었다는 인상을 줄 수 있다. 사체를 발굴하는 과정에서도 마찬가지로 주의가 필요하다. 사체가 묻힌 주변 흙을 수집해 함께 분석해야만 한다.

빅토리아 시대에는 비소 중독을 입증하기가 어려웠다. 메이브릭 사건에 복잡한 상황들이 잘 묘사되어 있다. 1889년, 50세의 제임스 메이브릭James Maybrick은 위통과 격렬한 구토에 시달리고 있었다. 곁에는 지극정성으로 그를 간호하는 26살의 아내 플로렌스가 있었다. 두 사람은 플로렌스가 남편의 친구와 연락을 주고받은 것을 두고 크게 다툰 적이 있었다. 자신도 불륜을 저지른 적이 있었음에도, 메이브릭은 이를 문제 삼아 플로렌스를 때리고 유언장에서도 제외했다. 메이브릭은 심기증hypochondriac[14] 환자여서 시중에 판매되고 있는 여러 종류의 약을 구해 복용했다. 마지막으로 아팠을 때 메이브릭은 아내에게 가루약을 갖다 달라고 했다. 플로렌스는 남편이 늘 마시던 육즙에다 무언가를 탔다.

이번에는 상태가 많이 호전되었다. 가족들이 속속 도착해 메이브릭이 적절한 치료를 받고 있음을 확인했다. 그러나 연인에게 쓴 편지가 발각되면서 플로렌스는 집안사람들에게 평판을 잃었고 남편의 방에서도 내쫓겼다. 편지에는 남편이 곧 죽을 것 같다고 적혀 있었다. 몇 주 후 남편이 사망하자 의심의 화살은 곧 플로렌스에게로 향했다.

법정에서 검사 측은 플로렌스가 비소가 함유된 파리잡이 끈끈이를 구매한 사실을 입증했다. 이에 그녀는 화장수를 만들기 위한 목적이었다고 주장했다. 평소 사용하던 세안제가 마침 다 떨어졌기에 직접 만들어 볼 요량이었다는 것이다. 플로렌스는 끈끈이를 살 때 벤조인benzoin이 든 로션과 엘더플라워elderflower 용액도 함께 구매했다. 둘 다 피부 로션에서 흔한 성분들이었다. 끈끈이를 찬물에 담가 두면 4분의 3그레인의 비소(독살하기에는 충분하지 않은 양이다)를 추출할 수 있다. 하지만 끓는 물에서는 거의 전부(2그레인 이상으로 치사량에 가깝다)를, 게다가 종이에 염색된 안료까지 추출할 수 있다. 끈끈이는 여섯 개 들이로 판매되었고 유독 물질이라고 확실하게 표기되어 있었다. 끈끈이 각각에 들어 있는 비소의 양은 달랐지만 법정에서 각 여섯 개 들이 중 한 개씩을 골라 분석을 시도한 결과, 적어도 한 사람은 죽일 수 있는 양의 비소가 함유되어 있음이 확인되었다.[15]

사실 플로렌스가 파리잡이 끈끈이를 살 필요는 전혀 없었다. 이미 메이브릭 저택에는 비소가 많이 있었다. 경찰이 저택을 수색하는 과정에서 다량의 비소가 함유된 화장수 병과 약병들을 발견했다. 50명을 독살하기에 충분한 양이었다. 하지만 오직 한 곳, 메이브릭의 몸 안에서만 비교적 적은 양이 검출되었다. 플로렌스의 변호인 측이 내세운 한 의사는 메이브릭이 자연사했다고 증언했다. 플로렌스가 남편에게 비소를 먹이는 걸 목격한 사람은 아무도 없었다. 또한 메이브릭이 죽기 전 얼마 동안 그녀는 남편이나 남편의 음식, 약들에 접근조차 하지 못했다. 하지만 배심원단은 플로렌스가 유죄임을 입증할 증거가 충분하다고 판단했고, 결국 그녀는 유죄를 선고받았다. 그녀에게 종신형이 선고되었지만, 플로렌스가 실제로 남편을 독살했는지 그리고 메이브릭이 정말 비소 중독으로 사망했는지는 의문으로 남았다. 수감돼 있는 14년 내내 플로렌스는 자신의 무고함을 주장했다. 감옥에서 풀려난 이후에는 떳떳한 삶을 살았다.

크리스티가 글을 쓰기 시작할 무렵에는 비교적 쉽게 의료용 강장제나 살충제, 제초제 형태의 비소 화합물을 구입할 수 있었다. 하지만 시간이 흐르면서 비소의 사용은 점차 줄어들었고, 20세기 전반기가 되면 비소를 대체할 만한 다른 쥐약이나 제초제가 등장한다. 일부 특정 산업군에서 여전히 비소를 사용하고는 있다. 하지만 의료용으로는 오직 한 가지 경우, 즉 급성 전골수성 백혈병acute promyelocytic leukemia, APL을 치료하기 위해서만 삼산화비소를 쓰고 있다. 물론 비소 중독의 위험이 전혀 없는 치료법이다.

비소 살인법

삼산화비소 및 그와 관련한 화합물의 독성은 체내 기초 화학 처리 과정이 방해받는 데에서 비롯한다. 비소 화합물은 피부나 폐, 위장관을 통해 손쉽게 흡수된다. 대개의 독살자들은 이러한 사실을 알고 음식, 음료, 약물에 비소를 첨가한다.

비소 화합물은 비산염arsenate과 아비산염arsenite 두 가지 형태를 띠는데, 둘은 우리 몸속에서 다른 방식으로 작용한다. 비산염(AsO_4^{3-})은 구조나 화학적인 면에서 인산염(PO_4^{3-})과 비슷해서 우리 몸은 이 둘을 구별하지 못한다. 인산염은 뼈를 튼튼하게 한다든가 DNA 이중나선 구조를 형성하는 등 우리 몸속에서 필수적인 역할들을 수행한다. 또한 세포 내에서 일어나는 화학 과정에도 참여하는데, 가장 중요한 역할로 에너지를 전달하고 저장한다. 우리가 늘상 사용하는 전자제품에 전기가 에너지로 사용되는 것처럼, 우리 몸에서는 들이마신 산소나 섭취한 음식으로부터 얻은 에너지로 ATP, 즉 아데노신 3인산 adenosine triphosphate이라는 화학 물질을 만들어낸다. ATP에서 인산염을 전달받은 분자들은 보다 활발한 화학 반응을 나타내고 대개의 생체 기관들이 보이는 비교적 약한 조건에서도 반응을 일으킨다. 비산염 화합물이 사람을 죽일 수 있는 것은 ATP에서 인산염 자리를 이들 화합물이 꿰차기 때문이다. 비산염은 인산염보다는 화학적으로 반응성이 덜하지만, 결과적으로 인산염이 있어야 할 자리에 비산염이 들어감으로써 화학 반응이 느려지고 아예 멈추게 될 수도 있다. 가장 비극적인 결말로 말이다.

삼산화비소, 비소 가스, 그리고 셸레그린 같은 비소 안료들은 모두 비산염이 아니라 아비산염 화합물이다. 체내에서 비산염과는 다른 화학 작용으로 목숨을 앗아 가는데, 이를 설명하기 위해 삼산화비소를 예로 들겠다. 삼산화비소는 오랫동안 살인에 가장 흔히 사용된 아비산염 화합물이다.

삼산화비소 중독의 첫 번째 증상은 복부 통증과 극심한 구토다. 대략 섭취 후 30분쯤, 위장 조직 세포를 자극한 결과로 나타난다. 운이 좋으면 이 시기에 독약 대부분을 몸 밖으로 제거할 수 있다. 그러나 운이 나쁘면 치사량에 이르는 100~150밀리그램의 독약이 혈액으로 스며든다. 과거 비소 중독의 많은 희생자들이 몇 주 동안 생존할 수 있었던 것은 많은 양의 독약을 구토나 설사를 통해 몸 밖으로 배출해서일 것이다. 19세기의 많은 비소 독살범들이 간호사였다. 그들은 원하는 결과를 얻기 위해 희생자들에게 추가적으로 독약을 투약할 수 있는 위치에 있었다.

삼산화비소로 유발된 위장 조직 내 염증은 사후 검시 과정에서 병리학자들의 눈에 발견될 수 있다. 염증이 사망의 직접적인 원인은 아니더라도, 극심한 구토와 끊이지 않는 설사는 탈수증을 일으키며 이때 체내로 수액이 공급되지 않는다면 사망에 이르게 된다. 그러나 희생자들의 목숨을 최종적으로 앗아 가는 것은 삼산화비소로 인한 몸속 생화학 과정의 붕괴이다.

우리 몸속에서 일어나는 화학 반응은 효소라 불리는 단백질이 수행한다. 효소는 아미노산 가닥으로 이루어진 거대 분자인데, 이 아미노산들이 꼬이고 감기면서 정확한 형태를 만들어내고 그에 따라 각기 다른 역할을 맡아 한다. 효소들은 일반적으로 기질substrate, 基質이라 불리는 화합물에다 매우 빠른 속도로 화학 반응을 일으킨다. 효소와 기질의 작용을 묘사하는 데 종종 '자물쇠와 열쇠' 비유가 쓰인다. 효소가 자물쇠고 기질이 열쇠며, 열쇠가 자물쇠에 맞아 들어가는 공간이 곧 활성 부위이다. 상보적인 두 요소가 서로 정확히 맞아야 하기 때문에 매우 적은 수의 열쇠가 하나 이상의 자물쇠를 열 수 있다. 효소는 화학 반응을 통해 기질 혹은 '열쇠'를 변형한다. 크기나 형태를 바꿔 더 이상 '자물쇠'에 들어맞지 않게끔 만든다. 기질은 이제 효소에서 떨어져 나오고 효소는 자유로이 다음 기질을 찾아 떠난다.

단백질과 효소를 구성하는 아미노산 중 몇몇은 황 원자를 지니고 있다. 황 원자는 효소가 형태를 유지하는 데 결정적인 화학 결합을 형성한다.[16] (아비산염 형태의) 비소는 황 원자와 강하게 결합하고 이로 인해 효소, 혹은 '자물쇠'의 형태가 일그러져 결국에는 효소가 작용을 멈춘다. 일단 비소 화합물이 혈액으로 들어가면 우리 몸 곳곳으로 확산이 되어, 황을 포함한 어떤 효소나 단백질에든 영향력을 발휘한다.

우리 몸속에서 많은 수의 효소가 다양한 역할을 수행하고 있기 때문에 비소 중독으로 인한 증상 또한 다양하게 나타난다. 최소 치사량의 열 배에 달하는 다량의 비소를 복용하면 급성 위장염과 구토, 극심한 복부 통증, 많은 양의 수분과 혈액을 동반한 설사가 유발된다. 피부는 차고 끈적끈적해지며, 혈압이 떨어지고 몇 시간 내에 혈액 순환에 문제가 생기면서 죽음이 찾아온다. 경련이나 혼수상태를 보이기도 하는데, 이는 죽음이 임박했다는 신호다.

비소 화합물이 끼어들어 방해하는 효소 중 일부는 세포 내 에너지 처리 과정에 참여하고 있다. 에너지가 공급되지 않으면 세포는 기능을 하지 못해 재빨리 죽는다. 많은 수의 세포가 죽으면 결국 신체 기관도 작동을 멈춘다. 어떤 세포는 다른 세포들보다 많은 양의 에너지를 필요로 한다. 심장이나 신경 세포는 적혈구보다 에너지를 많이 쓴다. 효소가 조절하는 세포 내 대사 과정들 또한 비소의 방해 공작에 쉽게 무너진다. 비소가 세포를 죽음에 이르게 하는 방법은 많다. 만일 중독된 사람이 하루나 이틀을 더 산다면 황달이 나타나고, 소변이 줄거나 멈출 것이다. 우리 몸에서 독성 물질을 제거하는 장기인 간이나 신장이 타격을 입기 때문이다.

비소는 급성 중독만이 아닌 다른 방식으로도 살인을 저지른다. 오랜 기간 체내에 조금씩 들어온 비소가 서서히 축적되면 마찬가지로 치명적인 효과를 불러오는데, 이를 만성 중독이라 부른다. 복용량이 적으면 메스꺼움과 구토뿐만 아니라 두통, 어지러움, 경련, 일시적인 마비가 몇 주에 걸쳐 진행된다. 심장 부정맥이 유발될 수도 있다. 만성 중독의 경우에는 여러 신체 기관이 제대로 작동하지 못하면서 사망에 이른다. 중추 신경계의 신경 세포, 특히 축삭 돌기에 손상을 줄 수도 있다. 축삭 돌기는 운동 뉴런(신체 동작을 제어하는 신경 세포)의 긴 부분으로 척수에서 신체 말단 부위까지 뻗어 있으면서 정보를 전달하는 역할을 하는데, 축삭 돌기에 문제가 생기면서 손발에 감각이 없어지거나 불에 타는 듯 뜨거운 느낌이 동반된다. 만성 중독으로 간이나 신장, 순환 계통 또한 손상을 입는다. 규칙적으로 비소를 복용하면 체내에서도 황이 많이 포함된 부위, 예를 들어 케라틴 단백질이 있는 머리카락이나 손발톱, 피부에 비소가 축적된다. 오랫동안 비소를 복용한 사람들은 처음의 '매끄럽고 환한 혈색'을 잃고 (과색소침착 hyperpigmentation이라 불리는 과정을 거쳐) 피부가 검게 변하고 손바닥과 발바닥에 딱딱한 비늘 같은 반점이 올라온다. 손톱을 따라 가로지르는 특징적인 하얀 선, 미스라인Mees line도 나타난다. 체중은 줄어들 것이다. 그리고 만약 이 모든 증상을 겪고도 환자가 살아남는다면 비소는 다음 단계로 피부나 폐, 간에서 암을 일으킬 것이다.[17]

비소에 노출됨으로써 암 발생 위험이 증가한다는 사실은 대략 1세기도 전에 알려졌다. 의사이자 피부과 전문의였던 조나단 허친슨 경 Jonathan Hutchinson(1828~1913)은 다양한 질환으로 비소가 든 약물을 처방받은 환자들에게서 피부암이 비정상적으로 높은 비율로 발생한다는 것을 발견했다. 실제로 비소는 DNA 손상을 복구하는 우리 인체의 능력을 방해한다고 여겨지고 있다. 아마도 몇몇 기제가 관련되어 있을 것이다.

비소에 장기간 노출된 결과는 갠지스 삼각주 같은 곳들이 매우 잘 보여 주고 있다. 이 지역 사람들을 도우려는 단체들이 그곳에서 비소가 포함된 암석층을 뚫고 우물을 건설했다. 표층수가 제대로 유지되지 못해 콜레라와 같은 수인성water-borne, 水因性 질병 확산이 빈번해지자, 이를 막기 위해 우물을 만든 것이었다. 우물은 콜레라 감염률을 낮춰 많은 목숨을 구했다. 하지만 1,000만 명의 사람들이 비소에 노출되는 새로운 위험을 맞닥뜨리게 되었다.

우리 몸은 비소를 배출하는데, 그 속도는 느리다. 어쨌건 몸 밖으로 배출하는 속도보다 빠른 속도로 비소를 섭취하지 않는 한 큰 문제는 없다. 비소는 흙이나 물과 같은 우리 주변 환경에 늘 존재하고, 우리의 먹을거리 속으로도 침투한다. 하지만 대개 우리 몸이 처리할 수 있을 만큼의 매우 적은 양이다.

인체에서 삼산화비소의 반감기(절반이 사라지는 데 걸리는 시간)는 대략 10시간이다. 삼산화비소는 그대로 오줌에 섞여 배출되거나 대사 작용을 통해 다른 비소 화합물로 변한다. 순차적으로 메틸기($-CH^3$)가 비소 분자에 더해지는데, 한때는 이것이 비소의 독성을 제거하는 과정이라 여겨졌다. 하지만 실상은 많은 메틸화비소 화합물이 삼산화비소만큼이나 유독하다. 메틸화된 화합물은 숨을 내쉴 때 마늘 향을 풍긴다. 빅토리아 시대 벽지에서 곰팡이가 만들어낸 트리메틸아르신의 향과 비슷하다. 메틸화비소 화합물의 반감기는 30시간 정도로, 복용한 비소의 절반이 몸 밖으로 나가는 데에는 하루에서 사흘까지도 걸린다.

비소 해독제

급성 비소 중독의 치료법은 1813년 프랑스 과학학술원the French Academy of Sciences에서 처음으로 선보였다. 화학자 미셸 베르트랑Michel Bertrand (1774~1857)은 비소 5그램(치사량의 약 40배)을 숯과 함께 삼켰다. 비소 중독에서 일반적으로 나타나는 증상 하나 없이 그는 무사했고, 이로써 정확한 기제는 모르지만 숯이 비소의 활성을 없앤다는 것이 증명되었다. 실제로 숯에 있는 작은 구멍들에 비소가 갇히면서 체내로 흡수되지 못하는 것으로 밝혀졌다. 여러 다른 연구들도 숯이 많은 독약을 흡수하는 데 효과가 있음을 입증했다. 지금도 중독이 의심되는 경우 환자들에게 제일 처음 시도하는 처치가 숯을 쓰는 것이다. 증기나 이산화탄소, 산소, 염화아연zinc chloride, 황산 등으로 고온(섭씨 260~480도)에서 숯을 처리하면 '활성 숯'으로 바꿀 수 있다. 이를 통해 숯의 구멍을 늘려 더 많은 독약을 빨아들일 수 있다.

하지만 이 방법은 독약을 복용한 지 얼마 지나지 않은 시점에만 효과를 발휘한다.[18] 일단 비소가 체내로 흡수되면 숯으로는 제거가 불가능하고 다른 방법이 동원되어야만 한다. 제1차 세계대전 당시 비소 기반 독약인 루이사이트 가스Lewisite gas에 대응하기 위해 개발된 것으로, 킬레이트 화합물chelate compound인 발British AntiLewisite, BAL 또는 디메르카프롤dimercaprol이 있다. 킬레이트는 비소와 같은 금속 이온 주위를 둘러싼 다음 단단하게 결합해 금속 킬레이트 화합물을 형성한다. 일단 BAL이 체내로 투입되면 비소를 먹어 치운 후 비소-킬레이트 형태로 몸 밖으로 배출된다. 그 후 개발된 다른 킬레이트제 chelating agents들은 이보다 효과적으로 비소를 제거하는데, 중금속 독약들에 특히 효과가 있으며 부작용도 덜하다. 하지만 불행히도 킬레이트제들은 만성 비소 중독에는 전혀 효능이 없다. 이 경우 치료법은 그저 비소에 덜 노출되는 것뿐이다.

실제 사례

애거서 크리스티는 줄거리를 구상하는 데 영감을 얻기 위해 중독 사례를 이용하거나 소설 속에서 실제 비소 독살자들을 수차례 언급하기도 했다. 그녀가 언급한 독살범으로 프레더릭 세던Frederick Seddon이 있다. 탐욕스러운 건물주였던 세던은 세입자 중 한 명을 살해한 혐의로 유죄를 선고받았다. 부유한 독신녀였던 엘리자 매리 배로Eliza Mary Barrow 양은 세던으로부터 그녀가 가진 모든 돈을 양도하라는 압박을 받은 후에 사망했다. 배로 양의 죽음을 둘러싼 의혹은 그녀의 친척들 사이에서 제기되었다. 친척들은 엘리자가 죽었을 뿐만 아니라 이미 묘지에 묻혔다는 사실을 알고서 매우 놀랐다. 심지어 세던은 장례 비용을 놓고 흥정을 벌이기도 했다. 친척들이 엘리자가 갖고 있던 돈을 내놓으라고 하자, 세던은 그녀에게 돈이 얼마 없었다고 이야기했다. 법정에서 검찰 측은 배로 양의 몸 안에 비소가 들어 있음을 입증해 보였다. 이에 세던은 그녀가 방에 놓여 있던 파리잡이 그릇 속 비소를 들이켰음이 틀림없다고 반박했다.

비소 살인마 매들린 스미스Madeleine Smith 또한 크리스티 소설 여러 편에서 언급되고 있다. 1855년, 20살의 글래스고 사교계 명사였던 그녀는 피에르 에밀 랑즐리에Pierre Emile L'Angelier와 사랑에 빠졌다. 매들린은 랑즐리에와 결혼을 약속했지만 그녀의 부모는 매들린의 연애 사실을 전혀 알지 못했다. 그리고 다른 신랑감을 물색하여 자신의 딸과 정식으로 약혼시켰다. 윌리엄 하퍼 미노치William Harper Minnoch라는 남자였다. 매들린은 랑즐리에와의 관계를 끝내려 시도했고, 그녀가 보냈던 연애편지들을 모두 돌려 달라고 부탁했다. 하지만 랑즐리에는 편지들을 매들린에게 돌려주는 대신 그녀의 부모에게 보내 미노치와의 약혼을 파기하고 자신과 결혼하도록 협박하겠다고 했다. 그후 얼마 되지 않아 랑즐리에는 매들린을 만나고 난 뒤에는 종종 몸이 좋지 않다고 일기에 썼다. 그리고 친구들에게 매들린이 매번 코코아를 타줬으며, 자신을 독살하려는 것 같다고 이야기했다. 비슷한 시기에 매들린이 약국에서 비소를 사는 장면이 목격되었다. 1857년 3월, 랑즐리에의 병이 악화되자 의사가 통증을 줄여 주고자 모르핀을 처방했다. 하지만 아무런 소용이 없었다. 다음 날 아침 랑즐리에는 사망했다. 부검 결과, 랑즐리에의 위에서 엄청난 양의 비소가 검출되었다. 무려 87그레인(대략 5그램)이었다. 당시 자살을 제외한 그 어떤 중독 사례에서도 이처럼 많은 양이 체내에서 검출된 적은 없었다. 희생자 모르게 이토록 많은 양을 투여하기는 힘들 것 같지만, 법정에서는 우유나 끓인 물에 코코아 두 스푼과 고운 비소 가루를 함께 넣으면 티가 나지 않게 (치사량의 20배~60배에 해당하는) 6그램까지도 비소를 주입할 수 있다는 증언이 제시되었다.

매들린에게 살인 동기가 있었고 그녀가 비소를 구매한 사실 또한 밝혀졌음에도 진실은 명확하지 않았다. 그녀는 미용 목적으로 비소를 샀다고 주장했다. 하지만 그녀가 약국에서 구입한 비소는 남색으로 염색된 것이었다. 정말로 피부에 비소를 바르려 했다면 매들린은 비소에서 색을 빼는 방법(비결은 비소를 찬물에 씻는 것이다)을 알고 있었음에 틀림없다. 랑즐리에의 위에서는 하얀 비소가 발견되었다. 염색 흔적은 없었다. 법정 변호사는 랑즐리에의 일기장이 증거로 제출되지 못하게 막았고, 검찰은 날짜가 적혀 있지 않은 매들린의 연애편지를 애초 발송된 봉투와 함께 보관하는 데 실패했다. 결정적으로 언제 둘이 만났으며, 매들린이 독약을 탈 기회가 있었는지를 입증할 수가 없었다.

혼전 성관계와 살인이 뒤섞인 스캔들은 대중들의 엄청난 관심을 불러 모으기에 충분했다. 매들린의 범죄가 증명되지 않았다고 밝혀진 후로도 의혹은 계속되었다. 한편에서는 많은 사람들이 매들린이 연인을 살해했다고 믿었다. 단지 검찰이 언제 사건이 벌어졌는지를 입증하지 못했을 뿐이다. 다른 한편에서는 랑즐리에가 자살을 했다고 믿었다. 재판이 끝난 후 매들린은 잉글랜드로 이주해 다른 이름으로 살았다. 조지 와들George Wardle이라는 예술가와 결혼해 아이 둘을 낳았고, 몇 년 후 이혼했다. 매들린은 뉴욕으로 건너가서 다시 한 번 이름을 바꾸었고 1928년 숨을 거두었다.

애거서 크리스티와 비소

애거서 크리스티의 1939년 작품 『살인은 쉽다』는 제목이 정말 적절한 책이다. 영국의 작은 마을에서 불과 1년 동안 7명이 살해당한다. 살인에 쓰인 방법은 다양했고 사고사나 자연사처럼 보이게 위장됐다. 첫 번째 희생자 호튼 부인은 오랜 투병 끝에 급성 위염으로 사망한 듯 보였다. 갑작스레 병이 재발하기 직전, 상태가 호전되는 듯했기 때문에 그녀의 죽음은 더욱 비극적이었다. 호튼 부인을 진찰했던 의사마저도 그녀의 갑작스런 죽음에 놀랐다. 그때만 해도 실인을 의심할 만한 정황은 없었다. 1년 후 너무 많은 사람들이 죽어 나가자, 그제서야 호튼 부인의 질병과 질환을 둘러싼 상황들을 자세히 들여다보게 되었다.

위장염은 구토, 설사, 위통과 같은 일련의 증상으로 드러난다. 소화 기관에 발생한 염증이 이러한 증상을 야기하며, 염증의 원인은 여러 가지다. 보통 노로바이러스norovirus 등의 바이러스나 박테리아 감염, 드물지만 기생충이 원인을 제공하기도 하며, 음식에 대한 과민 반응으로 생겨날 수도 있다. 보통 감염은 며칠 혹은 몇 주면 깨끗하게 사라진다. 또 다른 가능성으로 비소 중독이 있다. 호튼 부인은 오래 앓았다고 묘사되었다. 따라서 최소한 몇 주 이상 아팠다고 추정할 수 있으며, 이를 통해 만성 비소 중독을 의심할 수 있다. 그리고 사망 직전에 다량의 비소를 복용했을 것이다.

호튼 부인의 경우 만성 비소 중독의 증상인 미스라인과 착색이나 피부염처럼 피부에 끼치는 영향들이 밖으로 드러나기에는 시간이 짧았는지도 모른다. 손톱은 한 달에 약 3밀리미터씩 자란다. 비록 복용후 몇 시간 이내에 손톱이나 머리카락에 비소가 축적이 된다 해도 축적된 부위가 조모nail matrix, 爪母와 각피cuticle, 角皮를 뚫고 밖으로 나오기까지는 몇 주가 걸린다. 크리스티의 소설 『마술 살인They Do It with Mirrors』에서는 살인범이 치밀하게 희생자의 손톱을 잘라내 비소를 검출할 수 없게 만들었다. 하지만 이 방법도 완벽하지는 않다. 과거 오랜 시간 동안 중독이 진행되었다면 검출을 방해하기 위해선 손톱을 아예 뽑아 버려야 한다. 그러고 나서도 희생자의 머리카락을 분석한다면 비소의 흔적을 찾아낼 수 있다.

비소에 중독됐다는 명백한 징후가 없었음에도 호튼 부인은 간호사가 자신을 독살하려 한다고 확신했으며 그녀를 해고했다. 다른 사람들은 그녀의 말을 심각하게 받아들이지 않았다. 간호사가 사라졌지만 호튼 부인의 상태는 호전되지 않았다. 누군가 다른 사람이 비소를 주입하고 있었던 것이다. 용의선상에 오른 인물은 많았다. 그중 남편인 호튼 소령이 가장 유력한 용의자였다.

크리스티는 '민들레 살인마The Dandelion Killer'라는 별명으로 불렸던 실제 독살범 허버트 로즈 암스트롱Herbert Rowse Armstrong으로부터 호튼 소령이라는 인물을 생각해냈는지도 모른다. 1921년 암스트롱은 헤이온와이Hay-on-Wye[19]에서 변호사solicitor로 일하고 있었다. 그의 아내는 오랫동안 앓다가 사망했다. 자신의 재산을 모두 남편에게 양도한 직후였다. 병을 앓는 동안 정신병원에서 치료를 받기도 했는데, 치료가 효과를 보여 집으로 돌아갈 수 있을 만큼 회복되었다. 그러다 갑자기 다시 나빠졌고 한 달 후 사망했다. 비록 의사가 정확한 사인을 밝히지는 못했지만, 그녀의 죽음과 관련해서는 어떤 의혹도 제기되지 않았다. 하지만 아내의 사망 후 암스트롱이 보인 행동은 의심을 자아내기에 충분했다.

오스왈드 마틴Oswald Martin은 헤이온와이의 다른 법률사무소에 근무하던 변호사였다. 마틴과 암스트롱은 한 토지 분쟁 소송에서 서로 상대방을 대리하고 있었다. 소송은 꽤 시간을 끌었고 점점 더 격렬해졌다. 어느 날 암스트롱은 마틴을 자신의 집으로 초대했다. 마틴은 차를 한잔 마시자는 암스트롱의 초대에 응했고, 그가 준 스콘scone을 먹었다. 암스트롱의 집에 다녀온 후 마틴은 심하게 앓았지만 회복되었다. 얼마 뒤 마틴은 발신자 없이 배달된 초콜릿 상자를 떠올렸다. 그 초콜릿을 먹은 손님이 앓아누웠던 사실이 생각나며 뭔가 의심이 들었고 경찰에 알리기로 결심했다. 경찰이 마틴의 오줌과 초콜릿을 분석했더니 둘 모두에서 비소가 검출되었다.[20]

경찰은 수사에 착수했다. 하지만 마틴은 뭔가 진행되고 있음을 암스트롱이 눈치채지 못하기를 바랐다. 암스트롱은 계속해서 차를 대접하겠다며 마틴을 집으로 초대했다. 마틴은 변명거리를 찾아 최대한 그 자리를 피했다. 결국 암스트롱은 경쟁자를 살해하려 한 혐의로 체포되었다. 경찰은 암스트롱 아내의 사체를 무덤에서 꺼냈고, 비소를 찾기 위해 그의 집을 수색했다. 그가 아내를 살해하려 했는지 조사하기 위해서였다. 아내의 몸에서 비소가 검출되었고 집에서도 비소가 발견되었다. 암스트롱은 정원에 난 민들레를 없애기 위해 비소를 구비해 두었다고 주장했다. 배심원들은 그의 말을 믿지 않았다. 암스트롱은 교수형에 처해졌다.

『살인은 쉽다』에서 호튼 소령은 아내의 죽음보다 반려견의 건강을 더 걱정하는 듯 보였다. 그러나 정상적인 정서적 반응을 보이지 않는 것이 살인의 증거가 될 수는 없다. 또한 다른 용의자들도 많았다. 호튼 부인은 지역 명사여서 아픈 동안에도 그녀를 방문하는 손님이 제법 있었다. 핀커튼 양은 살인을 의심하여 호튼 부인이 먹는 음식과 음료에 대해 묻기도 했다. 살인마는 이후 핀커튼 양이 런던 경시청에 의혹을 제기하러 가는 길에 달리는 차 앞으로 그녀를 밀쳐 버린다. 다행히도 그녀는 이미 자신의 의혹을 은퇴한 수사관인 피츠윌리엄에게 이야기해 둔 터였다.

마을의 또 다른 주민인 위필드 경은 호튼 부인의 병환을 염려해 자신의 온실에서 직접 재배한 복숭아와 포도를 보냈다. 호튼 부인은 과일이 쓰다고 불평했지만, 간호사는 그녀의 말을 무시했다. 식물이 모르핀이나 스트리크닌 같은 독극물에 노출된 환경에서 자랄 때 쓴맛을 내기도 하는데, 호튼 부인의 증상은 두 독약으로 인한 것이라기보다 비소 중독에 가까웠다. 또한 비소는 맛을 내지 않는다. 물론 과일이 원래 썼고 비소가 첨가되었을 가능성은 있다. 과일 표피에 비소를 바르면 하얀 가루가 낀 것처럼 보이기 때문에 만일 이 방법을 썼다면 누군가 과일 표면을 깨끗이 씻어내 비소를 제거해 버렸을 것이다. 비소 용액을 과일 속에다 주입했을 수도 있다. 이 방법으로는 비교적 적은 양만을 넣을 수 있기에 몇 주에 걸쳐 장기간 계획이 진행되었을 것이다.

호튼 부인이 복용하고 있던 약들에 비소를 첨가하는 방법도 가능하다. 지역 골동품 상인이 공급하는 약품들이었는데, 그에게는 호튼 부인을 살해할 동기가 전혀 없어 보였다. 다만 그는 흑마술에 관심을 갖고 있었고, 이로 인해 그에게도 의혹이 쏟아졌다. 1950년대가 되면 더 이상 강장제로는 비소를 사용하지 않게 된다. 효과를 예측할 수 없고 통제할 수 없다는 이유에서였다. 하지만 (『살인은 쉽다』가 쓰여진) 1939년에는 줄어들긴 했어도 여전히 비소를 사용하고 있었다. 당시 영국에서 비소를 구하기란 과거에 비해 상당히 어려워지기는 했지만 불가능하지는 않았다. 책에서는 어떻게 독약을 구했는지 언급하지 않는데, 1935년 당시 제초제 10그레인 속에는 비소가 7그레인(454밀리그램)이 들어 있었고 두세 명을 죽이기에 충분한 양이었다. 제초제는 실수로 사람이 복용하는 것을 막기 위해 밝은 파란색으로 염색돼 있었다. 만일 호튼 부인의 음식이나 음료, 약품에 제초제를 첨가했다면 색상으로 인해 분명히 눈에 띄었을 것이다.

『살인은 쉽다』에서 은퇴한 수사관 피츠윌리엄은 오직 호튼 부인의 사망 원인을 추측할 뿐이었다. 범죄를 공식적으로 조사할 권한이 없었기에 자신의 의혹을 확인할 수 있는 사체 발굴이나 부검을 요청할 수 없었다. 다행히 살인범이 자백을 했고 어떻게 살인을 저질렀는지를 자신의 입으로 설명했다. 호튼 부인을 방문한 살인범은 그녀가 마시는 차에 독약을 탔다. 삼산화비소는 찬물보다는 뜨거운 물에서 잘 녹는다. 따뜻한 차에다 비소를 잘 저어 녹임으로써 살인범은 찻잔 바닥에 의심스러운 가루가 남지 않도록 했다.

B is for Belladonna
벨라도나

헤라클레스의 모험

벨라도나 [명사] 이탈리아에서는 아름다운 여성을,
영국에서는 치명적인 독약을 뜻함.
'두 개의 혀'라는 본질적인 정체성의 놀라운 예.
— 앰브로즈 비어스Ambrose Bierce, 『악마의 사전 *The Devil's Dictionary*』

벨라도나는 독성을 지닌 식물로, 오랫동안 미용이나 의료, 살인 도구로 사용되었다. 벨라도나의 세 가지 용법 모두 애거서 크리스티의 소설에 등장한다. 둘은 살해 기도에 그쳤고, 하나는 살인에 성공했다. 몇 가지 점에서 벨라도나는 완벽한 독약이다. 일단 야생에서 자라는 식물이다. 벨라도나의 주된 독성 성분은 아트로핀atropine이란 이름의 화학 물질로 몸 전체에 넓게 퍼지며, 사체 부검 시 전혀 흔적을 드러내지 않는다. 또한 사망 후 재빨리 분해되어 매장한 다음 몇 주만 지나도 사라져 버리기 때문에 찾아내기가 매우 힘들다. 하지만 이 독약이 내는 쓴맛은 살인 목표가 된 사람들에게 경각심을 불러일으키며, 중독될 경우 쉽게 증상이 인식되고 치료된다.

벨라도나는 『헤라클레스의 모험The Labours of Hercules』에 일곱 번째로 실린 「크레타의 황소The Cretan Bull」에서 주역으로 등장한다. 『헤라클레스의 모험』은 열두 편의 단편을 모아 1947년 출간된 소설집이다. 이 책은 위대한 벨기에인 탐정 에르퀼 푸아로Hercule Poirot가 은퇴를 결심하는 데서 출발한다. 푸아로는 식용 호박을 재배하러 시골로 가기 전, 자신과 이름이 같은 그리스 신화의 헤라클레스의 모험과 관련 있는 열두 가지 사건을 고른다. 전설 속의 크레타 황소는 변장한 파시파에Pasiphae[1]의 유혹에 넘어가 미노타우로스Minotauros를 낳는다.[2] 일곱 번째 헤라클레스의 모험은 크레타 섬의 황소를 제압하는 것이었다. 헤라클레스는 농작물과 크레타 섬에 둘러쳐진 벽을 부수며 활보하는 황소를 때려잡아 에우리스테우스Eurystheus 왕에게 갖다 바친다.

크리스티의 소설에서는 푸아로가 휴 챈들러를 붙잡아 그의 약혼녀인 다이애나 메벌리에게 돌려보낸다. 휴는 '황소 같은 청년'으로, 변덕스럽고 폭력적인 그의 행동은 확실히 챈들러 가문이 터를 잡고 살아온 라이드 매너Lyde Manor에 문제를 불러일으키고 있었다. 자각몽과 환각 등 휴가 보이는 증세는 정신 이상으로 점철된 가족사에서 기인했다. 푸아로가 개입하기 전 휴의 광기는 그를 거의 자살 직전까지 몰아갔다. 정신 이상 징후들이 수도 없이 드러났지만, 어쩌면 실제로 고통받은 이는 휴가 아닐지도 몰랐다.

벨라도나 이야기

일반적으로 '독이 있는 가지deadly nightshade'³로 알려져 있는 아트로파 벨라도나Atropa belladonna는 영국 야생에서 자라는 식물 가운데 가장 독성이 강한 식물이다. 학명과 일반명 모두 이 식물의 치명적인 특징을 잘 드러내 준다. 아트로파는 그리스 신화의 운명의 세 여신 중 세 번째인 아트로포스Atropos에서 따온 이름이다. 세 여신들 중 클로토Clotho는 운명의 실을 뽑아내고, 라케시스Lachesis는 운명의 길이를 정하며, 아트로포스는 운명의 실을 자른다. 벨라도나에서 가장 강한 독성 성분인 아트로핀atropine 또한 아트로파에서 유래했다. 벨라도나는 이탈리아어로 '아름다운 여인'을 뜻하는데, 르네상스 시대 여성들이 매력적으로 보이게끔 스스로를 치장하는 데에 이 식물의 열매를 사용했다고 한다. 열매를 눌러 짜면 나오는 즙을 깃털에 묻혀 직접 눈에 발랐다. 그러면 벨라도나 추출물에 든 아트로핀이 동공을 확장시켜 주었다.⁴ 효과는 사흘 정도 지속되는데 문제는 시야가 흐려지거나 장기간 사용하면 눈이 멀 수 있다는 점이었다. 오늘날 안과에서는 벨라도나 추출물을 환자들의 눈 내부를 자세히 검사할 수 있도록 동공을 확장시키는 데 쓰고 있다.

애거서 크리스티는 몇몇 이야기에서 변장을 위한 수단으로 벨라도나의 동공 확장 효과를 이용했다. 확장된 동공은 홍채의 색깔에는 아무런 영향을 끼치지 않지만 눈을 매우 어둡게 만든다. 『빅포The Big Four』에서 푸아로는 허구의 인물인 자신의 형제로 변장하기 위해 콧수염을 과감히 희생하고 눈에 벨라도나를 바른다. 언뜻 별것 아닌 이 속임수에 악당들은 속아 넘어갔다. 『3막의 비극Three Act Tragedy』에서도 비슷한 이야기가 등장한다.

벨라도나는 가지과Solanaceae에 속하는 식물이다. 흰독말풀datura과 맨드레이크mandrake 같은 악명 높은 식물들이 가지과에 속해 있다. 이 모두가 주술, 의료, 미신 등에서 등장한다. 가지과의 다른 식물들은 훨씬 덜 위협적인데, 예를 들면 토마토나 감자가 그렇다. 하지만 처음 토마토가 영국에 들어왔을 때 사람들은 생김새가 '독 가지'와 비슷하다며 먹기를 거부했다. 토마토에 독성이 있으리라고 생각했던 것이다. 영국인들은 공개적으로 토마토를 먹는 장면을 본 후에야 안심하고 토마토를 먹게 되었다.

가지과의 독성 식물 중 가장 유명한 것은 아마도 맨드레이크일 것이다. 맨드레이크는 성경과 셰익스피어의 몇몇 작품에 등장하며, 심지어 해리 포터가 다니는 호그와트 마법 학교의 온실에서도 자란다. 한때는 맨드레이크가 식물과 동물의 살아 있는 연결고리로 여겨졌다. 무성한 잎들 아래 두 갈래로 뻗은 뿌리가 마치 한 쌍의 다리처럼 보였기 때문이다. 맨드레이크는 몇몇 중독성 화합물을 지녔는데, 열매를 제외한 식물 전체에 고르게 분포한다. 과거에는 수면을 유도하거나 출산 혹은 수술받는 동안 고통을 없애는 의료용 목적으로 맨드레이크 뿌리를 판매했다. 이 경우 효과는 있었지만, 추출물을 가공하지 않은 채 사용했기에 효력이나 부작용을 조절해야 했다. 맨드레이크 뿌리는 또한 임신을 촉진하는 부적이나 최음제로도 팔렸다. 이 경우에는 물론 전혀 효과가 없었다. 전설에 따르면, 이 식물은 뿌리가 뽑힐 때 죽음의 비명을 내지르는데, 그 소리가 어찌나 날카롭고 고통스러운지 곁에 있는 사람이 죽을 수도 있다고 한다. 맨드레이크를 재배하는 사람들은 이 엄청난 위험을 감수하고 뿌리를 수확해야만 했다.

사람들은 귀를 막고 뿌리에 두른 줄을 굶긴 개에게 매달았다. 그러면 맛있는 간식거리에 유혹된 개가 뒤에다 맨드레이크를 매단 채 멀리 달아났다.

애거서 크리스티는 소설에서 몇 차례 벨라도나를 언급하지만 맨드레이크는 쓰지 않았다. 특히나 악랄한 독약이 등장하는 이야기에 맨드레이크보다는 흰독말풀을 선호했던 것 같다. 흰독말풀에서 독성 화합물은 주로 꽃과 씨앗에 분포한다. 이 식물은 정말 다양한 일반명으로 불리는데, 열매의 생김새 때문에 '가시 사과'로 불리기도 하고, 꽃이 밤에 피기 때문에 '달빛 꽃'으로 불리기도 한다. 흰독말풀의 한 종류로, '짐슨위드jimsonweed(제임스타운위드James-Town weed)'라고도 하는 다투라 스트라모니움Datura strammonium은 버지니아 주 제임스타운에서 군인들을 대량으로 중독시킨 범인이었다.

제임스타운위드(페루에서 '가시 사과'라 불리는 식물과 닮았다)는 지구상에서 가장 냉정한 녀석이 아닐까 한다. 군인들 일부가 어린 식물을 거둬들여 익힌 샐러드를 만든 다음 베이컨의 폭동을 진압하고자 그곳으로 보냈다(1676년). 그들 중 일부가 샐러드를 배부르게 먹었고 매우 유쾌한 희극이 벌어졌다. 며칠간 바보가 된 것이었다. 한 명은 공기 중에 깃털을 날리고 다른 한 명은 화가 난 상태에서 지푸라기를 던졌고 또 다른 한 명은 옷을 홀라당 벗은 채 모퉁이에 원숭이처럼 서 있었다. 사람들에게 씩 웃거나 찡그린 표정을 지으며. 네 번째 녀석은 동료들에게 다정하게 키스를 하거나 만지작거린 다음, 네덜란드의 작은 마귀보다 더 기괴한 표정을 얼굴 가득 띄운 채 상대방의 면전에서 조롱을 일삼았다.

이 광란의 상황에서 그들은 어리석은 행동으로 스스로를 파괴하지 않도록 감금당했다. 비록 그들이 보인 행동은 모두 천진난만하고 선했지만 말이다. 게다가 그들은 매우 더러웠다. 저지하지 않으면 자신들 배설물 위를 마구 뒹굴었다. 이 같은 단순한 짓거리들을 수없이 저지르고 7일이 지난 후 본래 모습으로 돌아왔을 때 그들은 자신들이 한 일들을 전혀 기억하지 못했다.

— 로버트 베벌리Robert Beverly,
『버지니아 주의 역사The History and Present State of Virginia』(1705)

아이티에서 흰독말풀은 좀비 가루로 쓰이는 탓에 '좀비 오이zombie cucumber'라는 이름으로 불린다. 아이티식 좀비는 두 단계를 거쳐 만들어진다. 첫 단계에서는 복어를 주성분으로 하는 가루를 이용한다. 복어에 들어 있는 독성 물질인 테트로도톡신tetrodotoxin은 신경 활동을 막아 근육을 이완시킨다. 미약하지만 심장이 뛰고 있고 온전하게 의식이 있는 상태더라도 호흡 근육이 마비되면 마치 사망한 것처럼 보일 수 있다. 테트로도톡신을 해독하는 약제는 없지만 인공적으로 산소를 공급해 주면 환자를 회복시킬 수 있다. 첫 번째 단계를 거쳐 소생한 희생자는 두 번째 단계로 들어간다. 이때 사용되는 가루의 주성분이 흰독말풀이다. 이 식물에는 환각을 유발하는 화합물이 포함되어 있어서 흰독말풀을 복용한 사람은 타인의 말을 잘 따르고 쉽게 통제된다. 신중하게 적정량을 계속해서 투여하면 넋을 잃고 비틀대는 상태를 무한정 유지할 수 있다.

흰독말풀의 학명 '다투라datura'는 힌디어에서 왔다. 인도에서 이 식물은 독약과 최음제 둘 다로 사용되었다. 인도 전통 의료 체계인 아유르베다Ayurveda뿐만 아니라 시바신에게 바치는 의식에도 쓰였으며,

계획적인 자살을 포함한 바람직하지 않은 용도로 사용되기도 했다. 정확한 수를 파악하기는 어렵지만 흰독말풀로 자살을 시도한 사람은 수천 명에 이른다(15년 동안 2,700명 이상). 다행히도 대다수는 자살에 실패했지만, 10명 중 1명은 사망했다. 인도 이야기는 애거서 크리스티의 영감을 자극했고 『카리브 해의 미스터리A Caribbean Mystery』와 『헤라클레스의 모험』으로 탄생했다. 흰독말풀과 가지과의 다른 독성 식물들이 함유된 몇몇 화합물들이 인체에 영향을 끼치지만, 벨라도나에서 주된 독성 화합물은 아트로핀이다.

아트로핀

아트로핀은 식물성 알칼로이드alkaloid로 분류된다. 이 화합물은 물에 녹으면 대개 알칼리성 용액이 되며 쓴맛을 내는 경향이 있다. 많은 식물성 알칼로이드들이 인체에 중요한 영향을 미치고 그 때문에 의료 목적으로 사용되어 왔다. 아트로핀은 화학 구조식에 트로판tropane이 들어 있는 탓에 트로판 알칼로이드tropane alkaloid로 만들어진다. 트로판에 기반한 화합물들은 식물계에서 광범위하게 발견되며, 인체에 미치는 효과 또한 매우 다양하다.

  가지과 식물들은 아트로핀과, 또 다른 트로판 화합물이자 히오신이라 불리는 스코폴라민scopolamine도 함유하고 있다. 크리픈 박사가 자신의 아내 코라Cora를 살해할 때(19쪽 참조)와 애거서 크리스티가 첫 희곡 『블랙 커피Black Coffee』에서 클로드 경을 제거하는 데 스코폴라민이 사용되었다. 스코폴라민과 아트로핀은 화학적으로 별 차이가 없어서 인체에 미치는 영향도 매우 유사하다.

아트로핀은 1831년, 하인리히 F. G. 마인Heinrich F. G. Mein(1799~1864)
이 벨라도나에서 처음으로 검출해냈다. 짐슨위드와 함께 벨라도나는
오늘날까지도 의료 목적의 아트로핀을 추출하는 원료로 사용되고 있
다. 아트로핀은 실은 히오시아민hyoscyamine이라는 화학 물질의 두 가
지 형태인 l-히오시아민과 d-히오시아민이 혼합된 것이다. 이들 화합
물은 '비대칭chiral(키랄)'으로 형성되는데 서로 거울상으로, 왼손과 오
른손을 생각하면 된다. 두 손은 동일한 구성(손가락, 엄지, 손바닥 등등)
이지만 배열이 살짝 달라서 서로 겹쳐지지 않는 거울상을 이룬다.[5] 두
형태는 화학적으로 동일할 뿐만 아니라 녹는점이나 용해도 같은 물
리적 성질도 같다. 다만 다른 키랄 물질과의 상호 작용이 다르다. 왼
손잡이용 야구 글러브를 왼손에 끼는 것과 오른손에 끼는 차이를 생
각해 보라.

우리 몸속에는 이 같은 키랄 물질들이 넘쳐 난다. 우리 몸속에 유
입된 약물 성분들은 체내에 있는 다른 화학 물질과 상호 작용함으로
써 효과를 발휘한다. 따라서 약물 속에 'l'형이 들었는지 'd'형이 들었
는지에 따라 매우 다른 결과가 발생한다. l-히오시아민과 d-히오시

| 아트로핀을 구성하는 히오시아민의 두 형태 |

아민의 경우, 적은 양을 복용하면 생물학적 활성은 'ℓ'형에서만 나온다. 치사량을 복용하면 두 가지 형태가 동등하게 효능을 발휘한다. 아트로핀에 대한 개인들의 감수성은 천차만별이다. 어떤 사람은 10밀리그램을 복용한 후 사망했지만 또 다른 사람은 1,000밀리그램을 먹고도 살아남았다. 하지만 일반적으로는 5~10밀리그램에서 중독 증상이 나타나기 시작하며, 100밀리그램 정도면 치명적이라고 알려져 있다.

아트로핀 살인법

아트로핀은 주사기로 주입하거나 음식물과 함께 또는 피부 및 점막을 통해 혈액 속으로 들어갈 수 있다. 순수한 형태의 아트로핀은 물에는 잘 녹지 않고 지방이나 기름에서는 잘 녹는다. 그런 탓에 피부를 통해 보다 쉽게 침투할 수 있다. 인공 눈물이나 주사액의 형태로 쓰이는 의료용 아트로핀은 대개 물에 잘 녹게 하기 위해 염鹽(소금)의 형태로 만들어진다.[6] 아트로핀을 염으로 만들어도 약물의 효과는 변하지 않는다. 단지 흡수가 잘될 뿐이다. 의료 목적의 아트로핀은 보통 황산염으로 바꿔 사용하는데, 위장관이나 점막에서 쉽게 흡수된다. 하지만 피부로는 잘 흡수되지 않는다.

일단 혈액 속으로 들어오면 아트로핀은 재빨리 몸 전체로 퍼져 나간다. 그리고는 자율 신경계autonomic nervous system[7]의 두 갈래 중 하나와 반응한다. 자율 신경계의 한 갈래인 교감 신경계sympathetic nervous system는 위험을 감지했을 때 우리 몸이 내놓은 '투쟁 도피' 반응을 책

임지고 있다. 다른 갈래, 즉 부교감 신경계parasympathetic nervous system
는 '휴식 소화'를 책임지고 있어서 눈물이나 타액, 기관지 점액 등 체
액의 생산을 조절한다. 이 같은 일들은 부교감 신경계가 화학적 전달
자, 혹은 신경 전달 물질인 아세틸콜린acetylcholine을 신경 세포에서 표
적 기관으로 내보냄으로써 이루어진다.

신경 말단에서 분비된 아세틸콜린은 인접한 기관이나 신경에 있는
특정 수용체receptor(수용기)와 결합한다. 아세틸콜린의 작동 방식은 아
이들이 가지고 노는 모양 끼워 맞추기 장난감[8]과 다소 비슷하다. 장
난감 구멍에 딱 맞는 모양을 밀어 넣으면 불이 켜지는 것처럼, 일부
신경 전달 물질만이 수용체에 맞아 들어가 대상 기관이나 신경에서
반응을 유발한다. 수용체에 결합해 활성화시키는 화학 물질은 작용제
agonist(작용 물질)라 부른다. 일부 물질들은 구멍 속으로 억지로 끼워
넣을 수는 있지만, 그렇게 되면 구멍이 막혀 버리고 불도 켜지지 않
는다. 이처럼 수용체에 결합할 수는 있지만 반응은 일으키지 않는 물
질을 길항제antagonist(대항 물질)라 부른다.

신경 전달 물질의 수용체는 상호 작용하는 화합물의 이름을 종종
따른다. 우리 몸 곳곳에 존재하는 무스카린 수용체는 몇몇 종류의 버
섯에서 발견되는 독성 물질인 무스카린muscarine에 의해 활성화된다.
무스카린 분자는 아세틸콜린과 경쟁하며 수용체에 결합한다. 아트로
핀 또한 아세틸콜린과 경쟁해 무스카린 수용체에 결합한다. 하지만
반응을 유발하지는 못하므로 아트로핀은 길항제이다. 아세틸콜린의
효과를 막아 버림으로써 아트로핀은 부교감 신경계의 활동을 방해
한다.

적은 양의 아트로핀은 일반적인 부교감 신경계의 활동으로 생산

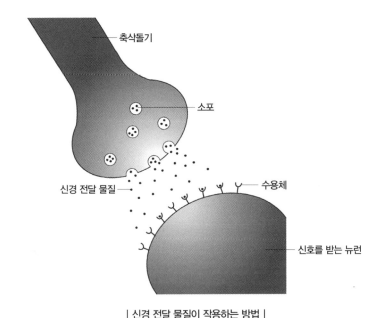

| 신경 전달 물질이 작용하는 방법 |

되는 분비액들을 줄어들게 만든다. 예전에는 건초열hayfever, 乾草熱이
나 감기 증상을 다스리는 데 아트로핀이 쓰였다. 콧물 분비를 줄이
기 때문이다. 오늘날에도 기침할 때 움직이는 근육들을 진정시키기
는 효과 덕분에 기침약 성분에 가끔 아트로핀이 들어간다. 또한 폐의
세細기관지bronchiole 분비액을 줄이려는 목적으로 수술 직전 아트로핀
을 주사하기도 한다. 세기관지 분비액이 계속 흘러나온다면 수술하
는 동안 기도가 막힐 수 있다.[9] 죽어 가는 환자들에게서 나타나는 '가
래 끓는 듯한 소리death rattle'를 없애는 완화제로 쓰이기도 한다. 환자
들이 더 이상 스스로 가슴 위쪽과 목 안에 고이는 타액을 처리하지
못하는 탓에 이 같은 소리가 밖으로 나오는데, 곁에 있는 환자 가족
들에게는 이 소리를 듣는 것이 엄청난 고통이다.

부교감 신경계는 위액 분비를 증가시키고 근육을 활발히 움직여 음식물이 소화관을 따라 이동하게 만듦으로써 소화 작용을 촉진한다. 장과 방광에서의 배출 또한 부교감 신경계가 조절을 담당한다. 과민성 대장 증후군 치료제로 아트로핀이 간혹 처방되는 이유가 바로 여기에 있다. 과거에는 야뇨증을 치료하기 위해 아이들에게 아트로핀을 먹였다. 아트로핀이 방광 조절 근육으로 전달되는 신호를 막아버리기 때문이다.

치료에 적당한 양(5~10밀리그램)으로 복용한다 하더라도 예민한 사람들에게는 동공이 확대되거나 시야가 흐려지고 심장 박동이 증가하는 등의 부작용이 발생하기도 한다. 하지만 이 같은 부작용을 이용해, 예를 들어, 동공이 축소되는 문제[10]를 겪는 환자들을 치료할 수도 있다. 아트로핀이 치료제로 사용되는 또 다른 예는 홍채염anterior uveitis(앞포도막염)이다. 홍채에 염증이 생기는 질환으로, 아트로핀은 홍채를 조절하는 근육을 마비시켜 동공을 확대하고 그 결과 안압을 낮춘다. 수정체를 조절하는 근육 또한 일시적으로 마비되기 때문에 처음에는 시야가 흐릴 수 있지만, 이 증상은 곧 사라진다. 그러나 동공이 확대된 효과는 며칠간 지속된다. 복용량이 적고 적용 대상이 국소적이면(눈에다 직접 약물을 떨군다거나) 부작용을 최소화할 수 있다. 그럼에도 몇몇 사람들은 눈에 아트로핀을 바른 후 환각을 경험했다고 보고한다.

정신이 혼미하다거나 환각을 경험하는 것은 아트로핀이 다른 주요 신경계, 그러니까 중추 신경계에도 영향을 미치기 때문이다. 아트로핀으로 인한 환각은 선명하고 현실적이어서 종종 얼굴이나 나무, 뱀 등을 보았다는 진술도 있다. LSD 같은 약물을 복용한 사람들이 황홀한 psychedelic 모양이나 무늬를 경험하는 것과는 다르다. 사람들은 종종 얇은 천이나 휴시 조각을 통해 세상을 보는 것과 같다고 묘사하는데, 이는 뇌뿐만 아니라 수정체에도 미친 영향이 함께 작용한 결과가 아닌가 싶다. 아트로핀을 복용한 환자들은 마치 백일몽을 꾸는 양 때로는 주의를 집중하거나 유지하기 힘들어 한다. 처음에는 유순하다가 점차 자신들의 눈앞에 펼쳐진 광경이 실재하지 않는다는 사실을 깨닫게 되면서 과대망상으로 발전해 간다. 시간이나 방향 감각 상실은 흔한 증상이다. 이 같은 환각 효과는 12시간까지 지속될 수 있다.

아트로핀은 체내 반감기가 2시간으로 짧은 편이다. 대개의 화합물은 변하지 않은 상태 그대로 오줌으로 배출되지만 주요 성분은 간에서 효소를 통해 대사 과정을 거친다. 그렇다 하더라도 아트로핀 전부가 몸속에서 사라지는 데에는 며칠이 걸릴 수 있다. 이 말인즉, 적은 양을 규칙적으로 복용하면 체내에 축적이 되면서 만성 중독을 유발할 수 있다는 뜻이다. 많은 양을 복용하면 피부가 붉고 건조하며 뜨거워지고(때로는 상반신 부위에 발진이 나타나기도 한다) 입이 마르며, 심장 박동이 빨라지고 소변이 나오지 않으며 근육이 딱딱해지고 열이 오르면서 경련과 혼수상태에 이른다. 방향 감각 상실이나 환각, 망상은 보다 적은 양을 복용해도 나타난다. 가장 문제가 되는 것은 심장과 호흡에 미치는 영향이다.

심장에 있는 무스카린 수용체는 아트로핀의 영향을 받는다. 교감 신경계는 심장 박동을 증가시키는 반면 부교감 신경계는 심장 박동을 늦추는데, 아트로핀은 무스카린 수용체를 막아 버림으로써 심장 박동 수를 줄이라는 부교감 신경계의 신호를 방해한다. 이런 면에서 아트로핀은 심장 박동을 느리게 만드는 약물들에 대한 해독제로 쓰일 수 있고 혈압과 맥박을 증가시키는 데에도 도움을 줄 수 있다. 하지만 과도하게 투여하면 아트로핀 중독이 발생한다. 다행히도 아트로핀 중독을 비교적 쉽게 진단하는 기억법이 있다. '산토끼처럼 뜨겁고, 박쥐처럼 눈이 멀며, 뼈다귀처럼 건조하고, 홍당무처럼 빨갛고, 모자장수처럼 미쳤다.' 24시간 이상 생존한 환자는 회복할 가능성이 높다.

아트로핀 해독제

적은 양이라면 비록 며칠 걸리기는 해도 그저 독성 물질을 제거하는 것만으로도 환자는 충분히 회복될 수 있다. 따라서 독살자라면 희생자를 처리하기 위해 보다 직접적인 방법을 선택할 수도 있다. 음식이나 음료에 다량으로 아트로핀을 집어넣는 식으로 말이다. 아트로핀이 내는 쓴맛은 먹는 동안 음식에 문제가 있음을 손쉽게 알아차리게 만들기 때문에, 독살자는 반드시 희생자가 한입에 아트로핀을 집어삼키게끔 해야만 한다. 마플 양이 등장하는 단편 「성 베드로의 엄지손가락 The Thumb Mark of St Peter」[11]에서 살인자가 취한 방법이 그랬다.

　희생자가 치사량을 삼켰더라도 해독제나 치료법 등을 잘만 쓰면 여전히 회복할 가능성은 있다. 「성 베드로의 엄지손가락」에서 크리스티는 희생자를 동정하는 매우 드문 장면을 연출하는데, 이때 아트로핀 중독의 해독으로 '필로카르핀pilocarpine'을 언급한다. 머리맡에 있던 물을 한 잔 마신 후 아트로핀의 치명적인 영향으로 쓰러질 위기에 처하자 제프리 던맨은 '필로카르핀'을 외친다. 하지만 크리스티는 던맨을 살릴 만큼 상냥하지 않았다. 던맨의 죽음을 목격한 사람들은 그가 헛소리를 지껄인다고 생각했다. 한 증인은 그가 물고기에 대해 떠들었다고 했다. "파일 오브 키르프pile of carp(잉어 무더기)"라 들렸다며 말이다. 던맨을 짧게 진찰한 의사는 그의 동공이 확대돼 있음을 알아차리지 못했다.

던맨의 사체에서는 아트로핀이 발견되지 않았다. 물론 사후 검시가 늦어질수록 약물 검출도 힘들어지지만, 아트로핀은 사체에 뚜렷한 흔적을 남기지 않는다. 아트로핀 복용의 특징인 확장된 동공도 사후에는 믿을 만한 표식이 못 된다. 사망 후에는 근육이 이완되면서 동공이 자연적으로 팽창하기 때문이다. 독살이 의심되는 경우 위장 속 내용물과 신체 조직 일부를 떼어내 중독성 화합물에 대해 분석하는 게 일반적이다. 독성을 띤 금속은 상대적으로 추출하기가 쉽다. 주변 조직들이 화학 반응에 의한 열로 손상을 입으며, 금속은 사라지지 않고 남는다. 하지만 아트로핀과 같은 유기 화합물은 화학 반응으로 소멸되는 탓에 반드시 온전한 상태 그대로 추출하고 분리해야만 확인할 수 있다. 1850년대에 장 스타스Jean Stas(1813~1891)가 식물성 알칼로이드를 검출하는 방법을 고안했고 약간 변형한 스타스의 방법이 오늘날까지도 사용되고 있다.

일단 사체에서 식물성 독이 검출되면 확인 작업을 거쳐야만 한다. 과거에는 맛을 보거나,[12] 추출한 화합물을 쥐나 개구리 같은 동물한테 주입했을 때 나타나는 증상을 통해 어떤 독인지를 확인했다. 만일 동물에게서 나타나는 증상이 희생자가 보인 증세와 일치한다면 독성 성분을 성공적으로 분리한 것이다. 이제 중독 증상으로 화학 물질을 확인할 수 있다.

오늘날에는 다양한 분석 기술로 독약의 존재 유무와 정체를 입증할 수 있다. 크로마토그래피chromatography(색층 분석법)는 혼합물의 구성 성분을 분리하고자 할 때 사용하는 방법이다. 1855년 처음 개발되었을 당시에는 식물 색소를 분리하는 데 쓰였다. 독자들도 식용 색소나 색깔 잉크를 종이에다 한 방울 떨어뜨린 후 종이 끄트머리를 물에 담그는 실험을 해 봤을 것이다. 모세관 현상에 의해 물이 종이를 타고 서서히 위로 올라가면서 잉크도 따라 올라간다. 염료나 잉크의 용해도가 각기 다르기 때문에 종이를 타고 올라가는 속도 또한 제각각이다. 그 결과 종이에는 서로 다른 색깔을 지닌 여러 개의 수직선이 생겨난다. 시작점에서 잉크가 멈춘 마지막 지점까지의 거리가 곧 해당 잉크의 특징이다. 오늘날 과학자들은 방법이나 시료를 조금씩 달리한 다양한 크로마토그래피 기법을 쓰고 있지만, 기본 원리는 본질적으로 같다. 조직에서 떼어낸 표본을 서로 다른 용매에 녹였을 때 드러나는 용해도 차이에 따라 분리할 수 있다. 용매에 잘 녹는 화합물은 실험 장치를 따라 재빠르게 움직이지만 덜 녹는 화합물은 뒤처진다. 정체를 모르는 화합물의 이동 속도를 잘 알려진 순수한 표본의 이동 속도와 비교한다. 동일한 조건에서 동일한 속도를 보인다면 둘은 같은 물질임이 틀림없다. 이 기법은 식물성 알칼로이드가 얼마나 많이 존재하는지를 확인하는 데에도 사용되고 있다.

애거서 크리스티가 「성 베드로의 엄지손가락」을 썼던 1932년은 크로마토그래피 기법이 이제 막 등장한 시기였다. 상업적으로는 제2차 세계대전 이후에나 이용이 가능했다. 물론 화학 물질을 확인하는 다른 방법이 없지는 않았다(231쪽 참조). 화학 반응 시 나타나는 특징적인 색상 변화로 특정 물질을 확인할 수 있었지만 이 결과를 완전히 신뢰할 수는 없었다. 하지만 마플 양은 독성학자들의 보고에 의지할 필요가 없었다. 다소 모호한 '필로카르핀'이라는 단서에서 그녀는 독약의 정체를 파악해내고 만다.

필로카르핀 또한 식물성 알칼로이드로, 야보란디 나무jaborandi, Pilocarpus pinnatifolius의 잎에서 추출된다. 아트로핀과 동일한 수용체에 결합하지만, 아트로핀과 달리 작용제로 역할을 하여 침과 땀 분비를 촉진하고 심장 박동을 느리게 만든다. 땀을 통해 배출되는 염화물과 나트륨의 양을 측정하고자, 혹은 구강 건조를 치료하기 위한 의료 목적으로 필로카르핀이 사용된다. 녹내장glaucoma 치료를 위해 눈물 형태로 투약되기도 한다. 아트로핀과 필로카르핀이 인체에 끼치는 효과가 정반대이기 때문에 둘은 서로에게 길항제로 작용한다.

실제로 필로카르핀에 중독된 환자에게 의사가 치료를 위해 아트로핀을 처방한 사례가 있다. 불행히도 정신질환자 치료 시설인 웨스트파크 병원 장기 입원 환자였던 두 사람은 결국 사망했다. 1985년 8월 14일, 같은 병원의 엑스포드 병동 환자 24명이 저녁을 먹은 후 앓기 시작했다. 기침이 심했고 과도한 양의 타액이 분비되었다. 환자들 중 5명은 호흡 곤란을 일으켰으며, 3명은 인근 엡섬 지역 병원으로 이송되었다. 82세의 노라 스위프트Nora Swift와 99세의 플로렌스 리브스Florence Reeves는 병원 직원들이 최선을 다해 치료했음에도 사망하고 말았다. 두 여성의 소변을 분석하자 필로카르핀과 아트로핀이 나왔다. 아트로핀은 환자들의 증상을 치료하고자 병원에서 투약한 약물이었고, 그들을 독살한 것은 필로카르핀이었다.

병원에서는 녹내장을 앓는 몇몇 환자들에게 필로카르핀이 든 눈물을 처방했다. 모든 의약품은 한 곳에 보관했으며 자물쇠로 단단히 채워 두었지만 실제로는 그렇지 않을 때도 종종 있었다. 저녁 식사에 약물이 첨가된 것으로 추정되었다. 모두가 식사를 마치자 남은 음식들은 버려졌고 그릇과 수저들은 주방 담당자들이 깨끗이 씻어 버렸다. 감식가들이 도착했을 때 독약을 추적할 수 있는 것이라고는 아주 작은 코티지 파이cottage pie 조각뿐이었다. 결국 필로카르핀이 수프에 첨가된 것으로 결론내려졌다. 환자들 다수가 수프에서 쓴맛이 느껴져서 조금만 먹다 말았다고 진술했기 때문이다. 이 사실로 환자들 모두가 중독된 것은 아니리는 점, 그리고 대개가 회복한 이유가 설명된다. 연로한 환자들은 필로카르핀 단 네 방울로도 치명적인 결과를 불러올 수 있었다.

병동 환자들은 평균 연령이 88세로, 대부분 노인성 치매를 앓고 있었다. 그렇지 않은 사람들도 정신질환을 앓고 있었던 탓에 의사소통에 어려움이 있었다. 경찰은 환자들을 심문하는 데 고전했다. 그러나 곧 한 여성이 용의자로 떠올랐다. 늘 자신이 앉던 저녁 식사 자리를 다른 두 여성이 차지했다는 이유로 이 여성은 화가 나 있었다. 또한 병원 직원 간의 불화로 한 직원이 해고된 사실도 밝혀졌다. 하지만 이 같은 가설들에도 불구하고 결국 누가 수프에 독약을 탔는지, 동기가 무엇이었는지는 수수께끼로 남고 말았다.

필로카르핀은 의학적으로 특수한 경우에만 사용되므로 일반 사람들의 약장에서는 거의 발견되지 않으며, 의사들이 왕진 가방 속에 넣고 들고 다니지도 않는다. 크리스티 소설에서 제프리 던맨을 진찰한 의사가 혹시나 아트로핀 중독을 알아챘다 하더라도 필로카르핀을 즉각 처방할 수는 없었다는 이야기다. 다만, 아트로핀 중독의 경우에 카페인 같은 다른 각성제가 쓰이기도 했다.

아트로핀은 무스카린과 필로카르핀 중독뿐만 아니라, 유기인 화합물organophosphorus compound, 有機燐化合物에 중독되었을 때에도 길항제로 작용한다. 유기인 화합물의 종류는 엄청나게 많고 다양한데, 인, 탄소, 수소, 산소 원자가 여러 방식으로 조합되고 배열된 화합물들이 모두 여기에 속한다. 1930년대 독일에서 처음 살충제로 개발되었다가 얼마 못 가 그중 일부가 인체에 심각한 영향을 끼친다는 사실이 드러났다. 호흡 곤란과 동공이 축소되면서 시야가 흐릿해지는 증상이 동반되었다. 나치는 이들 화합물 중 일부를 화학 무기로 개발하기 시작했다. 다행스럽게도 사린sarin, 타분tabun, 소만soman이라 이름 붙여진 화학 무기들은 제2차 세계대전 동안 사용되지 않았다.[13]

그중 사린이 유기인 화학 무기로 가장 잘 알려져 있다. 슬프게도 제2차 세계대전 이후 사린은 실제로 사용되었다. 사린은 비교적 단순한 물질이다. 쉽게 제조되며 시간이 지나도 효능이 떨어지지 않기 때문에 비축하기도 용이했다. 독재 정권과 테러 집단들 사이에서 사린은 인기를 누렸다. 사린은 무스카린 수용체를 활성화하는 임무를 마친 아세틸콜린을 분해하는 효소인 콜린에스테라제cholinesterase와 반응한다. 아세틸콜린이 제거되지 않으면 계속해서 수용체를 자극해 표적 기관이 경련을 일으키다 마침내는 마비되어 버린다. 호흡 근육들이 작동을 멈추고 사망에 이른다. 아트로핀은 사린 중독에 대항하는 역할을 한다. 무스카린 수용체를 막아 버려 사라지지 않고 남은 아세틸콜린들이 오직 제한적인 효과만을 발휘하도록 만든다.

1995년 옴진리교가 벌인 도쿄 지하철 테러 사건에서 사린이 사용되었다. 13명이 죽고 수천 명이 병원에서 치료를 받았다. 이들은 자신들의 목적을 관계 당국에 알리고자 이미 이전에 작은 규모의 테러를 시도한 바 있었다. 두 번째 지하철 테러 때는 아트로핀 투약이 가능했고 덕분에 많은 사람의 목숨을 구할 수 있었다. 신경가스와 같은 유기인 화합물과 맞닥뜨릴 수 있는 장소에 배치된 군인들은 아트로핀을 항상 몸에 지니고 다닌다.

일부 유기인 화합물, 유기 인산염의 경우에는 오늘날 농업에서 살충제로 널리 사용되는 것처럼 이로운 역할을 한다. 화학 무기들에 비하면 이들 화합물은 독성이 상당히 약하며 심지어 DDT 같은 유기염소계 살충제보다도 독성이 약하다. 간혹 농업용 살충제로 인한 불의의 중독 사고나 계획적인 독살 사건이 발생하기도 한다. 화학전에서 활용되는 유기인 화합물로 나타나는 증상과 동일하다. 다행히도 응급 상황에서 아트로핀이 길항제로 투약되면 이들 증세는 치료할 수 있다. 하지만 적은 양의 유기 인산염 살충제에 장기간 노출되었을 때 인체에 미치는 영향에 대해서는 아직 연구가 이루어지고 있다.

실제 사례

세계 각지의 야생 환경에서 독성을 다량으로 함유한 식물들이 쑥쑥 자라고 있지만, 실생활에서 아트로핀을 이용한 살인은 매우 드물다. 아마도 중독 증상을 확인하고 치료하기가 비교적 쉬워서인 것 같다. 하지만 아트로핀 중독 사례가 아주 없는 것은 아니다. 그중 서투른 한 살인자는 애거서 크리스티의 소설에서 영감을 받았던 듯하다. 스코틀랜드에서 살인 미수에 그친 한 사건에 아트로핀이 이용되었다.

1994년 알렉산드라 애구터Alexandra Agutter는 에든버러 대학교에서 생물학을 가르치던 자신의 남편 폴Paul에 의해 중독되었다. 폴은 종종 아내에게 진토닉을 만들어 주었는데, 토닉 워터에 아트로핀을 탔다. 알렉산드라는 맛이 쓰다고 불평하면서 다 마시지 않고 남겼다. 하지만 치사량을 넘긴 150밀리그램의 아트로핀이 이미 그녀의 몸속으로 들어간 다음이었다. 그녀는 이내 상태가 나빠졌고, 5분 정도 지났을 때 일어서려다 어지러움을 느끼고 바닥에 쓰러졌다. 목이 아팠고 환각이 시작되었다. 폴은 응급구조대에 연락하는 대신 지역 의사에게 전화를 걸었다. 의사는 자리에 없었고 폴은 긴급한 상황이라는 전갈을 남겼다. 나중에 소식을 들은 의사는 곧바로 구조대에 연락해 이들의 집으로 가 달라고 요청했다. 의사와 구조대가 도착했을 때 알렉산드라는 심각한 상태였다. 그들은 중독을 의심했다. 구조대원 중 한 명이 분석을 위해 알렉산드라가 마시던 음료를 챙겨 갔다. 구조대는 알렉산드라를 병원으로 이송했고, 그녀는 한동안 고생한 후 다행히 회복되었다.

알렉산드라가 아트로핀에 중독되었음은 명백했다. 하지만 곧바로 남편 폴에게 의혹이 제기되지는 않았다. 폴 애구터는 매우 조심스레 독살을 계획했고, 몇 가지 이유로 아트로핀을 선택했다. 그는 아트로핀의 치명적인 성질을 잘 알고 있었다. 게다가 구하기도 쉬웠다. 자신이 일하는 연구소 실험실에서 슬쩍 가져오기만 하면 되었다. 아트로핀이 내는 쓴맛은 애당초 토닉 워터의 쓴맛으로 위장할 수 있었다. 그리고 의혹의 시선을 자신에게서 분산시키기 위해 속임수를 쓰기도 했다. 폴은 아내에게 줄 진토닉을 만드는 데 쓸 병뿐만 아니라 다른 토닉 워터 병들에도 아트로핀을 섞어 두었다. 다른 병들에는 11~74밀리 그램을 탔는데, 이는 치사량까지는 아니더라도 누구든지 마시면 앓을 정도의 함량이었다. 폴은 동네 슈퍼마켓 진열대에 그 병들을 올려 두었다. 그의 계획대로 관계 당국은 어느 사이코패스가 의도적으로 토닉 워터 병들에 손을 댔다고 믿었다. 하지만 슈퍼마켓에 있던 CCTV에 폴이 가게 안을 서성대는 장면이 찍혔고, 게다가 직원 중 한 명이 폴이 선반 위에 토닉 워터 병들을 올려놓던 걸 기억해 냈다.

나중에 8명이 더 아트로핀 중독으로 병원에 실려 왔다. 슈퍼마켓에서 산 도닉 워터를 마신 사람들이었다. 선반 위에 있던 모든 병들이 수거되어 검사를 거쳤다. 아트로핀이 섞인 병이 추가로 6개 발견되었고 같은 슈퍼마켓에서 토닉 워터를 산 사람들은 모두 반납하라는 권고령이 전국적으로 떨어졌다. 이 이야기는 곧 신문 1면을 장식했다. 폴 애구터는 경찰들과 함께 범인을 찾도록 도와 달라는 기자 회견에 참석하기도 했다.

폴의 실수는 자신의 집에 있던 증거물을 깨끗이 치우지 못한 데 있었다. 알렉산드라가 마신 토닉 워터 병에는 다른 병들보다 훨씬 많은 양(300밀리그램)의 아트로핀이 들어 있었다. 구조대가 도착하기 전에 원래 병을 치우고 슈퍼마켓에 가져다 둔 병들 중 하나로 대체해 놓았더라면 결코 의심을 사지 않았을 것이다. 폴 애구터는 살인 미수로 유죄 판결을 받아 7년을 감옥에서 보냈다.

가장 흥미로운 (하지만 지금은 거의 잊힌) 사례는 1977년 프랑스 크레앙스Créances에서 있었던 사건이다. 58세의 회사원이었던 롤랑 루셀Roland Roussel은 자신의 어머니가 사망한 데 일말의 책임이 있다고 의심되는 여성을 살해할 계획을 세웠다. 그는 안약에서 추출한 아트로핀을 코트뒤론Côtes du Rhone 와인 병에 첨가한 후 여성이 자주 들르던 자신의 삼촌 막심 마스롱Maxime Masseron의 집에 두고 왔다. 루셀의 삼촌과 숙모는 휴일 외에는 술을 마시는 걸 삼갔다. 루셀은 범행 대상인 여성이 집에서 와인을 종종 마신다는 사실을 삼촌과 숙모가 알아차리게끔 손을 썼다. 하지만 삼촌은 특별한 날을 위해 와인을 보관해 두기로 했고, 드디어 크리스마스 날 와인 병을 개봉했다. 삼촌 막심은 현장에서 사망했다. 마스롱 부인(불행히도 그녀의 이름은 시간이 흐르며 기록에서 사라져 버렸다)은 혼수상태에 빠졌고 이웃들의 도움으로 곧장 병원에 이송되었다.

사람들은 부부가 식중독에 걸렸다고 생각했다. 며칠이 지나 희생자의 사위와 목수가 막심의 시신을 관에 안치하기 위해 집으로 돌아오기 전까지는 경찰들도 전혀 경각심을 갖지 않았다. 탁자 위에서 크리스마스 날 마시다 만 와인 병을 발견한 두 남자는 한 잔씩 따라 마셨다. 곧바로 두 사람은 심각하게 앓기 시작했고 한 시간이 채 안 돼 혼수상태에 빠졌다. 다행히 즉각 적절한 처치가 이루어진 덕분에 생명을 건졌다. 경찰은 재빨리 롤랑 루셀에게 주의를 집중했고, 그의 집에서 독약에 관한 내용이 실린 잡지와 신문 및 애거서 크리스티의 「성 베드로의 엄지손가락」이 실린 『열세 가지 수수께끼』를 찾아냈다. 경관은 다음과 같이 발표했다. "루셀이 책에서 영감을 얻었다고 말하려는 것은 아니다. 하지만 그의 자택에서 책이 발견되었고 독약과 관련 있는 구절들에 밑줄이 처져 있었다. 그리고 그 밑줄이 그어져 있는 그 독약은 살인에 쓰인 것과 똑같은 종류의 독약이다."

애거서 크리스티와 아트로핀

애거서 크리스티의 「크레타의 황소」에서 휴 챈들러는 아트로핀 중독의 모든 증세를 보인다. 의사라면 쉽게 진단하고 치료할 수 있었을 것이다. 하지만 휴의 약혼녀 다이애나 메벌리는 의사를 찾아가는 대신 에르퀼 푸아로를 방문했다. 휴에게는 다행스럽게도, 푸아로의 작은 회색 뇌세포들이 도전에 나섰다.

몇 년간 휴는 환각과 일련의 섬뜩한 사건들로 고통받고 있었다. 챈들러 가문에서는 극난의 소치를 취할 필요를 느꼈다. 휴는 매일 밤 끔찍하고도 생생한 꿈들을 꾸었고, 한밤중에 주변을 배회하고 다녔다. 휴의 행동을 막고 그가 다치지 않도록 하기 위해 밤에는 그를 자기 방에 감금시켰다. 하지만 그는 곧잘 탈출을 감행했다. 어느 날 아침, 휴는 눈 뜨자마자 자기 손에 피가 묻어 있는 것을 발견했다. 인근 들판에서 도살된 양의 사체가 나왔다. 이제 다이애나의 안전마저 걱정되었고, 휴는 결국 그녀와의 약혼을 파기하기로 결심했다.

푸아로는 저택에 도착하자 휴에게 그가 겪는 증세들을 설명해 달라고 요청했다. 입이 건조해지고 목 넘김이 불편한 증상도 포함되었다. 그리고 휴는 아트로핀 중독으로 흔히 나타나는 증세인 하늘에 붕 떠 있는 듯한 느낌도 묘사했다. 아트로핀이 든 벨라도나와 맨드레이크는 마녀들이 사용하는 '하늘을 나는 연고'의 주요 성분이었다. 기름을 사용해 아트로핀을 녹인 이 연고를 피부에 바르면 혈액 속으로 아트로핀이 흡수되는 속도가 빨라진다. 중추 신경계, 특히 뇌에 아트로핀이 도달하면 종종 의식의 분리를 동반한 환각이 나타난다. 몸으로부터 마음이 분리되는 느낌은 하늘에 붕 떠 있는 듯한 감각을 가져온다.

마녀로 고발당한 여성들은 진심으로 자신들이 하늘을 날았다고 믿었다.

휴는 푸아로와 대화하는 동안 저 너머에 해골 형상이 보이지 않느냐며 생생한 환영을 묘사하기도 했다. 그는 혼란스럽고 두려웠으며 진심으로 자신이 미쳐가고 있다고 믿었다. 하지만 푸아로는 의구심을 가졌다. 휴가 겪는 환각이나 다른 증세들이 의도적인 아트로핀 중독에 의한 것이 아닐까 하는 생각이 들었다. 푸아로는 자신의 가설을 입증하는 일에 착수한다.

휴는 면도 후 피부에 발진이 생겼고 피부를 진정시키기 위해 크림을 발랐다. 푸아로는 그 크림을 일부 가져다 분석을 의뢰했고 그 속에 아트로핀 황산염atropine sulfate이 들어 있음을 확인했다. 아트로핀 황산염은 휴의 아버지가 처방받은 안약에 포함된 성분이었다. 범인은 복사한 처방전으로 약사에게서 곤란한 질문을 받는 일 없이 아트로핀 황산염을 구할 수 있었다. 책이 씌어진 1947년 당시에는 물 1온스(대략 30밀리리터)에 아트로핀 황산염 260밀리그램을 녹인 용액 형태로 주로 조제되었다. 한 번에 투약한다면 성인 남성 한 명을 거뜬히 없앨 수 있는 양이었다. 하지만 두 눈에 매일, 한 달간 사용하도록 처방되었고, 1일 투약분에는 대략 4밀리그램이 들어 있었다. 이 정도로도 중독 증세가 나타날 수 있었다. 「크레타의 황소」에서 범인은 아트로핀 황산염을 크림에다 섞었다. 보통 크림보다 물기가 많긴 했지만 겉으로 보기에는 전혀 다를 게 없었다. 푸아로는 범인이 처방받은 안약에서 아트로핀 황산염을 추출한 후 크림에다 섞었으리라 예상했다. 아트로핀 황산염을 추출하거나 농축하는 일은 비교적 쉽다. 안약에서 수분을 증발시키기만 하면 된다. 얼굴에 바르는 크림은 물과 기름이 혼합된 형태이기 때문에, 고형 아트로핀 황산염을 크림에다 섞었다면 이미 크림 안에 존재하는 물 속으로 아트로핀 황산염이 비교적 쉽게 녹아 들어갔을 것이다.

휴가 얼마만큼의 아트로핀에 노출되었는지는 알기 어려웠다. 크림이 든 용기의 크기를 모를 뿐더러 하루에 쓴 양도 알지 못했다. 하지만 중독을 유발하기 위해 아버지의 안약으로 처방된 것보다 많은 양에 매일 노출되었음이 틀림없었다. 그리고 피부로 흡수되는 아트로핀 황산염의 양은 대개 매우 적지만 면도로 인해 생겨난 상처 때문에 훨씬 수월하게 흡수되었을 것이다. 게다가 독약이 휴의 얼굴에 나타난 발진을 없애는 데 효과를 보이면서 더 많은 아트로핀이 투약되었을 것이다. 어쩌면 이 더럽혀진 크림을 휴가 점차 더 많이 자기 얼굴에 발랐을지도 모른다. 푸아로가 개입하며 더 이상 독약이 투여되는 걸 막음으로써 휴는 생명을 건졌다. 아마도 그는 충분히 회복한 후 사랑하는 약혼녀 다이애나 메벌리와 결국 결혼했을 것이다.

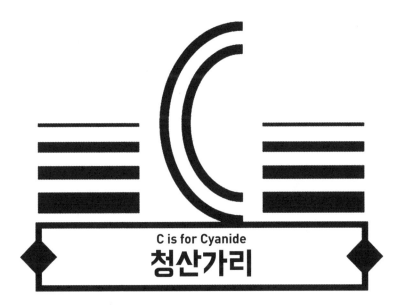

C is for Cyanide
청산가리

빛나는 청산가리

지금껏 알려진 가장 강한 독약은
카이사르의 월계관에서 나왔다….
— 윌리엄 블레이크, 「순수의 전조 Auguries of Innocence」

청산가리cyanide는 애거서 크리스티 소설에서 자그마치 10편의 장편
과 4편의 단편에 등장하여 17명을 해치웠다. 크리스티의 살인마들이
독약을 투여한 방법 또한 창의적이고 효과적이었다. 직접 주입하거
나 술 또는 후자극제smelling salts,[1] 심지어 담배에도 독약을 탔다. 크리
스티는 독약은 물론 희생자들이 보이는 증상, 청산가리 공급원을 매

우 정확하게 묘사했다. 크리스티의 소설들에 속에 등장하는 살인자들을 하나둘 차례로 나열하기보다 특정한 한 편의 소설에 초점을 맞추려고 한다. 그 소설은 당연히 『빛나는 청산가리Sparkling Cyanide』이다.

『빛나는 청산가리』는 1945년에 쓰여졌다. 이야기의 중심에는 부유한 바턴 가문과 그들의 지인, 그리고 주변을 어슬렁대는 사람들이 있다. 소설은 룩셈부르크 레스토랑에서 벌어진 로즈메리 바턴의 비극적인 죽음을 목격했던 사람들의 회상으로 시작한다. 7명의 인물이 생일을 축하하기 위해 모였다. 무대 위에서 쇼가 끝나고 조명이 켜지는 순간이었다. 로즈메리는 샴페인을 한 모금 마셨고 테이블 위로 얼굴을 대고 쓰러졌다. 얼굴은 푸르스름했고 경련으로 손가락이 씰룩댔다. 시안화칼륨potassium cyanide 중독이 분명했다. 사인은 자살로 판명났다.

6개월 후, 로즈메리의 남편 조지 바턴은 로즈메리가 살해됐음을 암시하는 익명의 편지를 받는다. 경찰에 신고하는 대신 조지는 아내의 살인범을 잡기 위해 치밀한, 그렇지만 미친 계획에 착수한다. 비극적인 '자살'이 있은 지 정확히 1년 후 조지는 그날의 파티에 참석했던 6명을 다시 모은다. 그리고 여배우를 데려다 로즈메리처럼 분장시킨다. 저녁 식사를 하는 동안 그녀를 등장시켜 범인의 자백을 받아내려는 심산이었다. 하지만 계획은 장엄하게 실패한다. 조지가 로즈메리를 추억하며 축배의 잔을 마신 직후였다. 얼굴이 파랗게 질리며 갑자기 테이블 위로 쓰러졌다. 조지가 사망하기까지는 고작 1분에서 2분 정도가 걸렸다. 그의 잔에는 1년 전 그의 아내를 쓰러뜨린 것과 같은 독약이 들어 있었다. 다행히도 조지는 몇몇 용의자의 이름과 자신의 계획을 친구인 레이스 대령에게 미리 알려 둔 상태였다. 총명한 장교는 그 후 경찰과 함께 범죄를 해결해 나간다.

1945년에는 많은 독약들을 쉽게 구입할 수 있었다. 일부 해독제도 마찬가지였다. 다행스럽게도 상황은 변했지만, 여전히 정산가리는 산혹하고 무시무시하면서 효과적인 독약으로 악명을 떨치고 있다. 그리고 거기에는 이유가 있다.

청산가리 이야기

청산가리, 즉 시안화물cyanide은 애초에 '어두운 파랑'을 뜻하는 그리스어 'kyanos'에서 유래했지만 더없이 완곡한 표현이다. 프러시안 블루Prussian Blue($Fe_7(CN)_{18}$)는 강렬한 파란색으로 예술가들이 흔히 쓰는 염료다. 1752년 프랑스의 화학자 피에르 마케르Pierre Macquer(1718~1784)가 시안화수소hydrogen cyanide(HCN) 또는 청산prussic acid을 조제하기 위해 사용한 화합물도 이것이었다. 그 결과로, 시안화물을 포함한 분자들에 청산가리라는 이름이 붙여졌다. 비록 그중 일부만이 파란색을 띠지만.

시안화물은 탄소 하나와 질소 하나가 하나의 단위(-CN)로 결합해 더 큰 분자를 형성한다. 시안화물로 된 화합물은 그 종류가 엄청나게 많으며 합성물뿐만 아니라 자연 물질로도 존재한다. 시안화물의 독성은 분자 내에서 나머지 부분과 시안화물 단위가 얼마나 쉽게 끊어지느냐에 달려 있다. 예를 들어, 시안화수소(H-CN)에서 수소 원자와 시안화물은 아주 쉽게 끊어지기 때문에 독성이 매우 강하다. 50에서 150밀리그램이면 성인 한 명을 죽일 수 있다. 하지만 똑같은 시안화물이 메틸기와 결합한 시안화메틸(CH_3-CN)은 결합을 끊어내기가 매우 어려워서(대략 5,000배 정도로) 독성이 훨씬 약하다.[2] 실수로 섭취한다고 해도 대개 결합이 끊어져 시안화물이 방출되기 전에 몸 밖으로 배출될 것이다.

많은 식물들에 시안화합물이 들어 있지만 그중 일부는 다른 식물들에 비해 훨씬 위험하다. 위험 정도는 시안화합물의 종류와 양에 달렸다. 벚나무속Prunus의 씨앗은 모두 시안화합물을 품고 있다. 복숭아와 버찌, 사과, 고편도苦扁桃, bitter almond의 씨는 특히 위험하고 다량 복용 시 치명적일 수 있다. 이들 씨앗에는 아미그달린amygdalin이란 화합물의 형태로 시안화물이 들어 있는데, 소장에서 효소를 통해 쉽게 분해되어 시안화수소를 방출한다.

애거서 크리스티는 종종 시안화물이 사용됐음을 알리기 위해 고편도 특유의 냄새를 언급했다. 실제로는 시안화물이 고편도 냄새를 풍기는 게 아니라 고편도가 시안화물 냄새를 풍긴다.

자연 물질에서 시안화물을 추출하는 방법은 수천 년 전부터 알려져 있었다. 시안화물 중독을 언급한 최초의 문헌은 고대 파피루스 기록으로, 신의 이름을 말한 죄로 처단하는 내용이 담겨 있다. '복숭아나무의 형벌을 받는 조건으로 여호와의 이름을 되풀이하지 말라.'[3] 크리스티의 작품 『핼러윈 파티Hallowe'en Party』에서는 살인마가 복숭아향이 나는 음료를 마시고 자살을 감행했다. 자연에서 얻을 수 있는 시안화물의 또 다른 원천인 월계수 잎은 로마 시대 이후로 사용됐는데, 윌리엄 블레이크는 자신의 시에서 불길함의 상징으로 '카이사르의 월계수관'라는 표현을 썼다.

자연 원료의 시안화물은 비교적 최근까지도 사용되었다. 1845년에 열린 존 타웰John Tawell의 재판에서는 사과 씨앗이 피고 측 변론에 등장했다. 타웰은 연인인 새라 하트Sarah Hart를 청산가리로 살해한 혐의로 기소되었다.[4] 타웰은 하트가 죽기 전 약국에서 청산을 구매한 것으로 밝혀졌다. 청산은 위험한 물질로 알려져 있었지만 타웰은 외용外用할 목적으로 구입했다고 주장했다. 당시 피부에 바르는 화장수로 청산 용액이 유행하고 있었다. '닥터 엘리엇솜Dr Eliotsom'이라는 상품명의 청산 로션이 시중에 팔리고 있었고, 면도 전후 피부를 적시는 용도로 쓰였다. 이 경우 치사량의 청산이 온전한 피부를 통해 흡수될 수 있었다. 면도로 인한 상처나 찰과상이 있으면 체내 흡수가 보다 수월했다. 타웰은 독약을 새라가 마시는 맥주병에 첨가했다. 이웃 주민이 타웰이 집을 떠나는 장면을 목격했고 새라가 내지르는 비명을 듣고는 무슨 일인지 확인하고자 그 집을 방문했다. 새라는 입에 거품을 가득 문 채 바닥에서 몸부림치며 괴로워하고 있었다. 의사가 도착하기 전에 새라는 사망했다.

경찰은 수배령을 내리고 타웰을 뒤쫓았지만, 그가 런던으로 향하는 기차에 오르는 것을 막지는 못했다. 타웰의 외모를 묘사하는 전보가 런던으로 날아갔고 타웰은 런던에서 체포되었다. 전보가 이처럼 범죄자를 잡는 데 사용된 것은 이때가 처음이었으며, 그 때문에 이 사건은 대중들로부터 엄청난 관심을 받았다.

타웰의 변호사인 피츠로이 켈리 경Sir Fitzroy Kelly은 새라를 죽인 시안화물이 사과 씨에서 나왔다고 주장했다. 치사량은 200그램 정도다. 새라가 사과를 무척 좋아하긴 했지만 이 정도 분량을 섭취하기 위해선 수천 개의 사과를 먹어야 했으며, 게다가 독약이 방출되려면 모든 씨앗을 꼭꼭 씹어 먹어야 했다. 피고 측 주장은 배심원단에 깊은 인상을 주지 못했고, 타웰은 유죄를 선고받았다. 타웰은 범죄를 저지른 대가로 처형되었다. 그리고 담당 변호사에게는 그 후 '사과 씨 켈리'라는 별명이 따라다녔다.

고편도와 살구 씨앗에는 사과 씨에 비교할 수 없을 만큼 많은 양의 시안화물을 함유한 아미그달린이 들어 있다. 살구 씨 겨우 몇 개로도 치명적일 수 있다. 이보다 시안화물을 더 많이 품은 식물로 카사바Cassava가 있는데, 사람이 일반적으로 섭취하는 시안화물 함유 식물 중 가장 위험하다. 쓴맛의 카사바에는 뿌리 1킬로그램당 1그램의 시안화물이 리나마린linamarin과 로티오스트랄린lotaustralin이라는 두 가지 화합물의 형태로 들어 있다. 두 화합물은 아미그달린과 매우 비슷하며, 이 셋 모두 시아노제닉 글루코시드cyanogenic glucosides[5]에 속한다. 달콤한 맛의 카사바는 상당히 적은 양의 시안화물을 지닌 품종이다. 하지만 사람들은 여전히 쓴 품종을 재배하길 좋아한다. 해충에 훨씬 강하고 어쩌면 도둑질에도 끄떡없기 때문일 것이다. 쓴 카사바를 날것으로 몇 입 베어 먹는 걸로 곧바로 사망하지는 않지만 심각하게 앓을 수 있다. 생 카사바에서 시안화물을 제거하려면 곱게 간 다음 5시간에서 3일간 물에 담가 두어야만 한다(카사바 품종과 지역 관습에 따라 조금씩 차이가 있다). 물속에 넣어 두면 카사바 안에 든 루미나아제luminase라는 효소가 시아노제닉 글루코시드를 시안화수소로 바꿔 수증기와 함께 증발시킨다. 뿌리 속에 든 시안화합물은 가뭄이나 빨아들일 수 있는 물이 적은 환경에서 늘어나기 때문에, 이 시기에 특히 사람들이 중독되기 쉽다. 카사바를 적절히 처리하는 데 실패하면 갑상선종을 앓거나 신경계에 손상을 일으켜 '곤조konzo'라는 이름으로 불리는 증상을 나타낼 수 있다. 곤조에 걸린 사람은 잘 걷지 못하며,

신체 조정력에 문제를 보인다. 곤조는 회복이 불가능하며 죽음에 이르기도 한다.

적은 양의 시안화물을 섭취하는 것으로는 건강에 진혀 위협이 되지 않는다. 사람들은 곧잘 실수로 사과 씨를 삼키지만 부작용을 잃는 사람은 없다. 우리 신체가 시안화합물에 대해 일정 정도 면역력을 갖고 있기 때문이다.[6] 인간은 먹을거리로 삼은 채집 식물들에 맞춰 진화했다. 수천 세대를 거치는 동안 특정 수준의 시안화물 노출에 대처하며 적응해 왔다. 우리 몸의 모든 세포에는 시안화물(-CN)을 티오시안산염thiocyanate(-SCN)으로 바꿔 주는 효소, 로다네제rhodanase가 들어 있다. 티오시안산염은 시안화물보다 몇 천 배 독성이 약하며 소변에 섞여 쉽게 배출된다. 우리 몸은 24시간마다 시안화물 1그램을 처리해낼 수 있다. 문제는 갑자기 많은 양이 체내로 쏟아져 들어와 과부하가 걸릴 때이다.

시안화물에 완벽한 면역성을 띤 동물이 한 종 있다. 큰대나무여우원숭이greater bamboo lemur는 마다가스카르의 왕대 뿌리만을 먹게끔 진화했다. 다른 식물은 거의 먹지 않는다. 이 대나무 새싹은 시안화합물을 함유하고 있지만 여우원숭이는 면역성을 함께 진화시켰기에 진수성찬을 마음껏 즐길 수 있다.

시안화물을 달리 얻을 수 있는 원료들도 많다. 『빛나는 청산가리』에서 크리스티가 언급했듯이, 과일이나 견과류 말고도 집 안에다 합법적으로 시안화물을 들일 수 있는 방법이 있다. 바로 사진이다. 적색의 결정성 고체crystalline solid인 페리시안화칼륨potassium ferricyanide $(K_3Fe(CN)_6)$과 이미 앞에서 마주친 적 있는 프러시안 블루 또는 페리

시안화철ferric ferricyanide($Fe_7(CN)_{18}$)이라 불리는 화합물은 사진의 색조를 조절하고 청사진青寫眞, cyanotypes, blueprints을 만드는 데 사용된다. 둘 다 특별히 독성을 띠고 있진 않으나 산과 섞이면 시안화수소를 발생시킨다.

시안화합물의 또 다른 형태이자 일반적으로 살인 및 자살에 동원되는 형태는 시안화칼륨potassium cyanide(KCN)이나 시안화나트륨sodium cyanide(NaCN) 같은 시안화염이다. 보통 소금과 마찬가지로 이들 화합물은 쉽게 물에 녹아 시안화물을 방출한다. 물 분자와 시안화염이 반응하면 기수 분해를 통해 시인화수소를 내놓는다. 시안화물과 나머지 분자들 간의 결합은 쉽게 깨지므로, 시안화칼륨이나 시안화나트륨은 독성이 매우 강하다. 200~300밀리그램이면 성인 한 명을 거뜬히 해치울 수 있다. 시안화염은 금을 채굴할 때 쓰였는데, 시안화칼륨이 금과 반응해 물에 녹는 시안화금gold cyanide을 내놓기 때문에 돌덩이에서 씻어내기만 하면 되었다. 다음 과정인 시안화금에서 금을 추출하는 일도 매우 쉽다. 시안화염은 산업적으로 여전히 중요한 화학 물질이며, 화학 실험실 내 자물쇠가 달린 찬장 안에서 종종 볼 수 있다. 오늘날에는 판매가 엄격히 규제되고 있을 뿐만 아니라 사용 또한 일부에 제한되어 있다.

시안화칼륨과 시안화나트륨은 한때 살충제로 많이 사용되었다. 『빛나는 청산가리』에서 한 용의자는 정원사의 작업장에 보관되어 있는 내용물에 대해 질문을 받았으며, 또 다른 등장인물은 여름에 말벌 둥지가 늘어난 것을 두고 토론을 벌이기도 했다. 적은 양의 시안화염을 물이나 약한 산이 든 병에 넣고 흔들어 섞으면 시안화수소가 나와 말벌이나 다른 곤충들을 죽일 수 있다. 사람 또한 이 가스를 흡입했다가는 마찬가지로 죽을 수 있다. 미국에서 범죄자를 처형하는 데 비슷한 방법이 쓰였다. 1921년 네바다 주에서 처음 이 같은 사형 방법이 실행되었는데 대부분 빠른 시간 내에 죽음에 이르렀으나, 일부 수감자들은 계속 숨이 붙어 있는 상태로 몸부림쳤다. 순서는 이렇다. 먼저 사형수를 밀폐된 방으로 인도한다. 문까지 단단히 밀봉하면, 레버를 당겨 시안화나트륨 알갱이들을 사형수가 앉은 의자 아래 황산이 든 양동이 안으로 떨어뜨린다. 수감자가 죽고 나면 내부를 새로운 공기로 채운다. 가스실에서 마지막으로 사형수가 처형된 것은 1999년이었다. 최근 미국에서는 약물을 직접 주입하는 것을 보다 선호한다.

　시안화물을 살인에 가장 완벽하게 사용한 이들은 나치였다. 나치는 제2차 세계대전 동안 시안화합물을 이용해 수백만 명을 대량 학살했다. 흑사병을 잡겠다는 핑계로 그들은 치클론 B$_{Zyklon\ B}$(시안화물을 기반으로 한 살충제의 상표명)를 대량으로 제조하고 강제 수용소로 수송했다. 시안화수소가 함유된 치클론 B 통에는 안전장치가 달리고 향(브로모아세트산에틸$_{ethyl\ bromoacetate}$)이 더해졌는데, 향을 입힌 것은 통 안의 내용물이 밖으로 샐 경우 알아차릴 수 있도록 하기 위해서였다. 시안화수소의 끓는점은 섭씨 260도로, 뜨겁고 폐쇄된 가스실 안에서 빠른 속도로 기화되었다. 다행히도, 다량의 시안화수소가 빠르게 작용하여 거의 즉시 사람들의 목숨을 앗아 갔다. 전쟁이 끝을 향해 가자 히틀러 본인을 포함한 나치 장교들은 붙잡혀 재판에 회부되느니 스스로 목숨을 끊었다. 시안화물이 든 캡슐을 꿀꺽 집어삼키고서 말이다.

청산가리 살인법

시안화물이 죽음을 부르는 것은 시토크롬 c 산화 효소cytochrome c oxidase라는 특정한 효소와 상호 작용하기 때문이다. 몸속으로 들어오는 시안화물이 아미그달린이건 시안화염이건 결과는 같다. 시아노제닉 글루코시드는 소화관에 있는 효소와 작용하고, 시안화염은 위산과 반응한다. 두 경우 모두에서 시안화수소가 만들어진다. 시안화수소는 빠르게 혈액으로 흡수되어 손상을 입힐 신체 부위로 이동한다.

혈액 내에서 시안화물은 헤모글로빈에 달라붙어 있다. 폐로부터 우리 몸 곳곳으로 산소를 운반하는 단백질인 헤모글로빈은 공 모양의 4개 단위로 이루어져 있는데, 각각의 단위는 철 원자 하나에 산소―혹은 시안화물―가 결합해 있는 형태다. 시안화물은 산소보다 더 강하게 철과 결합하는 탓에 산소를 물리치고 헤모글로빈에 달라붙는다. 헤모글로빈이 산소를 신체 내부에 고르게 분배하는 고효율 체제인 만큼 헤모글로빈과 결합한 시안화물은 재빠르게 최악의 손상을 가할 수 있는 곳, 바로 세포 안으로 운반된다.

우리 몸의 거의 모든 세포는 미토콘드리아라 불리는 구조물을 가지고 있다. 미토콘드리아는 헤모글로빈이 운반한 산소를 처리하는 과정, 즉 호흡을 수행함으로써 세포의 엔진 역할을 한다. 산소는 포도당과 반응하며 일련의 단계를 거쳐 아데노신 3인산adenosine triphosphate(ATP)이라는 형태로 에너지를 방출한다. 많은 양의 에너지를 필요로 하는 세포들은 미토콘드리아도 다량으로 가지고 있다. 간세포에는 미토콘드리아가 2,000개 이상 있으며(적혈구 세포에는 하나도 없다), 특히 에너지 소모량이 많은 심장과 신경세포에서 미토콘드리아는 매우 중요하다. 에너지를 방출하고 ATP를 생산하는 복잡한 과정 내 개별 단계는 특정 효소의 통제를 받는다. 시토크롬 c 산화 효소는 호흡 반응의 마지막 단계를 책임지고 있다. 시토크롬 c 산화 효소의 활성 부위에 철 원자가 있는데 보통은 이곳에서 산소가 결합한다. 하지만 산소 대신 시안화물이 자리를 꿰찬 경우 화학 반응이 더 이상 전개되지 않는다. 에너지가 생산되지 않으므로 세포는 기능을 멈추다 결국 재빨리 죽음을 맞이한다.

시안화물을 다량으로 복용하면 우리 몸 곳곳에서 엄청난 세포들이 죽음에 이르는 탓에 몇 분 내에 사망하고 만다. 좀 더 버티는 사람들이 일부 있긴 하나 대체로 네 시간이면 죽음을 맞는다. 시안화물에 중독된 사람들은 죽기 직전 어지럼증과 가쁜 호흡 및 빠른 맥박, 구토, 홍조, 나른함, 의식 불명 등의 증세를 보인다.

청산가리 해독제

응급 처치는 시안화물이 시토크롬 c 산화 효소와 만나기 전에 최대한 빨리 이루어져야 한다. 어떤 해독제든 관건은 얼마나 빠르게 시안화물과 반응하느냐이다. 심지어 해독제가 다양하게 존재하는 오늘날에도 시안화물 중독 사고의 95퍼센트는 죽음에 이른다. 인공호흡은 구조자가 중독자들의 폐나 위로부터 시안화수소를 들이마실 우려가 있기 때문에 권장되지 않는다. 시안화합물을 다루는 일에 종사하는 사람들은 최악의 사태가 벌어질 경우를 대비해 시안화물 해독제를 항시 소지하고 있다.

해독제로 효과가 처음 알려진 것은 1857년에 합성된 화합물인 아질산아밀amyl nitrite이다. 아질산아밀의 효능은 곧바로 알려졌다. 1859년에는 근육의 긴장을 완화시킨다는 사실이 밝혀져 심장에서 발생하는 통증이나 협심증을 치료하는 데 쓰였다. 19세기 들어설 무렵에는 시안화물 중독 치료에도 효과가 있음이 밝혀졌다. 미국에서 관련된 연구가 진행되었고 1933년 논문으로 출간되었다. 만일 영국 의학계에서 이 사실을 알았더라면 『빛나는 청산가리』에서 조지와 로즈메리 바턴을 치료하는 데 이 방법이 쓰였을지도 모르겠다.

아질산아밀은 끓는섬이 섭씨 21노인 누색 부명한 액체이다. 유리병의 뚜껑을 열었을 때 기화된 액체를 들이마실 수 있기 때문에 오늘날에는 '파퍼스poppers'[7]라는 별명으로 불리기도 한다. 이 화합물이 하는 역할 중 하나는 헤모글로빈을 비슷한 다른 화합물인 메트헤모글로빈methaemoglobin으로 바꾸는 것이다. 시안화물은 시토크롬 c 산화 효소에 있는 철보다 메트헤모글로빈에 있는 철에 더 잘 결합한다. 메트헤모글로빈과 시안화물이 결합한 화합물은 독성이 없으며 소변을 통해 안전하게 배출된다. 덕분에 시토크롬 c 산화 효소는 시안화물에 오염되지 않은 채 정상적으로 산소를 처리할 수 있다. 이 치료법은 오늘날에도 쓰이고 있지만 단점이 있다. 메트헤모글로빈은 산소와 결합하는 능력이 없기 때문에 치료 과정에서 산소 부족을 경험하게 되고 그 결과 두통이나 경련이 유발될 수 있다. 또 다른 화학 물질인 메틸렌블루methylene blue가 메트헤모글로빈을 헤모글로빈으로 되돌려 놓는 역할을 하며, 그러고 나면 다시 정상적으로 산소가 공급된다.

오늘날에는 시안화물 해독제가 많은 종류로 구비되어 있지만 모두가 합병증의 위험을 안고 있다. 대부분 아질산아밀과 비슷한 방식으로 작동하여 시안화물이 결합할 수 있는 대체 공간을 제공, 시토크롬 c 산화 효소가 영향을 받지 않게끔 한다. 비타민 B12의 한 형태인 히드록소코발라민hydroxocobalamin은 메트헤모글로빈과 유사하게 작용하며 독성이 없고 소변을 통해 배출되는 시안화물 복합체를 만들어낸다. 이 해독제는 체내 헤모글로빈을 손대지 않으므로 추가 치료가 필요치 않다는 것이 장점이다. 불행히도 히드록소코발라민은 가격이 비싸서 보편적으로 사용되지는 못한다. 켈로시아노Kelocyanor라는 이름으로 판매되고 있는 디코발트-EDTA(dicobalt-EDTA)가 히드록소코발라민의 값싼 대체제이다. 시안화물은 철에 달라붙듯 코발트와 결합하는데, 코발트 화합물은 그 자체로 독성을 띠기 때문에 시안화물에 중독되지 않은 사람에게 켈로시아노를 투약했다간 사망할 수도 있다.

우리 몸이 갖고 있는 고유의 방어 체계를 이용하는 방법도 있다. 수백만 년 동안 음식물을 통해 섭취한 시안화물을 처리하게끔 진화한 효소인 로데나제rhodenase를 활용하는 것이다. 이 효소는 티오황산염thiosulfate($S_2O_3^-$)을 사용해 시안화물(-CN)을 티오시안염(-SCN)으로 변환하는데, 반응 시간이 너무 느린 탓에 갑작스레 다량의 시안화물에 중독된 경우에는 효과적이지 않다. 효소가 더 많은 시안화물을 다룰 수 있도록 체내에 추가로 티오황산염을 공급하거나, 종종 처리 속도를 높이기 위해 아질산아밀과 함께 투약하기도 한다. 다만 아직까지 이 치료 방법은 몇몇 사례 연구와 동물 실험 단계만을 거친 수준이다. 신체가 자연적으로 시안화물을 처리하는 동안 산소를 공급하는 것도 하나의 치료법이긴 하나, 생명을 유지하는 데 도움을 줄 뿐 그 자체로 해독제가 되지는 못한다.

실제 사례

애거서 크리스티는 시안화물 중독에 관해 상세히 조사했는데 참고할 수 있는 실제 살인 사건은 매우 적었다. 아마도 가장 잘 알려진 시안화물 중독은 (비록 실패하고 말았지만) 1916년에 있었던 사건일 것이다. 러시아 여제의 친구이자 '미친 수도승'으로 알려진 그리고리 예피모비치 라스푸틴Grigori Yefimovich Rasputin은 적이 많았다. 어느 날 그중 몇몇(펠릭스 유스포프Felix Yusupov 공작, 디미트리 파블로비치Dmitri Pavlovich 대공, 우파 성지가 블라디미르 푸리슈케비치Vladimir Purishkevich)이 라스푸틴을 유스포프의 모이카 궁전으로 꾀어내 케이크와 마데이라 와인을 대접했다. 케이크와 와인에는 수도승을 살해하기에 충분한 양의 시안화물이 들어 있었지만, 라스푸틴은 별 영향을 받지 않았다. 그 후로도 최소 두 번 총에 맞았는데도 살아남아 암살자와 맞서 싸웠다. 그러나 결국 두들겨 맞은 후 카펫에 둘둘 말려 차가운 네바 강에 버려졌다. 이틀이 지나 사체가 발견되었고 사인은 익사로 판명되었다.

그날 있었던 일을 설명하는 몇 가지 가설이 있다.

1. 암살자는 독살에는 서툴러서 시안화물을 충분히 넣지 않았다. 또는 무해한 물질을 시안화염으로 오해해 사용했다.
2. 라스푸틴은 알코올성 위염을 앓고 있었다.
3. 누군가 라스푸틴을 독살하려 시도했지만, 평소 라스푸틴은 치사량의 독약에 노출될 것을 대비해 적은 양을 규칙적으로 복용하고 있었다.
4. 달콤한 케이크와 와인이 시안화물에 해독제로 작용했다.

5. 모든 이야기는 꾸며진 것이며, 라스푸틴은 영국 비밀 요원이 쏜 총알한 방에 사망했다.

첫 번째 가설은 지금 시점에서 입증하기가 불가능하다. 당시 케이크와 와인은 분석 과정을 거치지 않았고, 그 자리에 있었던 사람들은 몇 번씩이나 말을 바꿔 증언을 신뢰할 수 없게 만들었다.

두 번째는 확실히 설득력이 있으며 과학적 근거가 있다. 알코올성 위염은 시안화물 중독에 대해 일부 보호 기능을 제공한다. 위벽을 두껍게 하거나 염증을 유발하여 위산 분비를 줄이기 때문이다. 위산이 적으면 시안화칼륨이 치명적인 시안화수소로 변환되는 양도 줄어든다. 문제는 라스푸틴이 실제로 위염을 앓았는지 확인할 수 없다는 점이다. 여동생은 그가 위산 과다에 시달렸었다고 거듭 주장했지만, 그렇다면 애초에 케이크나 와인을 먹지 않았을 가능성이 높다.

세 번째 가설 또한 면밀히 고려해 볼 가치가 있다. 2,000년 전 무렵에는 면독법免毒法, Mithridatism이 널리 알려져 있었다. 폰토스Pontus의 왕, 미트리다테스Mithridates는 독살을 두려워한 나머지, 오랜 기간 치사량에 못 미치는 양의 독약을 스스로 정기적으로 투여해 면역력을 길렀다. 50개 성분을 혼합해 그가 개발한 조제약은 모든 종류의 독약으로부터 보호해 준다고 알려졌다. 붙잡혔을 때 왕은 독살을 희망했지만 시도는 (명백히) 실패로 돌아갔고 결국 간수에게 칼로 죽여 달라고 요청했다.

미트리디테스의 삶 대부분은 설화이다. 그렇다면 그가 쓴 것과 동일한 방법 또는 개량한 방법을 써서 독약에 대한 면역력을 기르는 게 가능할까? 답은 '가능하다'와 '가능하지 않다' 둘 다이다. 일부 동물들이 뿜어내는 독액을 치사량에 못 미치는 양으로 투약하면 면역력을 증진시킬 수 있다. 독을 지닌 동물들 가까이에서 일하는 사람들이 이 방법을 쓰고 있다. 하지만 시안화물은 동물 독과 다르다. 시안화염을 소량씩 먹는다고 해서 우리 몸에서 면역력이 길러지지는 않는다. 시안화물을 티오시안산염으로 바꾼 후 몸 밖으로 배출해 버리기 때문에 다음번에 많은 양을 섭취하게 되면 사망하고 말 것이다.

네 번째 가설은 해독제로서 포도당의 가능성을 이야기하는 것으로, 제법 그럴듯하다. 쥐를 대상으로 실험한 결과, (아직 그 메커니즘은 밝혀지지 않았지만) 포도당이 시안화물 중독 효과에 대항해 일부 보호 작용을 제공하는 것으로 드러났다. 시안화물이 포도당과 반응해 독성이 없는 화합물을 형성한 다음 몸 밖으로 배출하는 것일 수도 있다. 정확한 메커니즘을 알기 위해서는 좀 더 연구가 필요하다. 아직까지는 포도당이 시안화물 해독제로 공식 인정되고 있지는 않다.

다섯 번째 가설은 말할 것도 없이 가장 설득력이 있다.

애거서 크리스티와 청산가리

『빛나는 청산가리』에서 발생한 두 죽음은 상당히 유사하다. 로즈메리 바턴과 조지 바턴 모두 치사량의 시안화칼륨이 첨가된 샴페인을 마셨다. 시안화칼륨과 시안화나트륨은 하얀색 결정형 고체라 겉으로 봐서는 설탕이나 소금과 거의 분간이 되지 않는다. 이들 시안화염은 희미하긴 하지만 특유의 아몬드 냄새를 풍기는데, 공기 중의 수분과 반응하여 적은 양의 시안화수소를 만들어내기 때문이다. 설탕처럼 보이는 하얀 결정이 식당에 있는 것은 전혀 이상하지 않으며, 따라서 범인은 의심을 사지 않고 손쉽게 희생자들의 음료에 독약을 탈 수 있었다. 샴페인은 구성 성분 대부분이 물이어서 시안화칼륨이 매우 잘 녹아드는 데다가 약산성(pH4 정도)을 띠고 있어 시안화수소를 더 빨리 생산해낸다. 물론 특유의 쓴 아몬드 향과 맛은 더욱 강해진다.

그러나 사람들 중 20~60퍼센트는 시안화물 냄새를 맡지 못한다. 아직 이 분야는 연구가 활발히 이뤄지지 않았는데, 아무리 적은 양일지라도 청산가리 냄새를 맡아 보라는 실험에 지원자들이 줄을 설 정도로 모여들지는 않기 때문이다. 대개의 실험은 1950년대와 1960년대에 진행되었다. 실제 현상은 그보다 더 오래전에 알려져 있었다. 당시 연구들이 내린 결론은 다양했지만 한 가지 점에 있어서는 의견이 일치했다. 유전적 요소가 관련되어 있을지언정 이전에 시안화물에 노출된 경험이, 시안화물 냄새를 맡을 수 있는 개인의 능력을 결정짓는 보다 중요한 요인이라는 것이다. 로즈메리와 조지는 샴페인에서 여느 때와 다른 향이 난다는 사실을 눈치채지 못했다. 크리스티 또한 특유의 시안화물 냄새에 대해 언급하지 않았다.

샴페인을 삼킨 즉시 독약은 효과를 발휘하기 시작한다. 시안화물 중독 증상은 보통 1분에서 15분 사이에 나타난다. 가장 빠른 방법은 혈액 속으로 직접 독약을 주입하는 것이다. 시안화수소 가스를 흡입하는 것 또한 효과를 보이기까지 그리 오래 걸리지 않는다. 시안화합물을 섭취하는 경우에는 반응이 다소 느린 편이다. 시안화물이 위장벽을 통과해 혈액 내로 흡수되기까지 시간이 걸리기 때문이다. 위가 음식물로 가득 찬 상태에서는 시간이 더 걸릴 수 있다.『빛나는 청산가리』에서는 희생자들이 식사의 어느 단계에서 독약을 섭취했는지는 이야기하지 않고 있다.

바턴 부부는 호흡 곤란과 함께 경련을 일으켰다. 시안화물 중독 시 보이는 증세와 정확히 일치했다. 낯빛이 푸르스름해지기도 했는데, 일반적으로 독약을 마셨을 때 나타난다고 여겨지는 증상이었다. 하지만 유감스럽게도, 그리고 매우 드문 일이지만 이 부분에서는 크리스티가 실수를 저질렀다. 푸른색, 혹은 크리스티가 '청색 얼굴'로 묘사한 증상의 정확한 이름은 청색증cyanosis이다.

청색증을 뜻하는 단어 'cyanosis' 또한 그리스어 'kyanos'에서 왔다. 청색증은 체내를 돌아다니는 산소가 부속할 때 유발되는 증상이다. 산소가 헤모글로빈에 있는 철 원자와 결합하면 옥시헤모글로빈Oxyhaemoglobin을 형성하고 밝은 빨강으로 색이 변한다. 산소가 방출된 다음에는 디옥시헤모글로빈Deoxyhaemoglobin으로 바뀌며 색상은 어두운 푸른색에 가깝게 변한다.[8] 디옥시헤모글로빈이 많은 양으로 존재하면 피부가 눈에 띄게 짙은 푸른색을 띤다. 추위(겨울에 손가락 끝이 새파래지는 걸 떠올려 보라)나 동맥 막힘 등으로 인해 지엽적으로 나타날 때도 있지만, 폐로부터 산소를 받아들이는 데 문제가 생긴 경우 몸 전체가 푸른빛을 띠게 될 수도 있다. 청색증을 유발하는 원인은 다양하다. 그러나 그중 시안화물과 연관된 것은 없다.

실제로 시안화물에 중독된 사람들은 피부에 분홍빛이 돌면서 상기된 것처럼 보인다. 시안화물-헤모글로빈 덩어리가 분홍색이라서 피부가 붉게 보이는 것만은 아니다. 시토크롬 c 산화 효소에 산소가 결합하지 못하는 탓에 정상적인 호흡 작용으로 소모되지 못한 산소들이 혈액 내에 축적된다. 산소가 혈액 내에 고농도로 존재하면 옥시헤모글로빈이 산소를 방출하는 데에도 문제가 생긴다. 따라서 산소로 가득 찬 붉은 피가 다시 혈관을 타고 심장과 폐로 되돌아가고 그 결과 피부가 붉게 보이는 것이다.

『빛나는 정산가리』의 희생자들은 모두 난시간에 죽음을 맞이했다. 조지는 2분도 안 돼 사망했다. 다량의 시안화칼륨을 섭취했다면 가능한 얘기다. 시안화칼륨은 '카셰 페브르cachet faivre' 안에 들어 있었던 것으로 추정된다. '카셰 페브르'는 가루 형태의 아스피린과 다른 치료약들을 종잇조각 안에 넣은 다음 접어서 보관하는 방식으로, 1940년대에는 흔한 포장법이었다. 오늘날에도 가끔 이렇게 포장된 가루약을 볼 수 있다. 아스피린의 일반적인 복용량은 대략 600밀리그램이기 때문에 치사량의 시안화칼륨(200~300밀리그램)을 포장재 속에 넣는 것은 전혀 어렵지 않으며, 심지어는 필요량 이상을 담을 수도 있다.

바턴 부부를 죽음에 이르게 한 원인에 대해서는 의문의 여지가 없었다. 시안화물처럼 빠른 속도로 작용하는 다른 독약들이 일부 있기는 하다. 하지만 샴페인 잔에서 시안화칼륨 흔적이 발견되었고 테이블 아래 빈 카셰 페브르 종이가 떨어져 있었다. 사후 검시 결과 또한 시안화물에 중독됐을 가능성을 암시했다. 시안화칼륨과 시안화나트륨은 부식 효과가 있기 때문에 입술이나 혀에 흔적을 남겼을 수 있다. 위벽 또한 부식을 통해 검게 변색된 흔적이 눈에 띄었을 것이다. 시안화수소는 동일한 방식으로 위벽을 침식하진 않지만 다른 징후들을 남긴다. 내장에서 쓴 아몬드 향이 난다면 바로 시안화물 중독을 확신할 수 있다(사체에서 풍겨져 나오는 시안화물을 직접 흡입하면 상당히 위험할 수 있다). 혈액이 밝은 적색을 띠는 것 또한 시안화물 중독을 암시한다. 물론 일산화탄소 중독으로도 동일한 증상이 유발될 수는 있다. 시안화물 중독을 밝히는 것은 비교적 간단한 반면, 희생자가 얼마만큼 중독되었는지를 판단하는 것은 오늘날에도 어렵다.

체내에 축적된 시안화물과 티오시안염의 농도는 정확하게 측정할 수 있다. 그러나 몇몇 자연적 혹은 환경적 원료들에 시안화물이 섞여 있다는 사실이 문제를 복잡하게 만든다. 시안화물은 흔한 화학 물질로 음식물을 통해 시안화합물이 체내로 들어오기도 한다. 애거서 크리스티는 로즈메리가 죽던 날 식탁 위에 오른 음식들을 알려 주었다. 굴, 맑은 수프, 가자미Sole Luxembourg, 들꿩 고기, 푸아르 헬레네Poires Hélène (설탕 시럽을 묻힌 배), 베이컨에 올린 닭 간. 1년 전 그날을 완벽하게 재현해 살인자를 잡으려 했던 조지는 음식들도 동일하게 내놓노록 했다. 음식들 중에서 특별히 많은 양의 시안화물을 함유한 것은 없었다.

그날 식탁에 오른 음식물들 중에 해독제로 작용할 수 있는 식품이 있었을지도 모른다. 설탕처럼 말이다. 샴페인에는 약간의 설탕이 들어 있는데, 대개 1리터당 50그램 정도다. 라스푸틴이 마지막 밤 마셨던 마데이라 와인에는 1리터당 150그램의 설탕이 들어 있었다. 포도당을 원료로 한 다른 식품들도 있었다. 배에 발린 설탕 시럽은 바턴 부부를 시안화물 중독이 불러올 최악의 효과로부터 보호해 줄 수도 있었다. 아마도 두 사람은 디저트에 손을 대기도 전에 이미 사망했을 것이다.

사후 검시에 영향을 줄 수 있는 또 다른 시안화물 원천으로는 담배 연기가 있다. 1945년에는 오늘날보다 담배가 훨씬 더 흔했다. 로즈메리나 조지가 흡연가인지는 책에서 언급되지 않았지만 그랬을 가능성이 크다. 담배나 실크, 울 같은 자연 물질들은 연소 과정에서 부산물로 흔히 시안화수소를 배출한다. 몇몇 플라스틱 또한 불에 탈 때 시안화수소를 방출한다. 화재 시 연기 흡입으로 사망한 경우 중 상당수가 시안화물 중독인 것으로 여겨지고 있다. 화재 사망자들의 사체에서 시안화물 측정이 늘 이루어지는 것은 아니다. 하지만 소방관들에게는 중요하게 고려해 볼만한 사항이다.

이 모든 것들에 더해, 시안화합물은 사후 부패 과정에서 자연적으로 생성되기도 한다. 일부는 사망하기 전에 티오시안염으로 바뀌었을 수도 있고, 나중에 새로이 시안화합물이 추가되었을 수도 있다. 이 같은 많은 가능성들이 사체 검시를 복잡하게 만든다. 샴페인 잔에 남은 잔여물을 분석하는 것이 『빛나는 청산가리』에서 병리학자가 할 수 있는 최선이었는지도 모른다. 잔에 충분한 양이 남아 있었다면 전체 시안화물의 양을 추정할 수 있었을 것이다. 이 방법은 오늘날까지도 시안화물 중독 사건에서 피해자가 섭취한 시안화물의 양을 측정하는 최고의 방법으로 여겨지고 있다. 다른 환경 요소로부터 유입된 시안화물을 가려내고 검시 과정에서 시안화물과 티오시안염의 혈중 농도를 산출하는 것은 잘못된 결론에 도달할 가능성이 높다.

『빛나는 청산가리』에서 희생자의 목숨을 구하려는 시도는 거의 없었다. 응급 처치를 취하지도 않았거니와 구급차를 부르지도 않았다. 1945년에도 해독제는 있었다. 하지만 훌륭한 살인 미스터리 소설을 완성하기 위해 동원되지 않았다.

D is for Digitalis
디기탈리스

죽음과의 약속

"윈스턴, 만일 당신이 내 남편이었다면 당신 차에다 독을 탔을 거예요."
"부인, 만일 내가 부인의 남편이었다면 나는 그 차를 마셨을 겁니다."
— 낸시 애스터 부인Lady Nancy Astor과 윈스턴 처칠Winston Churchill의 대화

위 인용문은 최초의 여성 하원 의원이었던 낸시 애스터와 윈스턴 처칠이 주고받았던 신랄한 대화의 한 단면이다. 애거서 크리스티는 1938년 소설 『죽음과의 약속Appointment with Death』을 쓰면서 매리 웨스트홀름이라는 인물을 창조하며 애스터 의원을 떠올렸는지도 모른다. 둘은 놀라울 정도로 비슷하다. 하지만 크리스티는 목소리가 크고

자기주장이 강한 이 인물에 대해 극동에서 만난 두 여성에게서 영감을 얻었다고 말했다. 소설에 등장하는 또 다른 인물 제라르 박사는 웨스트홀름 부인에 대해 이렇게 얘기한다. "저런 여자는 독살당해야 해요. … 결혼 생활을 그렇게 오래 했는데도 남편이 아직 그 여자를 독살하지 않은 게 놀라울 정도예요." 하지만 독살당한 것은 웨스트홀름 부인이 아니었다. 희생자는 또 다른 고압적인 여성 보인턴 부인이었다.

『죽음과의 약속』은 요르단에서 시작한다. 관광객들이 페트라의 버려진 도시 유적지를 방문한다. 직의로 가득한 보인턴 부인의 관리 아래 보인턴 가문이 준비한 파티가 열린다. 피어스 양은 심약한 보모 겸 가정교사이며, 제라르 박사는 심리학자이다.[1] 그리고 거침없는 여성 정치가 웨스트홀름 부인과 젊은 의사 새라 킹. 페트라에서 맞은 첫 오후, 사람들은 유적지를 둘러보기로 한다. 뜨거운 태양 아래 보인턴 부인만을 남겨 둔 채로. 하지만 사람들이 돌아왔을 때 보인턴 부인은 죽어 있었다. 보인턴 부인의 손목에서 피하 주사기 자국을 발견하지 못했다면 그녀의 죽음은 자연사로 처리되었을 것이다. 그녀의 심장 약도 사라지고 없었다. 다행히 에르퀼 푸아로가 휴가 차 인근 지역을 방문하고 있었고, 죽음의 진짜 원인을 밝혀 달라는 의뢰를 받는다.

용의선상에 오른 독약은 디기탈리스digitalis였다. 디기탈리스는 폭스글로브foxglove 식물에서 추출한 물질로 특정 심장 질환의 치료제로 쓰인다. 디기탈리스는 효과적인 살인 도구일 뿐만 아니라, 과다 복용 시 심장 질환이 나타내는 것과 비슷한 증상을 보인다는 장점이 있다. 게다가 구하기도 쉽고 적은 양으로도 치명적일 수 있다. 이 독물을 사용한 살인마가 드물다는 게 놀라울 정도다. 어쩌면 들키지 않고 용케 잘 빠져나갔을 수도 있다. 하지만 부유한 친척 앞으로 생명 보험을 두둑이 들어 두거나 정원에 폭스글로브를 재배하기 전에 반드시 유념해야 할 것이 있다. 이 약물은 아무리 적은 양이라도 검출된다는 것이다.

디기탈리스 이야기

'디기탈리스'는 디기탈리스속屬, 일반적으로 폭스글로브로 알려진 식물에서 추출한 화합물을 의미한다. 디기탈리스속에는 20종 이상의 식물이 포함되어 있으며, 비율과 양은 조금씩 다를지언정 모두가 디기탈리스 화합물을 갖고 있다. 디기탈리스 화합물은 식물을 뜯어 먹으려는 동물들에 대항하는 작용을 한다. 이들 화합물은 포유동물의 심장에 특유의 극적인 효과를 불러일으킨다. 화학 구조 안에 배당체glycoside라는 성분이 들어 있기에 '강심 배당체cardiac glycosides'라 불리기도 한다. 독성 디기탈리스 화합물은 식물의 모든 부위에서 발견된다. 피부를 자극할 수 있으며, 수전증, 경련, 망상, 두통을 유발하고, 만약 입으로 삼켰을 경우에는 심각한 심장 질환을 불러일으킬 수 있다.

디기탈리스 식물은 서부 유럽과 서아시아 및 중앙아시아, 북서 아프리카와 오스트랄라시아에 자생한다. 다양한 색상의 화려한 수상 꽃차례 때문에 종종 재배되는데, 첫해에는 줄기와 잔털이 있으며 작살처럼 생긴 부드러운 이파리만 난다. 크리스티는 단편 「죽음의 식물 The Herb of Death」과 소설 『운명의 문Postern of Fate』에서 폭스글로브 잎을 세이지, 시금치와 섞어 음식에 넣었다. 한 살인마는 희생자가 실수로 폭스글로브 잎을 따도록 세이지 한가운데 폭스글로브를 심어 두었다. 둘째 해에는 갓 혹은 종처럼 보이는 독특한 꽃이 모습을 드러낸다.

'폭스글로브'라는 이름은 오래전부터 쓰였다. 적어도 14세기까지 거슬러 올라가는데, 실제 이름의 기원에 대해서는 여러 가지 가설이 제기되었을 뿐 확실하게 밝혀지지 않았다. 1866년 프라이어 박사가 『영국의 식물English Botany』이라는 책에서 이 식물의 일반명과 관련해 아래와 같이 실명한 바 있다.

노르웨이에서는 레브비엘드Revbielde, 폭스벨foxbell이라 부르고, … 프랑스에서는 그랑드노트르담Grants de Notre Dame, 독일에서는 핑커후트 Fingerhut(골무)라 불린다. 처음에 폭스글루foxes' glew(여우의 장갑) 또는 과거 사랑받았던 악기인 아치형 버팀대에 매달린 종에서 이름이 시작됐을 가능성이 높다.

프라이어 박사는 다른 대안 가설도 제시했다. "우리 조상들에게 'folk(민간, 전통)'는 곧 'fairy(요정)'였다. 식물에 달린 색색이 예쁜 종만큼 '포크스글로브Folksgloves(요정의 장갑)'에 적격인 것은 없었다. 이것이 나중에 '폭스글로브Foxglove'로 변형되었다." 폭스글로브는 여러 세기 동안 민속 문화에 깃들어 있었으며 그만큼 오랫동안 심장 질환과 수종水腫을 치료하는 전통 약제로 사용되었다. 18세기 후반에 이르러서야 슈롭셔의 의사 윌리엄 위더링William Withering(1741~1799)에 의해 식물 추출물을 이용한 체계적이고 과학적인 연구가 이루어졌다. 위더링은 수종으로 고통받던 한 환자가 '슈롭셔 지역의 한 노부인'에게서 받은 식물 치료약을 바르고서 회복했다는 사실을 알게 되었다.

부종浮腫이라고도 부르는 수종은 체액이 축적되면서 부풀어 오르는 증상을 말한다. 부종의 원인은 여러 가지인데, 종종 심장 활동이 약해지거나 간경화증이 유발되면 부종이 생겨난다. 체액은 혈액으로부터 여과되어 모세혈관에서 재흡수된다. 여과와 재흡수 간의 균형은 혈액의 저항력과 혈압에 좌우된다. 정상적인 조건에서는 여과 속도가 흡수 속도보다 빨라서 남은 체액들이 림프계에 의해 조직으로부터 제거된다. 상上대정맥superior vena cava에 있는 림프계를 통해 체액은 혈액으로 되돌아온다. 상대정맥은 산소를 방출한 혈액이 심장으로 되돌아가는 가장 큰 혈관이다. 신장에서 여과를 거쳐 체액은 영원히 혈액에서 제거된다. 우리 몸속에 있는 모든 혈액은 대략 매 한 시간 반마다 신장에서 여과되며 초과량의 물은 방광을 거쳐 몸 밖으로 배출된다.

심부전으로 맥박이 약한 사람은 심실에서 혈액을 효율적으로 내보내질 못한다. 그 결과 혈압이 상승하고 체액이 조직으로 여과되어 들어가는 양이 증가한다. 보유하는 체액이 늘어나는 데 반응해 신장은 몸 밖으로 배출하는 소변 양을 줄인다. 그 결과로 다리나 팔이 붓고 폐 주위에 체액이 차오름에 따라 숨 쉬는 데에도 어려움을 겪는다.

환자가 성공리에 회복하는 과정을 지켜본 윌리엄 위더링은 '슈롭셔의 노부인'을 수소문해 찾아갔다. 부인에게 식물 치료제의 성분을 알려달라고 요청했지만 부인은 좀처럼 제조법을 공개하려 들지 않았다. 그러나 끈질긴 설득 끝에 위더링은 조제용 물질 일부를 받아내었고 현미경을 통해 폭스글로브 파편을 찾아냈다.

위더링은 163명의 환자를 대상으로 디기탈리스가 임상적으로 효과가 있는지를 시험했다. 폭스글로브를 다양하게 준비한 다음 부종 환자에게 소량 투약하고 결과를 지켜보았다. 폭스글로브 잎을 말린 가루를 직접 섭취했을 때 치료 효과가 가장 좋은 것으로 나타났다. 양을 조심스레 늘리면서 환자들의 경과를 관찰했고 성공과 실패를 모두 기록했다.

임상 시험은 아주 옛날, 구약성서의 시대로까지 그 기원이 거슬러 올라간다. 하지만 식이 요법이나 약물의 긍정적, 부정적 효과를 평가하는 것은 20세기에 이르러서야 일상적으로 통용되었다. 위더링의 연구는 폭스글로브를 조제하여 체계적으로 접근했다는 것과, 이들 조제약이 보이는 이로운 효과뿐만 아니라 부정적인 부분들까지 상세히 기록했다는 점에서 독보적이다. 조사 결과, 위더링은 폭스글로브가 환자들 중 일부에서는 굉장히 효과적이지만 다른 이들에서는 그렇지 않다는 사실을 발견했다. 지금은 이 식물 조제약이 심장 질환으로 유발된 부종에는 효과를 나타내지만 간경변증 환자에게는 별 도움이 되지 못한다는 사실을 알고 있다. 위더링은 또한 많은 양을 투약했을 시에는 독성 효과가 나타남을 인지했고 그 증상을 상세하게 설명해 두었다.

위더링은 그간의 관찰 기록들을 모아 1785년『폭스글로브와 몇몇 의학적 이용의 기술An Account of the Foxglove and some of its Medical Use』이라는 제목으로 출간했다. 지금까지도 이 책은 관련 분야의 고전으로 여겨지고 있다. 위더링의 책이 널리 읽히면서 책에 쓰인 치료법을 적용받은 환자들이 점차 늘어났다. 하지만 일부 의사들은 폭스글로브를 치료제로 사용할 때 조심스럽게, 긴 호흡으로 접근해야 하는 현실을 참아내지 못했다. 위더링은 부작용인 독성 효과를 방지하기 위해서 처음에는 매우 적은 양으로 시작해 원하는 효과가 관찰되기까지 서서히 양을 늘려 나가도록 조언했다. 폭스글로브가 지닌 극단적인 효능은 그 속의 화합물이 특히 위험하고 매우 쉽게 과다 복용에 이를 수 있음을 의미했다. 효능을 지닌 성분을 정제하지 않은 채 '날것' 그대로 복용하는 경우 단 2그램만으로도 목숨을 잃을 수 있다. 또한 일부 디기탈리스 화합물은 체내 반감기가 매우 길기 때문에 시간이 지나면서 독성 효과가 점점 더 강력해진다.

폭스글로브 조제약의 독성이 알려져 있었음에도, 위더링이 사망할 때까지 의사들은 계속해서 실험을 진행했다. 위더링이 죽고 나서야 디기탈리스는 그 인기가 바닥으로 떨어졌다. 위더링이 앓아누웠을 때 그의 친구들은 "의술physic[2]의 꽃은 진정 위더링이다"라고 평했다. 위더링은 폐결핵으로 1799년 사망했고 그의 묘비에는 폭스글로브가 새겨졌다. 그리고 디기탈리스에 대한 관심은 1900년대 초반이 되어서야 되살아났다.

위더링은 폭스글로브 잎을 날것으로 사용했지만, 화학이 발전하면서 식물로부터 추출한 몇 가지 강심 배당체 혼합물로 약물을 정제할 수 있게 되었다. 그렇다 하더라도 비활성화 상태인 이들 화합물이 위험해질 가능성은 있었다. 『죽음과의 약속』에서 크리스티는 네 가지 독성 폭스글로브를 나열했다. 디기탈린, 디기토닌, 디기탈레인, 디기톡신. 한 입이면 끝장을 볼 수 있는 화합물들이었다. 크리스티가 활동하던 때에는 이들 화합물을 분리하기가 쉽지 않았다. 비교적 약한 물질들인데다가 19세기 말과 20세기 초반에 사용되던 방식으로는 추출하는 과정에서 이들 화합물이 분해될 수 있었다. 또한 크기가 꽤 커서 분리해내기 전까지는 정확한 구조를 밝힐 수가 없었다.[3]

크리스티가 나열한 화합물 중에서 디기토닌은 나중에 강심 배당체가 아닌 사포닌saponin으로 드러났다. 실제로 디기토닌은 적혈구 세포를 분해할 뿐 심장에는 아무런 효과를 보이지 않는다. 사포닌은 물과 섞였을 때 비누처럼 거품이 생긴다. 디기탈레인은 어떤 물질인지 알려진 바가 없다. 1921년경의 한 과학 문헌에서 그 이름이 처음으로 등장한다. 어쩌면 단일한 순수 화합물이 아닐지도 모른다. 과학자들이 애써 폭스글로브로부터 여러 화합물들을 분리하고 확인했지만 디기탈레인이라는 이름과는 무관했다. 다른 두 가지, 디기톡신과 디기탈린은 지금까지도 처방약으로 쓰이고 있다. 디기탈린은 현재 디곡신 digoxin으로 불리며, 디기톡신보다 (적어도 열 배는 더) 강력한 효능을 지닌다.

디기탈리스 화합물들은 구조가 복잡하고 실험실에서 합성하기가 어렵기 때문에 여전히 자연 재료, 디기탈리스 푸라푸레아Digitalis purpurea라는 식물에서 추출해 약제로 사용한다. 디기탈리스 푸라푸레아는 영국 어디서나 야생에서 자라는 보라색 폭스글로브로 디곡신과 디기톡신 모두 함유하고 있다.[4] 디기톡신은 체내 반감기가 상당히 길기 때문에 최근 들어서는 거의 처방약으로 쓰이지 않고 있다. 디곡신의 반감기가 24~48시간인 데 반해 디기톡신의 반감기는 6일이다. 게다가 부작용도 만만찮다. 디곡신은 시판되는 약들 중에서 치료 범위가 가장 좁은 약물에 속한다. 정상 복용량보다 20~50배로 섭취하면 생명에 위협이 될 수 있다. 치료제와 독약 사이의 간극이 좁으면 일반적으로 새로운 약으로 출시되었을 때 오래가지 못한다. 하지만 디곡신은 환자를 면밀히 관찰하기만 하면 위험을 감수한 만큼의 큰 효과를 볼 수 있기 때문에 중요한 치료제로 여겨지고 있다.

디기탈리스 살인법

디곡신과 디기톡신은 위장관을 통해 완전히 흡수된다. 따라서 주사액뿐만 아니라 알약이나 물약 형태로도 투약된다. 이 약들은 주로 심장 활동에 영향을 주는데, 주사 시에는 흡수되고 영향력을 발휘하는 데 몇 초 이내, 섭취 시에는 한 시간 정도가 걸린다.

심장은 두 개의 펌프가 효과적으로 작용해 혈액이 우리 몸속을 돌아다니도록 만든다. 심장의 오른편에서는 산소가 제거된 혈액을 동맥을 통해 폐로 내보낸다. 이곳 폐에서 적혈구가 산소와 결합한다. 산소를 품은 혈액은 심장 왼편으로 이동해 그곳에서 우리 몸 곳곳으로, 세포가 에너지를 만들어내는 데 꼭 필요한 산소를 전달한다. 심장은 양편 모두 두 개의 방, 심방과 심실로 이루어져 있다. 혈액은 심방으로 들어간 다음 연결된 심실로 이동한다. 심실의 수축으로 혈액이 최종 목적지, 좌심실에서는 우리 몸 곳곳, 우심실에서는 폐로 내보내진다.

디기탈리스 화합물은 두 가지 방식으로 심장에 영향을 끼친다. 첫째, 수축을 강화한다. 둘째, 심방과 심실의 운동을 조절하도록 심방에서 심실로 흐르는 전기 신호를 감소시킨다. 디기탈리스 화합물의 독성 효과 대부분이 정상적인 심장 활동을 과장하는 역할을 한다.

일부 경우에 심방을 지나는 전기 자극이 교란될 수 있다. 그에 따라 비정상적인 박동이 심실로 전해진다. 강심 배당체들은 심장을 가로지르는 이들 전기 신호를 느리게 만들기 때문에, 빠르고 불규칙하게 수축하는 심방 세동atrial fibrillation, 心房細動을 앓는 환자들에게 도움을 준다. 심방 세동은 흔히 나타나는 질환이고 약물을 통해 효과적으로 치료할 수 있다. 예민한 환자들에게서는 심방 세동으로 심실이 심방과 독립적으로 움직이는 결과가 나타나기도 하는데, 이러한 '심장 차단heart block'은 젊은 사람들에서는 별 문제가 되지 않지만 다른 심장 질환을 지닌 나이 든 환자들에게는 심각한 합병증을 유발할 수 있다. 다량의 디곡신은 심방과 심실 사이의 전기 신호 전달을 완벽히

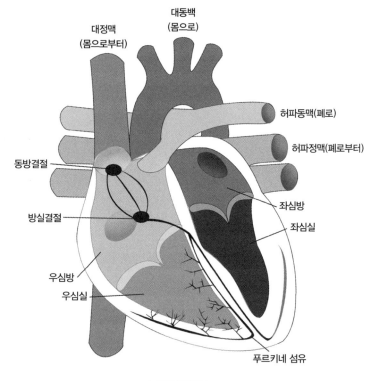

| 심장의 구조 |

차단하여 몇 분 안에 사망에 이르게 할 수 있다. 심장이 사실상 마비되고 마는 것이다.

심장에서 혈액을 뿜어내는 일은 심근 세포 혹은 심상 근세포cardiac myocytes의 몫이다. 이들은 심장에서 크기가 가장 큰 세포로 심장 면적의 대부분을 차지하고 있다. 각각의 심장 근세포는 절반 정도가 미소 섬유microfibrils로 이루어져 있으며, 얇고 굵은 섬유들이 서로 미끄러지며 세포의 물리적 수축을 일으킨다. 이들 세포의 조율된 수축이 심장의 전체적인 운동을 만들어내고 심방과 심실을 쥐어짜 혈액을 내보낸다. 미소 섬유의 미끄러짐은 나트륨(Na^+), 칼륨(K^+), 칼슘(Ca^{2+}) 이온[5]이 이동한 결과로 발생한다. 세포 안으로 나트륨이 들어가면서 연쇄 반응이 일어나는데 그에 따라 칼슘 이온 또한 세포 안으로 들어가게 된다. 칼슘 이온의 이동으로 미소 섬유는 형태를 바꾸고 심장을 수축시킨다.

심장 박동을 일으키는 복잡한 연쇄 반응들은 정교하게 조절되어야만 한다. 심장(우심방에 있는 동방결절洞房結節, sinoatrial node)에 있는 일단의 세포들과 푸르키네 섬유Purkinje fibre로 알려진 변형된 심장 세포들은 자발적인 자기 흥분self excitation(뇌로부터의 지시 없이 신경 신호를 만들어낼 수 있다는 뜻)을 유발할 수 있다. 자기 흥분으로 촉발된 자극은 고도로 조절된 방식으로 심장을 관통한다. 이들 세포와 섬유들은 심장에서 조절 장치 역할을 하며, 산소와 나트륨, 칼륨, 칼슘 이온, 그리고 몇몇 다른 주요 무기물들을 공급받는 한 계속해서 작동한다. 엄밀히 말해서, 뇌를 포함한 신체 다른 부위들은 심장이 제 역할을 하는 데 그다지 필요하지 않다. 심장 이식의 경우 수혜자의 혈관과 연결되는 순간 심장이 박동하기 시작한다. 심장의 이 같은 독립적인 성질 때문에 신체 나머지 부위와 격리시킨 상태에서 심장 기능을 연구하는 것이 가능하다.

19세기에 비교적 단순한 칼륨과 나트륨 용액을 사용한 실험에서 개구리의 심장이 상당한 시간 동안 뛰는 현상이 관찰되었다. 칼슘 이온의 중요성은 1880년대에 유니버시티 칼리지 런던UCL의 의사 시드니 링거Sydney Ringer가 함께 일하던 실험실 조수로부터 '부주의한' 도움을 받는 과정에서 우연히 밝혀졌다. 링거는 순수 증류수에 소금을 탄 용액을 만들었고 구성 성분을 정확히 알고 있는 그 액체에다 개구리 심장을 담갔다. 어느 날에는 조수가 용액을 준비했는데 링거가 만든 용액에서보다 개구리의 심장이 몇 시간 더, 훨씬 더 길게 활동했다. 알고 보니 조수가 부주의하게도 준비 과정에서 증류수 대신 그냥 물을 사용했고 그 덕분에 맹물에 녹아 있던 칼슘이 심장에 필요한 주요 성분임이 드러났다.

심장 근세포의 주요 효과 중 하나는 디기탈리스 화합물이 심장 세포 내에서 칼슘 이온의 이용도를 높여 심장 수축력을 증가시키는 것과 같다. 실제로 Na^+/K^+-ATP아제(Na^+/K^+-ATPase)[6]라는 효소와 약물이 상호 작용함으로써 간접적으로 심장 근세포가 칼슘 이온에 영향력을 행사할 수 있다. 디기탈리스 화합물의 복합적인 효과로 심장은 더 느리지만 보다 강하게 수축하게 된다. 그리고 보다 효율적으로 신체 곳곳으로 혈액을 내보낸다. 그 결과로 조직에서 체액이 배출되는 속도가 빨라져 소변양이 증가하게 되는 것이다. 위더링이 부종을 치료하며 관찰했던 약물의 유효성이 바로 이것이었다. 하지만 디기탈리스는 부작용이 매우 큰데, 표적 효소인 Na^+/K^+-ATP아제가 우리 몸 곳곳에 분포해 있기 때문이다. 가장 흔한 부작용은 메스꺼움과 식욕 상실이다. 『죽음과의 약속』의 희생자인 보인턴 부인에게는 이 같은 부작용이 나타나지 않았다. 보인턴 부인은 덩치가 큰 여인으로 묘사되었는데, 어쩌면 부종 때문에 전체적으로 몸이 부어 있었는지도 모른다. 뇌와 눈에서 Na^+/K^+-ATP아제와 반응하면 시야가 교란되는 부작용이 생길 수 있다. 디기탈리스 화합물을 복용한 많은 환자들이 이 같은 부작용을 호소한다. 나이 든 환자들에게서는 정신착란이 발생할 수도 있다.

　Na^+/K^+-ATP아제는 뇌보다 눈에 있는 망막retina 세포에 특히 더 많다. 빛에 민감하고 시각을 책임지는 망막 세포에는 간상세포cone cell 와 원추세포cone cell, 두 종류가 있다. 간상세포는 빛의 양이 적은 곳에서 시각을 책임진다. 광자photon 단 하나라도 포착할 수 있지만 서로 다른 파장의 빛을 구별하지 못하기 때문에 빛이 적은 곳에서 세상을 회색빛 그림자처럼 보이게 만든다. 원추세포는 빛에는 덜 민감하지만 세 가지 서로 다른 형태가 존재해 세 종류의 파장[7]을 구별해 내며 색상 인지를 책임진다. 간상세포보다 원추세포가 디곡신에 50배 더 민감해서 환자들은 야간 시력보다는 색깔을 인지하지 못하는 문제를 더 많이 경험한다. 강심 배당체를 처방받은 20에서 60퍼센트의 환자들이 치료가 시작된 지 2주 이내에 시각 교란을 보고했으며, 가장 흔한 불평이 색상을 인지하지 못한다는 것이었다. 마치 노란색 필름을 통해 세상을 보는 것 같으며(황시증黃視症, xanthopsia), 흐릿하거나 새하얗게 보일 때도 있었다. 빛의 깜박거림이나 색상 점, 빛 주위에 후광처럼 색깔이 나타나는 현상도 드물지만 보고되었다. 또한 동공에도 영향을 미쳐 팽창이나 수축 또는 양쪽 동공의 크기가 달라지는 일도 발생한다.

어쩌면 빈센트 반 고흐Vincent van Gogh의 '황색 시기yellow period'가 디기탈리스 중독으로 인한 것일지도 모른다. 「별이 빛나는 밤」 속 밤하늘 별 주위에는 '후광' 효과가 매우 잘 드러나 있다. 고흐는 말년에 간질epilepsy(뇌전증) 발작으로 고생했고 이를 치료하기 위해 디기탈리스를 처방받았을 수 있다. 이 이론을 뒷받침하는 정황 증거가 있다. 고흐는 마지막에 자신을 치료했던 폴 가셰Paul Gachet 박사를 초상화로 남겼는데, 그중 한 그림에서 가셰 박사는 폭스글로브 꽃을 들고 있다. 그리고 고흐의 초상화를 보면 두 눈의 동공 크기가 다르다는 것을 알 수 있다. 단지 붓질의 실수였을까, 아니면 보다 불행한 무언가를 나타내는 증거일까? 고흐가 디기탈리스를 처방받은 공식 기록은 없다. 가셰 박사의 초상화에 그려진 폭스글로브는 우연의 일치일 수도 있다. 고흐는 그저 노란색을 좋아했을 수 있다. 그리고 밤하늘 별 주위 후광 또한 디기탈리스 중독으로 인한 시야 교란이 아닌 예술적 효과인지도 모른다.

디기탈리스가 고흐의 뇌전증에 아무런 영향을 미치지 않았을런지도 모르지만, 당시에는 하나의 증상에 효과를 보이는 약은 모든 질환을 치료할 수 있는 만병통치약으로 간주되었다. 여기에는 과학적인 신빙성이 있다. 많은 약들이 처음에는 특정 질환에 대한 치료제로 개발되었다가 그 후 다른 증상들에 더 효과적이란 사실이 밝혀지곤 한다. 비아그라Viagra가 대표적인 예다. 비아그라는 애초에 심장으로 혈액을 공급하는 관상 동맥을 완화함으로써 협심증을 치료하는 약제로 개발되었다. 표적 효소는 포스포디에스테라아제phosphodiesterase로, 이 효소는 혈관을 확장시키는 전달자[8]를 비활성화한다. 비아그라는 혈액의 흐름을 증가시키는 데 효과적인 약물이었지만, 최고의 효과를 보이는 기관이 심장이 아닌 것으로 드러났다. 남성들의 성생활을 향상시키는 데 더해 비아그라는 우리 몸 곳곳의 혈관을 확장하는 역할을 한다. 심장 약이나 서혈압 약을 복용하는 이들이 비아그라를 복용하면 안 되는 이유가 여기에 있다. 여전히 심장과 일부 상호 작용을 하기 때문이다. 뇌혈관에 작용해 두통을 유발할 수도 있다. 그러나 가장 흔한 부작용은 원추세포에 있는 포스포디에스테라아제와 반응해 주변이 옅은 푸른색으로 보이게 만드는 것이다.

디기탈리스 해독제

디기탈리스를 과다 복용한 응급 상황에서는 심장을 자극하기 위해 아트로핀을 투여할 수 있다. 즉시 사망에 이를 만큼은 아닌 정도로 복용한 경우에는 염화칼륨potassium chloride(KCl)을 과일 주스에 녹여 심박이 정상으로 돌아올 때까지 매시간 먹이면 된다. 하지만 환자가 칼륨의 독성 효과에 빠지지 않도록 주의해서 지켜봐야 한다. 신장 기능에 문제가 있어 염화칼륨이나 다른 약물을 효과적으로 처리할 수 없는 환자들 같은 경우에는 심장 기능이 회복될 때까지 절대 움직이지 못하게끔 해야 한다.

오늘날에는 디기탈리스 과다 복용을 치료할 수 있는 약제들을 많이 구할 수 있다. 치명적인 양을 복용하고도 살아남을 가능성 또한 예전보다 훨씬 높아졌다. 예를 들어, 급성 디기탈리스 중독에 빠진 환자가 칼륨 치료에도 반응하지 않는다면, 페니토인Phenytoin을 처방하면 된다.

페니토인은 체내 디기톡신의 대사를 증대시켜 정상 상황에서보다 더 빨리 디기톡신을 무력하게 만든다. 또 다른 약제인 콜레스티라민 cholestyramine은 디기탈리스의 체내 반감기를 줄인다. 디곡신을 비활성화시키는 디곡신 특정 항독소 또한 구할 수 있다.

실제 사례

디기탈리스 살인마는 극히 드물다. 혹은 앞서 이야기했듯, 독살자들이 희생자를 아주 조심스레 고르는 바람에 전혀 의심을 받지 않았는지도 모른다. 크리스티가 영감을 얻었을 만한 사례가 하나 있기는 하다. 사건은 『죽음과의 약속』이 출판되기 2년 전에 일어났다.

1932년, 쉰다섯 살의 가정주부였던 마리 알렉산드린 베커Marie Alexandrine Becker는 활기차게 살아보겠다고 결심했다. 벨기에 리에주에서의 모범적이지만 따분하기 짝이 없던 그녀의 삶은 시장 야채 가게에서 램버트 베이어Lambert Beyer를 만나는 그날로 바뀌었다. 베이어는 그 지역 난봉꾼으로 소문난 인물로, 둘은 폭풍 같은 연애를 시작했다. 그리고 마리는 모범적인 주부에서 연쇄 살인마로 돌변했다. 첫 번째 희생자는 그녀의 남편이었다. 남편의 사망으로 마리는 상당한 금액의 생명보험금을 수령했다. 얼마 안 가 그녀는 새로운 연인에게 질렸다. 어쩌면 그가 그녀에게 주기로 한 돈이 탐이 났는지도 모른다. 어느 쪽이건 베이어가 그녀의 두 번째 희생자가 되었다.

살인으로 얻은 돈으로 마리는 자신의 새롭고 사치스러운 생활을 유지하기 위해 옷가게를 열었다. 하지만 클럽에서 밤을 지새우는 데

드는 돈이나 잠자리를 함께하는 젊은 남자들에게 줄 돈을 충당할 만큼 벌지는 못했다. 이런 상황에서 한 친구가 어지럼증으로 고생하자 마리는 간호를 자청했다. 놀라울 것도 없이 친구는 건강 상태가 더 나빠졌고 몇 주 후 사망했다. 마리는 돈을 목적으로 친구들을 계속해서 독살했다. 더 이상 죽일 친구가 없게 되자 자신의 옷가게에 오는 고객들로 방향을 돌렸다. 고객들이 옷을 고르는 동안 뒷방에서 차茶에 디기탈리스를 탄 다음 그녀들에게 대접했다. 고객들이 사망하면 몸에 지닌 현금이나 귀중품을 슬쩍했다.

마리를 둘러싼 소문이 돌기 시작했고 익명의 투서가 경찰서로 배달되었다. 연로한 두 여성의 죽음에 마리가 연루된 것 같다는 내용이었다. 조사를 앞당긴 것은 마리의 친구들 중에서 유일하게 살아남은 한 여성이었다. 경찰은 사건을 파고들기 시작했다. 친구는 마리에게 자신의 남편에 대해 불평하며 쓸모라곤 없는 남편이 죽었으면 좋겠다고 했다. 마리는 친절하게도 흔적을 남기지 않고 남편을 처리할 수 있는 가루를 친구 손에 쥐어 주었다. 며칠간 고민한 끝에 마리의 친구는 경찰서로 향했다.

마리는 체포되었다. 그녀의 남편, 연인, 친구들, 고객들이 차례로 발굴되었다. 사체들에서 디기탈리스의 흔적이 발견되었다. 하지만 사망 당시 범죄 행위에 대한 혐의점은 찾을 수 없었다. 1936년에 마리는 열 명을 살해한 혐의로 재판에 회부되었다. 배심원단은 유죄 평결을 내렸고 그녀에게는 무기 징역이 선고되었다. 당시 벨기에에는 사형 제도가 없었다. 그녀는 제2차 세계대전 동안 감옥에서 사망했다. 그녀는 희생자들의 죽음을 자세히 묘사하길 즐겼다. 한 희생자를 이르길, "바닥에 등을 꼿꼿이 대고 누운 채 아름답게 죽었다."

애거서 크리스티와 디기탈리스

『죽음과의 약속』에서 보인턴 부인과 가족들은 페트라의 버려진 도시로 여행을 떠난다. 보인턴 부인은 극악무도한 사람이었다. 그녀의 죽음에 행복해 하지 않을 사람이 없을 정도였다. 보인턴 부인은 또한 심장에 문제가 있어 물약 형태로 디기탈리스를 복용 중이었다. 그녀의 건강 문제와 치료제가 살인자에게는 범행의 흔적을 덮을 수 있는 최고의 기회를 제공해 주었다. 디기탈리스 과다 복용은 심장이 적절하게 수축하지 못하는 결과를 불러왔고 결과적으로 심정지를 일으켰다. 페트라로 함께 여행을 떠났던 제라르 박사는 '많은 양의 디기톡신이 정맥 주사를 통해 갑자기 혈액 내로 투입되며 심장마비를 일으킨 결과 급작스런 죽음에 이르게 되었다. 4밀리그램이면 성인 남성 하나를 해치울 수 있는 것으로 입증되었다'고 정확하게 지적한다.

사건은 사방이 폭스글로브라곤 눈 씻고 찾아볼 수 없는 사막으로 둘러싸인 고립된 지역에서 발생했다. 하지만 디기탈리스는 충분히 있었다. 살인자는 지역 약국을 찾을 필요도, 가짜 처방전을 만들 필요도, 직접 독약을 만들기 위해 폭스글로브를 주변에서 찾을 필요도 없었다. 독약은 보인턴 부인의 치료제에서, 혹은 제라르 박사의 왕진 가방에 든 디기톡신에서 슬쩍하면 되었다.

보인턴 부인의 죽음은 자연사일 수도 있고 실수일 수도 있었다. 그녀의 사체가 발견되자, 제라르 박사는 처음에는 여행으로 인한 피로가 뜨거운 날씨와 겹쳐서 벌어진 참극이라 생각했다. 어쩌면 보인턴 부인의 처방전을 가지고 디기탈리스 약물을 조제한 약사가 실수를 했을 수도 있었다. 크리스티는 미스터 P를 이미 겪었기 때문에 그런 실수가 벌어질 수 있음을 알고 있었다. 보인턴 부인의 사건에서는 사체가 옮겨지는 과정에서 부주의로 약병이 깨지는 바람에 약사가 실수를 범했는지는 알 수가 없었다.

보인턴 부인은 다른 사람들이 모두 야영지를 떠나 있는 상황에서 사망했다. 마지막 순간을 목격한 사람도 따라서 없었다. 그런데 제라르 박사가 보인턴 부인의 손목에서 피하 주사기 자국을 발견하면서 자연사가 아닐지 모른다는 의혹이 일기 시작했다. 제라르 박사의 가방 속 디기톡신 약병이 여행 내내 한 번도 쓰이지 않았음에도 눈에 띄게 줄어든 사실도 드러났다. 박사가 소지하고 있던 피하 주사기도 사라졌다. 사인을 명확히 규명하기 위해서는 검시가 필요했다. 그러나 버려진 고대 유적지에서 검시를 하기란 사실상 불가능했고, 결국 사체는 암만Amman으로 보내졌다. 암만은 에르퀼 푸아로가 휴가차 방문하고 있던 바로 그 도시였다.

크리스티가 정확히 지적했듯이, '디기탈리스의 유효 성분은 생명을 말살하며, 눈에 띄는 표식을 남기지 않는다.' 하지만 다량이라면 병리학자에게 추적당할 수 있다. 살인 피해자에게서 디기탈리스가 처음 검출된 것은 1863년이었다. 연인 세라핀 드 포Séraphine de Pauw 부인을 살해한 에드몽-데지레 코티 드 라 포머레스Edmond-Désiré Couty de la Pommerais 박사에게 유죄가 선고되는 데 과학적인 증거가 도움을 주었다. 포머레스는 빚을 청산하기 위해 공들여 계획한 보험 사기에 포를 끌어들였다. 그는 우선 포 앞으로 상당한 금액의 생명보험을 여럿 들었다. 그리고 얼마 후 포가 가망 없는 질병에 걸려 곧 죽을 것 같다며 그녀가 사망한 뒤 거액의 보험금을 받는 대신 그 전에 연금을 지급받도록 보험사를 설득하겠다고 포에게 말했다. 그가 말한 계획에 따르면, 그녀는 기적적으로 회생하여 나머지 생을 경제적으로 풍족하게 살아갈 것이었다. 포는 이 천재적인 계획을 자신의 언니에게 얘기했다. 하지만 포의 언니는 포머레스의 속내를 꿰뚫어 보았고, 포에게 그가 그녀를 진짜로 죽이고 모든 돈을 차지할지도 모른다고 경고했다.

그리고 정말로 그 일이 일어났다. 1863년 11월 16일, 포머레스는 포에게 무언가를 주었고 그녀는 앓기 시작했다. 포의 언니가 예상한 대로 포는 그 후 회복하지 못하고 사망했다. 포머레스는 보험금을 청구했고 편안히 앉아 돈이 지급되기를 기다렸다. 그는 포를 살인하는 데 사용한 독약이 추적되지 않으리라 확신했다. 하지만 경찰은 포머레스의 행동에 의혹을 품었다. 경찰은 명망 있는 의사 앙브루아즈 타르디외Ambroise Tardieu(1818~1879)에게 포의 사체에 독약의 흔적이 있는지 살펴봐 달라고 요청했다. 비소와 납 같은 금속 물질을 배제한 후 타르디외는 알칼로이드로 관심을 돌렸다. 스타스 방법을 사용해 포의 사체에서 쓴맛이 나는 물질을 간신히 검출했다. 하지만 물질의 정체를 확인할 수가 없었다. 알칼로이드는 아니었지만 익숙한 것이었다.

효과를 보지 못한 몇 가지 실험을 더 거친 후 거의 마지막 방법으로 타르디외는 포의 사체에서 추출한 물질 5그레인(약 300밀리그램)을 원기 왕성한 개에게 주입했다. 처음에는 아무 일도 일어나지 않았다. 하지만 2시간 반이 지난 후 개가 갑자기 구토를 하며 쓰러졌다. 심장 박동이 느려지며 불규칙해지다 12시간이 될 때까지 간헐적으로 심장이 멈추기도 했다. 그리고 개는 회복하기 시작했다. 포와 포머레스가 주고받은 편지를 살펴본 타르디외는 그녀가 '스스로를 자극하기' 위해 디기탈리스를 처방받으려 의논한 사실을 확인했다. 보험사로부터 돈을 받으려는 계략의 일부였다. 타르디외는 여기에서 희생자가 디기탈리스 중독으로 사망했다는 단서를 얻었다.

타르디외는 포의 사인을 해명할 만큼 충분한 양의 디기탈리스를 사체에서 검출하지 못했다. 정확한 분석을 위해서는 그녀의 토사물이 필요했다. 그 속에는 사인을 입증할 수 있는 훨씬 많은 양의 독약이 들어 있을 것이었다. 경찰은 그의 요구에 남다른 방식으로 응수했다. 사후 토사물을 확보해 두지 못했기에 포의 침실로 다시 가서 마루청을 뜯어낸 다음 토사물이 묻었을 부분을 대패질해 왔다.

타르디외는 재빨리 분석에 돌입했다. 마룻바닥에 붙어 있던 토사물에서 엄청난 양의 독약이 검출되었다. 사체에서 발견된 독약과 같은 약물임을 입증하기 위해 개구리의 심장에 새롭게 검출한 독약을 시험해 보았고, 동일하게 심장 박동이 느려짐을 관찰했다. 조심스레 실험을 반복한 후 아마도 토사물이 닿지 않았을 침대 아래 마루청도 표본으로 요청했다. 개구리의 심장에 영향을 미친 물질이 마루청에 묻어 있던 유약이나 페인트가 아니라는 사실을 확실하게 확인하고 싶었다. 이어진 재판에서 포머레스의 변호사들은 타르디외가 제시한 과학적 증거물의 신빙성을 떨어뜨리려 시도했다. 그러나 증거가 강력했고 포머레스는 범죄의 대가로 처형되었다.

크리스티가 『죽음과의 약속』을 쓰던 당시에는 디기탈리스 배당체를 검출할 수 있는 화학적 색깔 반응 기법이 개발되어 있었다. 하지만 불행히도 특징적인 남빛이나 청록색을 내는 그 기법은 독약이 다량일 경우에만 반응을 나타냈다. 심지어 치사량보다 훨씬 더 많은 양이어야만 했다. 디기탈리스는 또한 사후에 체내에서 분해되기 때문에, 가장 좋은 방법은 희생자의 토사물을 확보하는 것이었다. 만일 토사물을 구하지 못할 경우, 차선책은 사체에서 검출한 적은 양의 디기탈리스를 개구리의 심장에 시험해 보는 것이다. 보인턴 부인이 구토를 했는지 여부는 소설에서 언급되지 않았다. 하지만 그녀가 잠들어 있다고 오해한 것으로 보아 구토를 하지 않았을 가능성이 높다. 그녀에게는 병력이 있었기에 당연히 그녀를 발견한 순간 재빨리 의사를 부르는 게 더 이치에 맞았을 것이다.

오늘날에는 검출 기법이 향상되어 더 이상 개구리에 의존하지 않아도 된다. 혈액 분석은 기본으로, 일상적으로 처방받는 아주 적은 양의 약물도 검출할 수 있다. 디곡신의 경우 1밀리리터당 0.6~2.6나노그램이 적정 치료량으로 간주된다. 개인에 따라 다르긴 하지만 1밀리리터당 2나노그램 이상이면 독성 효과가 발휘되는 것으로 본다. 사후에는 심장 근육에서 약물이 방출되는 탓에 실제 치료에 쓰인 양보다 많은 양이 검출될 수도 있다. 보인턴 부인의 경우 1938년에 사용된 과학적 방법을 통해 사인을 규명하는 게 가능했다. 검시가 이루어졌지만 푸아로는 결과를 기다릴 필요가 없었다. 그의 뛰어난 두뇌가 여느 때처럼 범죄를 해결해 주었으니 말이다.

용의자는 명백히 보인턴 부인의 가족 안에 있었다. 며느리는 보인턴 부인이 매일 복용하는 디기탈리스 혼합물의 분배를 책임지고 있었다. 정확히 어떤 혼합물인지는 소설에서 언급되지 않았다. 보인턴 부인은 폭스글로브에서 추출한 모든 강심 배당체를 혼합한 디기탈리스를 복용했는지도 모른다. 어쩌면 그중 한 가지를 정제한 형태였을 수도 있다. 가족 중 누구라도 그녀의 약물에 손을 댈 수가 있었고 약물의 농도를 높여 복용량을 늘릴 수도 있었다. 혹은 약물을 희석하거나 다른 약물로 대체해 보인턴 부인의 심장 상태가 나빠지도록 만들 수도 있었다. 디기탈리스는 체내 반감기가 긴 탓에 몸속에 계속해서 쌓이면서 독성이 증가할 수 있다. 하지만 일시에 많은 양을 투약하지 않고 천천히 복용량을 늘렸다면 보인턴 부인에게서 시야에 문제가 생긴다거나 심박이 불규칙해지는 등 디기탈리스 중독 증상이 나타났을 것이다. 급작스레 사망하는 대신에 말이다.

푸아로는 누군가 그녀의 약물에 손을 댔으리란 의혹을 제기했다. 보인턴 부인이 갑자기 사망했을 뿐만이 아니라 그녀의 손목에 뚜렷이 피하 주사기 자국이 남아 있었기 때문이다. 가족이라면 보인턴 부인이 복용하는 약물에 손을 대는 게 훨씬 쉬우므로 굳이 주사기를 훔치는 수고로움을 감수할 이유가 없다는 사실도 깨달았다. 피하 주사기로 치사량의 약물을 주입했다는 것은 살인마가 가족이 아닌 다른 일행임을 암시했다. 푸아로는 보인턴 부인을 죽일 동기가 있고, 휴가 기간에 우연히 그녀와 마주쳤으며 그녀의 건강 상태를 알 만큼 친분이 있는, 그러면서도 디기탈리스의 독성 효과를 아는 사람이 있다는 사실을 믿기 어려웠다. 살인마는 또한 약물을 항시 충분한 양으로 지니고 다니는 의사와 함께 여행을 올 만큼 운이 좋았고, 보인턴 부인에게 독약을 주사할 기회가 찾아오기 전에 의사의 가방 속에서 약물과 주사기를 훔치는 위험을 감수할 준비가 되어 있었다. 보인턴 부인을 사망에 이르게 한 정황들은 다소간 타당해 보이지 않았다.

『죽음과의 약속』을 영화로 만드는 단계에서 크리스티는 살인의 동기와 살인마 모두를 변경했다. 그러나 책 전체를 관통하는 그녀의 과학적 설명은 말할 것도 없이 최고로 뛰어났다.

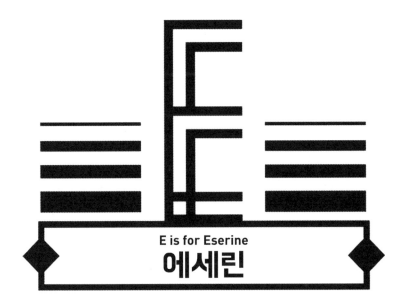

E is for Eserine
에세린

비뚤어진 집

> "만약 브렌다가 실수로 내게 인슐린 대신 안약을 주사한다면 나는 아마
> 숨을 쉬지 못할 정도로 헐떡거리다가 얼굴이 파랗게 질린 채 죽게 될 거야.
> 내 심장은 그다지 튼튼하지 못하니까 말이야."
> — 애거서 크리스티, 『비뚤어진 집』

위의 인용문에서 설명한 그대로 애리스티드 레오니데스는 죽음을 맞
이했다. 그는 정기적으로 투약하던 인슐린 대신 에세린eserine 안약
을 주사 맞고 사망했다. 에세린은 독약으로는 드문 선택지였다. 애거
서 크리스티는 오직 두 개의 소설, 『비뚤어진 집Crooked House』과 『커튼
Curtain』에서만 에세린을 사용했다. 독자들은 아마도 독살범이 상세한

의학적 또는 약학적 지식을 가지고 있어서 에세린을 선택했으리라 예상할 것이다. 하지만 『비뚤어진 집』에서 레오니데스는 많은 사람들이 지켜보는 가운데 예언을 늘어놓았다. 할아버지의 약병을 살펴본 손녀가 "왜 약병에 '안약—복용하지 말 것'이라고 씌어 있는 거죠?"라고 질문을 던졌고, 그 자리에 있던 모든 가족이 그의 답변을 들었다. 그중 누구라도 노인의 약병에 손을 대 그를 죽일 수 있었다.

『비뚤어진 집』에는 용의자가 줄줄이 등장한다. 먼저 레오니데스의 두 번째 아내인 브렌다, 첫 번째 아내의 여동생인 에디스, 아들인 필립과 로저, 며느리 마그다와 클레멘시, 세 명의 손자 조세핀과 유스터스, 소피아. 그리고 요리사와 가정교사, 보모를 포함한 하인들도 있었다. 그들은 모두 '비뚤어진 남자' 레오니데스와 그가 지은 '비뚤어진 집'에서 함께 살았다. 이 소설에는 푸아로나 마플 양이 등장하지 않는다. 범인을 확정하는 역할은 경찰과 소피아의 약혼자 찰스 헤이워드에게 주어졌다. 크리스티는 소설에서 용의주도하게 범인에 대한 단서를 제시했다. 심지어 살인자를 강하게 암시하기까지 했다. 하지만 범인은 마지막에 가서야 밝혀졌고, 지금까지도 충격적인 결말로 여겨지고 있다.[1]

독약은 먼 길을 돌아 레오니데스 저택에 당도했다. 에세린은 피소스티그마 베네노숨*Physostigma venenosum*이라는 서아프리카 식물의 콩에서 추출한 화합물로, 녹내장 치료에서부터 신경가스 중독 시 응급 치료까지 의료계에서 다양한 용도로 쓰이고 있다. 실수로 에세린 중독에 빠지는 사례는 있지만, 범죄에 사용되는 경우는 극히 드물다. 인지도가 낮을 뿐만 아니라 치료가 비교적 쉽고 치료 효과가 매우 높은 에세린 희생자들은 생존할 확률이 높다.

에세린 이야기

피소스티그마 베네노숨은 다년생 덩굴 식불로, 두세 개의 콩을 가진 커다란 열매를 맺는다. 한때 이 콩은 나이지리아 동남부 지역에 있는 칼라바르Calabar에서 독약으로 흔히 사용되었고, 그래서 칼라바르 콩이라 불리었다.[2] 이 콩에서 분리된 활성 화합물에는 피소스티그민 physostigmine이라는 이름이 붙여졌고, 콩의 지역 이름을 따라 에세린이라 불리기도 했다.[3]

서아프리카 지역에서는 이 식물과 콩의 독성 성분이 매우 잘 알려져 있었지만, 보다 널리 알려지게 된 것은 1840년대에 스코틀랜드 선교사들이 칼라바르에 도착하면서부터였다. 선교사들은 콩에다 '옛 칼라바르의 시련의 콩the Ordeal Bean of Old Calabar'이란 이름을 붙였다. 그 지역에서는 주술 행위나 살인, 강간 같은 범죄 행위가 발각된 경우 호된 시련을 통해 가리는 전통이 있었다. 즉 용의자가 유죄인지 무죄인지를 이 콩이 혼합된 음료를 마시게 한 다음 그 결과를 보고 결정했다. 죄가 있다면 콩이 독성 효과를 발휘해 사망에 이를 것이며, 죄가 없다면 살아남을 것이었다. 하지만 살아남았을지라도 시름시름 앓는다면 결국 노예로 팔려갔다. 독약을 준비하는 방법은 다양했다. 콩을 통째 쓰기도 했지만, 용의자가 식물 유액을 마실 수 있도록 물에다 갈아서 넣기도 했다. 그곳 사람들은 이 재판을 '콩 휘두르기 chop nut'라고 불렀다.

어쩌면 눈앞에서 보이는 것보다 더 많은 것이 이 심판에 담겨 있는지도 모른다. 죄를 범한 사람들은 천천히 콩을 씹어 목으로 넘기기 전까지 최대한 시간을 끌려고 했을지 모른다. 통째 삼키는 것보다 씹는 것이 독약을 더 많이 방출한다. 혹은 음료라면 한 모금씩 조심스레 마셨을 것이다. 결과는 같았다. 독약이 천천히 투여되고 독약에 노출되는 시간이 길어지면서 신체가 독약을 흡수할 기회가 늘어났다. 무고한 사람들은 자신에게 죄가 없다는 확신하에 재빨리 삼켰을 것이다. 통째 삼켜진 콩은 소화되는 데 더 오랜 시간이 걸리고 독약을 적은 양으로 방출했을 것이다. 아니면 위가 자극되면서 구토를 유발했을 수도 있다. 그렇게 되면 흡수되기 전에 상당량의 독약이 밖으로 배출되었을 것이다.

새판을 다른 각도에서 조명하는 또 다른 이론도 제기되었다. 콩을 수확하고 독약을 준비하던 사람들은 자생 식물과 그것이 인체에 미치는 효과를 일반인들보다 더 많이 알았을 것이다. 칼라바르 절반이면 치사량이지만, 열매가 얼마나 익었는지에 따라 품고 있는 독약의 양이 달라졌다. 서로 다른 시기에 수확한 콩이 재판 결과에 영향을 미쳤을 것이다. 원하는 결과를 얻기 위해 콩을 손질했을 수도 있다. 갈색의 작은 콩은 또한 독성이 없는 변종과 비슷하게 생겨서 사람들이 눈치 못 채게 칼라바르 대신 다른 열매를 줬을 가능성도 있다.

이 심판을 매우 신뢰했기에 많은 사람들이 자신의 결백을 증명하고자 자진해서 독성 혼합물을 삼켰다. 마녀 재판 때에는 수천 명이 모여 집단으로 콩을 삼켰다고 선교사들은 증언했다. 칼라바르는 재판뿐만 아니라 결투에도 쓰였다. 결투에 나선 두 사람은 열매를 반으로 갈라 각각 반쪽씩 먹었는데 둘 중 하나가 죽을 때까지 이러한 행동을 계속했다.[4] 선교사들에 따르면, 칼라바르 콩으로 인해 그 지역에서 매년 120명의 사망자가 발생했다.

선교사들은 열정적으로 콩과 전체 식물을 모아 스코틀랜드로 보냈다. 전 세계를 돌아다니던 수집가들은 커피콩이나 (말라리아 치료에 효과가 있는 키니네quinine를 함유한) 키나cinchona 껍질 같은 이국적인 물건들을 유럽으로 들여왔다. 새로운 발견으로 유럽인들은 새로운 먹을거리와 의약품, 정원을 아름답게 꾸밀 다양한 식물들을 얻었다. 많은 이들이 이국적인 종을 수집하고 이를 유럽에 팔아 경력을 쌓았다. 하지만 나이지리아에 있던 선교사들은 칼라바르 콩과 식물을 구하는 데 어려움을 겪고 있었다. 처음에는 겨우 이파리 몇 장을 얻을 수 있었다. 결국에는 호프 워델Hope Waddell이 사제 서품을 받기 전 약국에 도제사로 들어갔다. 그리고 그곳에서 칼라바르의 왕이 정의를 구현하는 데에 사용할 일부 표본만을 엄격한 관리하에 남겨 두고 모든 식물을 없애 버리라는 명령을 내렸다는 사실을 알게 되었다. 1855년, 워델은 몰래 콩을 몇 개 훔쳐 에든버러의 저명한 독성학자 로버트 크리스티슨Robert Christison(1797~1882)에게 보냈다. 크리스티슨은 콩을 심어 식물을 키웠지만 꽃을 피우진 못했다. 1859년이 되자 연구 목적으로 나이지리아에서 꽃을 피운 표본을 들여올 수 있었다. 칼라바르 왕이 콩에 대한 규제를 완화했거나, 어느 악랄한 영혼이 그의 엄격한 통제를 우회할 길을 찾아냈던 것 같다.

　크리스티슨은 콩의 의학적 효과에 관심을 가졌고, 독성을 시험하는 전통적인 방법을 시도해 보았다. 직접 콩 4분의 1쪽을 삼킨 것이다. 맛은 덤덤했다. 처음에 크리스티슨은 독성이 없는 게 아닐까 의심했다. 본인의 표현대로 '완전히 잘못 생각한' 것이었다. 크리스티슨이 경험한 가장 극적인 효과는 심장 활동이 느려지는 것이었다. 심장마비로 사망할 수도 있을 것 같았다. 몇 년 후인 1897년, 미국의 약사 존 유리 로이드John Uri Lloyd(1849~1936)는 유죄를 선고받은 범죄자들을 처형하는 데 칼라바르 콩을 사용하자고 제안했다. 독약이 고통 없이 작용하는 듯 보였기 때문이다. 하지만 제안은 받아들여지지 않았다.

1863년, 안과 의사 더글러스 로버트슨Douglas Robertson(1837~1909)이 칼라바르 콩 추출물이 동공에 미치는 효과를 설명하는 논문을 낸 이후 관련 연구들이 진전되었다. 에세린은 동공 축소를 유발하는 물질로는 최초로 알려진 화합물이다. 로버트슨은 의사인 친구 토머스 프레이저Thomas Fraser(1841~1920)에게서 에세린의 특이한 성질에 관해 전해 들었다고 했다. 프레이저는 박사 논문에서 에세린을 추출하는 과정을 상세히 설명했다. 학위 논문을 완성한 후에도 프레이저는 계속해서 에세린을 매우 정밀하고 상세히 연구했고, 곧 다른 과학자들도 연구에 동참했다. 19세기 말까지 칼라바르 콩에서 여러 알칼로이드가 추출되었다. 그러나 이들 화합물의 구조는 그보다 30년이 더 지난 후에야 밝혀졌다. 당시 연구자들은 생리적 효과만으로 추출물의 성분을 판별할 수 있을 뿐이었다. 그리고 콩에서 활성 화합물을 추출하고 손상 없이 보관하는 데에 여전히 어려움을 겪고 있었다. 에세린은 물속에서는 불안정하여 에세롤린eseroline 형태로 분해되었다. 에세롤린은 체내에서 에세린과 매우 다른 효과를 발휘하는데, 오피오이드 수용체opioid receptor와 결합하여 통증을 완화하는 역할을 한다. 그 외에도 다양한 효과를 낸다. 빅토리아 시대 칼라바르 콩 연구자들은 여러 문제들에 시달리고 있었지만 그럼에도 불구하고 많은 발견들을 이루어내었다.

칼라바르 콩을 향한 과학적 관심은 크리스티의 소설 『커튼』에도 반영되어 있다. 화학자인 등장인물 존 프랭클린 박사는 콩에서 추출한 물질로 실험을 수행했다. 크리스티는 독약과 그 사용법에 대해 상세히 설명했다.[5] 『커튼』은 푸아로의 친구인 헤이스팅스의 목소리로 이야기를 들려준다. 헤이스팅스의 딸 주디스는 프랭클린 박사의 연구를 돕고 있었는데, 그는 딸인 주디스가 연구에 관해 이야기한 내용을 언급한다. "그 애는 학구적으로 알칼로이드 피소스티그민, 에세린, 피소베닌physovenine, 게네세린geneserine에 주목했다. 그러고 나서 이름조차 어려운 프로스티그민prostigmin이나 3-히드록시페닐 트리메틸 암모늄3-hydroxyphenyl trimethyl ammonium의 메틸 탄산 에스테르methyl carbonic ester 등등으로 옮겨갔다."

소설에서 애거서 크리스티가 기술한 과학은 거의 정확했지만, 알칼로이드 목록에서 작은 실수를 저질렀다. 물론 이들 화합물이 오랜 시간 계속해서 이름이 바뀌었다는 걸 고려하면 크리스티가 혼동한 것도 이해할 만하다. 앞서 보았듯이 피소스티그민과 에세린은 같은 화합물인데, 크리스티는 콩에 든 화합물인 에세라민eseramine과 에세린을 혼동했던 것 같다. 그녀의 목록에 등장하는 또 다른 화합물인 프로스티그민prostigmin(지금은 네오스티그민prostigmin으로 알려져 있다)은 에세린의 파생물이다. 네오스티그민은 1931년, 에세린을 물에서 보다 안정적이되 생리적 효과는 동일한 화합물로 변형하는 과정에서 처음 만들어졌다. 결과물은 성공적이었고, 동공을 축소시키는 데 원래 화합물보다 더 효과적이란 사실이 드러났다.

크리스티가 언급했던 게네세린은 칼라바르 콩에서 나는 알칼로이드 중 두 번째로 흔한 물질(에세린의 35퍼센트에 해당)로, 종종 소화 불량이나 변비 같은 소화 장애 치료제로써 마시는 물약 형태로 처방된다. 한편 피소베닌은 알츠하이머 증상을 치료하는 데 효과가 있는 것으로 밝혀졌다.

『커튼』에서 프랭클린 박사는 매우 비슷하게 닮은 두 가지 형태의 콩이 있으며, 두 번째 콩은 칼라바르 콩과 다른 성분은 모두 동일하지만 한 가지를 더 가지고 있어서 이 물질이 다른 화합물들의 효과를 중화시킨다고 주장했다. 피소스티그마 베네노숨과 유사한 식물의 존재는 1860년대 칼라바르 지역에 살았던 윌리엄 밀른William Milne의 편지에서 단서를 얻은 것이다. 한 종은 '개울에 뿌려 물고기를 죽이기 위한 목적으로 대량 재배되고 있으며, 다른 종은 칼라바르 재판을 위해 시장에서 팔리고 있다.' 물고기를 죽이는 데 쓰인 종이 피소스티그미 베네노숨보다 인체에 덜 유독했을 것으로 짐작할 수 있다. 결국에는 사람들이 이들 죽은 물고기를 먹었을 테니 말이다.

프랭클린 박사는 서아프리카 지역에서 칼라바르 콩을 호된 심판에 어떻게 사용했는지를 상세히 묘사했다. 그리고 내부 인사들 중 두 번째 콩의 존재를 아는 사람들이 비밀 의식에 이 콩을 사용했다고 믿었다. 이들은 결코 '요르단티스Jordanitis'라는 질병에 걸리지 않았던 것이다. 요르단티스는 프랭클린의 연구와 그가 치명적인 칼라바르 추출물이 담긴 약병들을 소지한 이유를 설명하기 위해 크리스티가 지어낸 질병이다.

독약을 구하기 위해 『커튼』의 살인마는 아프리카로 여행을 가거나 처방전을 조작할 필요가 없었다. 프랭클린의 실험실에서 약병을 훔치기만 하면 되었으니까. 약물은 저녁 식사 후 마신 커피에 첨가되었다. 몇 시간이 지나고 희생자인 박사의 아내 바바라에게서 독약이 효과를 발휘하기 시작했다. 다음 날 아침 바바라는 사망했다. '지독하게 앓았다'는 내용 외에 프랭클린 부인이 어떤 증상을 보였는지는 상세히 설명되지 않는다. 의사를 부를 충분한 시간이 있었지만 프랭클린 부인은 거의 아무런 처치도 받지 못했다. 아마도 의사들은 아트로핀 형태로 된 에세린 해독제를 구할 수 있었을 것이다. 아트로핀은 에세린의 해독제로, 거꾸로 에세린은 아트로핀 해독제로 기능한다는 사실은 1870년대에 토머스 프레이저가 처음 제기했다. 동공을 수축하고 심장 활동을 느리게 만드는 에세린의 효과는 아트로핀이 야기하는 효과와 정확히 반대였다. 따라서 두 화합물은 서로의 활동을 무력화시키는 데 쓰일 수 있었다. 프레이저가 아트로핀/에세린을 오직 토끼만을 대상으로 실험했다는 이유로 프레이저의 이론에 의구심을 제기하는 이들도 있었다. 당시 필요한 만큼 많이 구할 수 있는 포유동물은 토끼밖에 없었다. 문제는 토끼가 유난히 아트로핀에 강한 내성을 가졌다는 점이다.

하지만 아트로핀은 몇몇 에세린 중독 사례에서 매우 성공적인 해독제로 쓰였다. 과거 영국에서 집단으로 칼라바르 콩에 중독된 사건이 두 건 있었다. 한 건은 1864년, 다른 한 건은 1871년에 일어났다. 칼라바르 왕의 지침에도 불구하고 콩은 밀수를 통해 영국으로 흘러들어왔다. 그중 일부가 리버풀 항에서 짐을 내리는 도중 바닥에 떨어졌고, 이를 발견한 아이들이 그대로 집어삼켰다. 총 57명의 아이들이 시름시름 앓았는데, 다행히 한 명 빼고는 아트로핀으로 응급 처치를 받은 덕분에 살아남았다.

리버풀의 어린이들이 보인 주요 증상은 경련과 불수의적인 배변이었다. 동공이 초점을 잃고 숨을 쉬는 데 어려움을 겪었으며 맥박이 느려졌지만, 아이들은 겉보기에는 크게 아픈 것 같지 않았고, 병원에 있는 동안 울거나 심하게 동요하지도 않았다. 이 독약이 고통 없이 작용한다는 초기 진술을 뒷받침해 주는 부분이다. 중독 증상은 개별적으로, 다양한 질환과 독소들로 인해 나타날 수 있다. 그러나 이들 조합은 에세린과 그와 관련된 화합물의 특징이다.

빅토리아 시대 과학자들은 체내에서 에세린이 정확히 어떻게 효과를 발휘하는지 알지 못했다. 추측은 무성했다. 예를 들어, 경련은 신경계를 간섭한 결과임이 분명했다. 하지만 척추에 직접적으로 작용하는 것인지, 아니면 신경 말단과 상호 작용한 결과로써 나타난 이차적 효과인지 알 수 없었다. 당시에는 신경 작용의 메커니즘 또한 밝혀지지 않았으므로 에세린과 인체의 상호 작용을 설명하기가 어려웠던 것은 선혀 놀랍지 않다. 1920년대 이르러 신경 신호의 전달 메커니즘이 밝혀지자 에세린이 중대한 비밀을 푸는 핵심적인 단서로 부각했다.

1921년 이전까지 신경과 신경 사이, 신경과 근육 사이 신호가 전달되는 방식과 관련해서 두 가지 견해가 있었다. 둘을 연결하는 부위에는 벌어진 틈이 존재하는데 이 틈을 시냅스synapse라 부른다. 그렇다면 시냅스를 통과하는 신호는 전기 자극일까? 만일 전기 자극이 아니라면 화학 신호일까? 과학자 오토 뢰비Otto Loewi(1873~1961)는 꿈속에서 둘 중 무엇이 옳은지를 결정지을 수 있는 실험 단서를 얻었다. 뢰비는 한밤중에 꿈 내용을 황급히 기록하고 다시 잠들었다. 하지만 다음 날 아침이 되자 밤사이 쓴 글귀를 읽을 수가 없었다. 꿈의 내용도 기억나지 않았다. 그날은 그의 인생에서 가장 긴 하루였다. 하루 종일 뢰비는 기억을 되살리려 애썼다. 다행히도 그날 밤 뢰비는 똑같은 꿈을 꾸었다. 이번에는 눈을 뜨자마자 곧장 실험실로 향했다.

뢰비는 개구리 두 마리의 심장을 절개해 여전히 뛰고 있는 그 심장을 링거액이 담긴 서로 다른 용기에 넣어 두었다. 첫 번째 심장에는 전류를 흘려 심장의 반응을 느리게 했다. 그런 다음 첫 번째 심장이 담겨 있던 용기의 용액을 두 번째 심장이 담긴 용기에 옮겼다. 두 번째 심장 역시 느려지기 시작했다. 첫 번째 심장에서 신경에 전기적 충격이 가해지며 화학 물질이 분비되었고, 이것이 두 번째 심장의 활동에 영향을 미친 게 분명했다. 이로써 시냅스를 통과하는 신호 전달은 화학 물질이 매개한다는 사실이 밝혀졌다. 시냅스를 가로지르는 신호를 포착할 방법을 알아냈으니 상세한 부분들을 연구하기는 훨씬 쉬워졌다.

가장 긴급한 문제는 신경에서 분비되는 화학 물질의 정체를 밝히는 것이었다. 뢰비와 연구팀은 두 가지를 알아냈다. 첫째, 화학 물질이 무엇이건 재빨리 사라진다. 둘째, 아트로핀이 화학 물질의 효과를 차단한다. 무스카린과 필로카르핀, 콜린, 아세틸콜린 등 신경에 작용하는 것으로 알려진 다양한 물질들로 시험해 본 후 아세틸콜린이 모든 기준에 들어맞는다는 사실을 발견했다. 아세틸콜린은 몸속에서 재빨리 사라지고 아트로핀에 의해 방해받았다. 추가 실험을 거친 후 1926년, 콜린에스테라아제cholinesterase라는 효소가 아세틸콜린을 분해하기 때문에 체내에서 아세틸콜린이 사라진다는 내용을 담은 논문을 출간했다. 뢰비와 동료 나브라틸E. Navratil은 이 콜린에스테라아제를 에세린이 방해해 아세틸콜린의 분해를 막는다는 사실 또한 발견했다. 그 결과 아세틸콜린은 계속해서 수용체와 상호 작용할 수 있었다. 에세린 덕분에 과학자들은 아세틸콜린이 분해돼 없어져 버리기 전에 그 효과를 더 자세히 연구할 수 있게 되었다.

에세린은 신경 신호 전달 메커니즘과 관련해 매우 중요한 정보를 제공해 주었다. 노벨 위원회는 이 공로를 인정하여 1936년 뢰비에게 노벨 생리의학상을 수여했다. 노벨상 수상 강연에서 뢰비가 언급했듯이, 그는 세계 최초로 알칼로이드의 작용 메커니즘을 밝혀냈다. 에세린에 관한 초기 연구들은 신경가스와 살충제로 사용된 유기 인산염과 같은 다양한 화합물들이 인간과 곤충에게서 콜린에스테라아제를 억제한다는 사실을 이해하는 데 도움을 주었다.

신경 전달 물질의 한 가지인 아세틸콜린은 주로 눈물과 침 등 체액을 조절하는 '휴식 소화' 체계인 부교감 신경계parasympathetic nervous system(PN)에서 분비된다.[6] 따라서 에세린은 대개 부교감 신경계에 작용한다. 부교감 신경계가 하는 또 다른 일은 위장관과 요로, 눈에 있는 평활근平滑筋, smooth muscle의 수축을 조절(위장관에서는 음식물이 아래로 내려가도록 쥐어짜는 역할)하는 것이다. 그리고 심장 박동을 줄이고 혈관 내 평활근을 이완시키기도 한다.

아세틸콜린이 제 임무를 다한 후 분해되는 것은 매우 중요하다. 수용체가 끊임없이 자극되는 것을 막으려면, 그리고 동일 부위에 신호를 되풀이해서 보내기 위해서는 반드시 결합 부위에서 아세틸콜린이 제거되어야만 한다. 그래야만 수용체가 더 많은 신호를 받아들일 준비를 할 수 있다. 인체는 아세틸콜린을 분해하기 위해 콜린에스테라아제를 이용하는데, 물 분자를 사용해 화학 결합을 끊은 다음 아세테이트와 콜린, 두 개의 화합물을 남긴다. 둘 중 어느 것도 수용체와 상호 작용하지 않는다. 다시 말해서, '자물쇠와 열쇠' 비유로 돌아가면 열쇠가 자물쇠에서 제거되므로 이제는 다른 열쇠가 그 자리에 들어갈 여지가 생긴다.

우리 몸에는 두 종류의 콜린에스테라아제 효소가 있다. 아세틸콜린에스테라아제acetylcholinesterase, AChE와 부티릴콜린에스테라아제 butyrylcholinesterase, BChE가 그것이다. AChE는 아세틸콜린에만 작용하며 주로 근육과 뇌에서 발견된다. BChE는 우리 몸 전체에 분포하며 숫자도 더 많다. BChE 자물쇠는 서로 다른 여러 개의 분자 열쇠와 짝을 이루는 데 반해 AChE는 특별한 열쇠, 아세틸콜린 한 가지와만 짝을 이룬다. BChE는 아스피린, 코카인, 헤로인을 포함한 다양한 화합물에 작용해 이들을 분해함으로써 뇌로 가는 콜린성cholinergic[7] 독소의 양을 제한한다.

에세린은 마치 아세틸콜린인 것처럼 AChE에 결합하는데, 두 화합물의 구조가 다른 만큼 불러일으키는 화학 반응 또한 다르다. 효소의 작용으로 에세린은 분해는 되지만 반응 속도가 느리고, 그 과정에서 카바메이트carbamate라 불리는 에세린 조각이 효소의 활성 부위로 이동한다. 카바메이트가 붙어 있는 한 효소는 정상적인 기능을 수행할 수 없고 사실상 비활성화 상태가 된다. 자물쇠에 꽂은 열쇠가 부러지면서 열쇠 일부가 열쇠 구멍을 막고 있다고 생각하면 된다. 이제 다른 어떤 열쇠도 부러진 조각을 끄집어낼 때까지는 자물쇠에 꽂을 수가 없다. 다른 효소가 카바메이트를 제거하면 효소가 재생될 수 있지만 이 과정 또한 매우 느리다. AChE가 반응을 못하는 동안 아세틸콜린은 끊임없이 신경 수용체와 반응해 그들을 자극한다.

에세린은 '가역성 콜린에스테라아제 저해제reversible cholinesterase inhibitor'로 분류된다. 효소가 제 기능을 되찾을 수 있기 때문이다. 2시간이면 81퍼센트, 24시간이면 100퍼센트로 AChE는 기능을 회복한다. 반면 유기 인산염 신경가스인 사린 같은 다른 콜린에스테라아제 저해제들은 영구적으로 수용체에 결합해 버린다. 에세린은 사린 중독을 막는 데에 쓰일 수 있다. 적절한 시기에 에세린을 투약하면 일시적으로 AChE를 막아서 인체가 사린을 제거할 때까지 시간을 벌어 준다. 또한 다른 AChE 저해제들보다 지방에 잘 녹기 때문에 혈액 뇌 장벽blood-brain barrier을 통과해 사린이나 유사 화합물로부터 중독되었을 때 뇌가 손상되는 걸 막아 준다.

한때 파상풍 치료제로 에세린이 제안된 적이 있다.[8] 에세린은 아트로핀이나 사린과 마찬가지로 스트리크닌과 쿠라레 중독 시 해독제로 쓰이기도 했다. 효과가 가장 좋았던 것은 쿠라레였다. 쿠라레는 미스터 P가 주머니에 넣고 다니던, 식물에서 추출한 화살 독으로, 관련된 화합물들과 함께 의약품으로 널리 쓰인다. 이들 화합물은 아세틸콜린 수용체를 막아 근육을 이완하는 탓에 외과 수술에서 유용하게 사용되고 있다.

의사 메리 브로드풋 워커Mary Broadfoot Walker(1888~1974)는 쿠라레 중독과 유전 질병인 중증 근무력증myasthenia gravis 증상이 비슷하다는 걸 깨닫고선 곧바로 자신의 환자들에게 에세린을 시험해 보았다. 중증 근무력증은 변동성 근육 약화를 유발하는데, 활동량이 증가할수록 근육이 점차 약해진다. 그러나 일정 기간 휴식을 취하고 나면 상태가 개선된다. 증상은 갑자기 진전될 수 있고 때때로 중단되기도 한다. 안구의 움직임, 얼굴 표정, 씹고 넘기기를 통제하는 근육들이 영향을 가장 많이 받지만, 팔다리 움직임과 숨쉬기를 조절하는 근육 또한 일정 정도 약화된다. 워커가 실험을 진행한 1934년에는 중증 근무력증의 정확한 원인이 밝혀지지 않았다. 근육에 있는 수용체에서 작용할 아세틸콜린을 충분히 생산하지 못해서라는 이론이 있기는 했다. 에세린을 투약한 두 명의 환자에게서 일시적이지만 극적인 결과가 나타났다. 이는 환자들이 아세틸콜린을 생산하지 못하는 것은 아니나 아세틸콜린이 근육에 가서 제대로 작용하지 못하고 있음을 암시했다. 추가 연구로 중증 근무력증 환자들은 체내에서 항체를 생산해 아세틸콜린 수용체를 스스로 막아 버린다는 사실이 밝혀졌다. 오늘날에는 면역 억제제와 (네오스티그민 같은) 항콜린에스테라아제 조합으로 아세틸콜린 분해를 막고, 보다 긴 시간 동안 아세틸콜린이 수용체에 가서 작용하도록 돕는 치료를 진행하고 있다.

실제 사례

서아프리카에 당도한 선교사들이 가혹한 심판을 종식시킨 후, 의도적인 에세린 중독은 매우 드물어졌다. 따라서 크리스티가 어디에서 소설의 영감을 얻었을지 궁금해진다. 에세린은 구입하기도 어렵지만 설사 누군가 처방받았다 하더라도 한 병을 통째 마셔 봤자 죽을 가능성도 낮다. 물론 매우 아프기는 할 것이다. 1968년, 생화학을 공부하던 한 학생이 실험실에서 훔친 에세린 살리실레이트eserine salicylate 1그램을 마시고 자살을 시도했다. 10분간 엄청난 복부 통증을 겪은 후 무시무시한 환각이 찾아왔고 결국 도움을 요청했다. 아트로핀을 투약했지만 상태는 악화되었다. 그렇지만 심장 박동이 느려지는 특징적인 증상은 없었다. 아트로핀으로 심장 박동이 촉진될 뿐이었다. 아트로핀은 신체 여러 곳에 작용하기 때문에 에세린 중독에 딱 맞는 해독제는 아니다. 학생에게는 추가로 알독심aldoxime을 투약했다. 에세린에 의해 억제된 AChE 효소를 다시 활성화하는 역할을 하는 약제였다. 결국 그 학생은 완전히 회복했다.

의도적인 에세린 중독 사건을 단 한 건 찾을 수 있었다. 하지만 어떻게 해서 중독되었는지가 명확하게 밝혀지지 않았다. 사건은 『비뚤어진 집』과 『커튼』이 출간되고 한참 후에 오스트리아에서 보고되었다. 쉰 살 정도의 한 남자가 구토와 설사 증세를 보여 병원으로 이송되었다. 일주일 치료를 받은 후 퇴원했으나, 한 달 후 다시 동일한 증상으로 병원에 입원했다. 위장 내용물로 독성 검사를 실시한 결과 에세린이 검출되었다. 위장 내용물 450밀리리터를 기준으로 계산한 결과 대략 100밀리그램의 에세린에 중독된 것으로 보였다.

두 달간 병원에서 치료를 받았지만 상태는 더욱 심각해졌고, 결국 남자는 사망하고 말았다. 사인은 심장 쇼크였지만, 에세린이 야기한 체내 손상이 죽음을 불러온 근본적인 원인이었다. 환자에게 에세린이 투약된 경로에 대한 조사가 실시되었다. 위장 내용물을 재분석했고, 체내에서 검출할 수 있는 양으로 발견된 알칼로이드는 에세린이 유일했다. 만일 환자가 칼라바르 콩에 중독되었다면, 다른 알칼로이드들도 함께 발견되었어야만 했다.[9]

'안티콜리움anticholium'이라는 이름으로 팔리고 있는 에세린 제제製劑 또한 적은 양이지만 검출되는 정도의 게네세린(칼라바르 콩에서 두 번째로 흔한 알칼로이드)을 포함하고 있다. 안티콜리움은 아트로핀 중독을 다스리는 데 쓰이며, 5밀리리터 앰플ampoule로 판매된다. 앞서 환자의 경우 위장 속에서 그만큼의 에세린이 발견되려면 안티콜리움 앰플 50개를 들이마셨어야 했을 것이다. 전혀 일어날 법하지 않은 일이다. 게네세린 같은 다른 화합물이 위장에서 발견되지 않았다는 사실까지 함께 고려하여, 남자는 순수한 화학 물질에 중독된 것으로 결론이 났다.

애거서 크리스티와 에세린

1949년 소설 『비뚤어진 집』의 희생자 애리스티드 레오니데스는 여든다섯의 노인이다. 어느 날 일상적으로 투약하던 인슐린 주사를 맞고는 갑자기 발작을 일으킨다. 가족들은 할 수 있는 게 아무것도 없었다. 의사가 도착했을 때 노인은 이미 죽어 있었다. 그는 건강한 사람은 아니었다. 당뇨를 앓았으며 심장이 약했고 녹내장이 있었다. 하지만 죽음은 급작스러웠고 예상 밖의 일이었다. 소설에서 크리스티는 노인의 증상을 '숨쉬기 힘들어 하고' '갑자기 발작을 일으켰다'고 묘사했다. 하지만 실제였다면 다른 증상들을 보일 가능성이 더 높았다. 크리스티는 불수의적 배뇨와 배변을 기술하는 걸 매우 조심스러워 했다. 하지만 맥박이 느려지거나 경련이 일어나는 것과 같은 증상들은 독자들을 전혀 거북하게 만들지 않고도 언급할 수 있었다. 어쨌거나 레오니데스의 증상들로도 의사가 의혹을 품기엔 충분했고 사체 검시가 결정된다.

레오니데스의 사망 사건을 조사하던 경찰은 사체에 존재하는 에세린에 대해 거의 알지 못했다고 시인했다. 뇌와 폐, 위장관에서 출혈이 있었지만, 이는 다양한 물질에 중독되었을 때 나타날 수 있는 흔적이다. 레오니데스가 사망하기 직전 보인 증상들과 함께 고려했을 때 의혹은 콜린에스테라아제 억제제로 향하고 있었다. 문제는 에세린 말고도 콜린에스테라아제 억제제는 많다는 것이었다. 그러나 노인의 약장에 에세린의 형태로 콜린에스테라아제 억제제가 들어 있었다는 사실(그리고 집 안 쓰레기통에서 에세린 안약이 빈 병으로 버려져 있었다는 것)은 검시 과정에서 병리학자가 어떤 독약을 찾아야 할지를 자세히 지시해 주었다.

에세린과 같은 식물 알칼로이드는 1850년 스타스가 개발한 방법을 사용해 조직에서 추출할 수 있다. 분리된 화합물은 크로마토그래피로 확인한다. 1949년 소설이 씌어졌던 당시에는 크로마토그래피 기법이 좀 더 널리 사용되고 있었다. 따라서 녹성학자들은 희생자가 치료제 형태의 에세린으로 중독되었는지, 아니면 칼라바르 콩을 집어삼켰는지 구별할 수 있었다. 콩에는 다른 알칼로이드들도 들었으니 크로마토그래피에서 함께 나타날 것이었다. 또한 크로마토그래피 기법으로는 표본 속에 특정 화합물이 얼마나 들어 있는지까지 알 수 있다. 『커튼』에서는 프랭클린 부인의 사체에서 검출한 알칼로이드를 분석했더니 칼라바르 콩에 존재하는 몇몇 알칼로이드가 함께 모습을 드러냈다. 처방약이 아닌, 그녀의 남편 프랭클린 박사가 연구 목적으로 가지고 있던 칼라바르 추출물 중 하나에 중독되었음을 뜻했다. 『비뚤어진 집』에서는 사체 부검 결과 레오니데스가 치료제 형태의 에세린에 중독되었음을 확인했다. 다른 칼라바르 콩 알칼로이드들은 전혀 없었다.

레오니데스는 녹내장을 치료하기 위해 에세린을 안약으로 투약하고 있었다. 녹내장은 안압이 비정상적으로 높아지는 눈병으로, 시신경을 눌러 신경을 영원히 손상시키거나 시력 상실까지 불러온다. 원인이 무엇인가에 따라 다양한 치료가 이루어지는데, 동공을 수축하기 위해 급성 녹내장 동공 축소제가 사용되기도 한다.

동공의 크기를 조절하는 홍채에는 두 가지 근육이 있다. 자전거의 바퀴살처럼 동공에서 퍼져 나가는 근육은 방사상 근육Radial muscle으로, 이 근육이 수축하면 동공이 팽창된다. 환상 근육Circular muscle은 동공 주위를 고리처럼 감싼 근육으로 이 근육이 수축하면 동공이 축소된다. 방사상 근육은 교감 신경계가, 환상 근육은 부교감 신경계가 각각 조절을 책임진다. 앞서 보았듯이, 에세린은 주로 부교감 신경계에 작용하여 홍채를 잡아당겨 동공을 축소시킨다. 홍채가 늘어나면 눈에 있는 배수구로부터 멀어지면서 체액을 모두 배수구를 통해 흘려보낸다. 동공의 크기가 변하면 그 부작용으로 시력에 변화가 생길 뿐만 아니라 초점을 맞추거나 야간 시력에도 문제가 발생한다. 하지만 부작용은 적정량의 약물을 투약함으로써 최소화할 수 있고 완전히 시력을 잃느니 약간의 불편은 감수하는 게 훨씬 낫다. 물론 에세린이 심장과 근육처럼 신체 다른 부위에 있는 AChE와 상호 작용하게 되면 더 극적이고 심각한 부작용을 불러일으킬 수도 있다. 하지만 적은 양을 눈에다 직접 투약하면 이런 일은 거의 일어나지 않는다.

검시 결과, 레오니데스는 에세린 안약을 주입한 결과 사망한 것으로 밝혀졌다. 하지만 어떻게 이런 일이 일어날 수 있었을까? 에세린은 주사기로 투약하면 혈관으로 곧바로 들어가기 때문에 적은 양으로도 사망에 이를 수 있다. 그러나 입으로 삼키거나 점막을 통해 흡수된다면 소화 과정을 거쳐 AChE 효소에 닿기 전에 분해되어 버린다.

에세린 안약은 15밀리리터 병에 부피당 무게 비율 0.25퍼센트[10] 용액으로 처방된다(한 병당 에세린이 15밀리그램 처방되는 것과 같다). 병 속에 든 용액을 양쪽 눈에 각기 한두 방울씩 하루 세 번 떨어뜨린다. 주사기로 주입했을 때 LD_{50}(실험동물—이 경우 쥐—의 50퍼센트를 죽일 수 있는 양)은 1킬로그램당 0.6~1.0밀리그램이며, 이를 70킬로그램 성인으로 환산하면 40~70밀리그램이 된다. 하지만 최소 치사량은 6밀리그램으로 보고되어 있다. 이 말은, 살인자가 에세린 안약으로 70킬로그램이 나가는 사람을 죽이려 할 때, 세 병에서 다섯 병을 주사기로 주입해야 한다는 뜻이다. 이 정도면 희생자가 눈치를 채고 저항을 할 가능성이 높다. 그러나 레오니데스는 노인이었고 심장이 약했기 때문에 적은 양으로도 사망에 이르렀을 수 있다. 혈관 주입으로 살인을 저지르고자 한다면, 독살자는 한 번에 주사할 양을 늘려야만 한다. 대략 14병 혹은 210밀리리터면 목적을 달성하게 될 것이다.

당뇨 환자에게 주입하는 인슐린 양은 환자에 따라 다르지만 일반적으로 1밀리리터 근방이다. 만일 레오니데스의 인슐린이 에세린으로 대체되었다면 그는 에세린 1밀리그램을 맞았을 것이고 이는 최소 치사량에 못 미친다. 물론 레오니데스가 처방받은 에세린 제제가 오늘날 처방되는 것보다 농도가 높았을 수도 있다. 또는 인슐린이 희석된 형태여서 보다 많은 양을 투약했을지도 모르고. 레오니데스가 중독 증상을 보이기까지 걸린 시간도 흥미롭다. 그는 투약 후 반 시간만에 앓기 시작했다. 만일 독약을 삼켰다면 이 정도 시간이 걸리겠지만 주사기로 주입한 경우에는 몇 분이면 효과가 나타난다.

에세린은 매우 적은 양으로도 치명적이기는 하나 살인 미스터리에 사용되기에는 확실히 특이한 독약이다. 『커튼』에서 크리스티가 알칼로이드를 사용한 것은 매우 사실적이었다. 하지만 『비뚤어진 집』에서 선택한 방법으로는 레오니데스를 매우 고통스럽게는 만들었을지라도 죽음에까지 이르게 할 수는 없었다. 그녀의 작품 중에서 세부적인 부분에서 앞뒤가 맞지 않는 매우 드문 예이다. 하지만 이것은 트집 잡기에 불과하다. 『비뚤어진 집』은 그럼에도 불구하고 그녀의 소설 중에서 최고의 작품에 속한다.

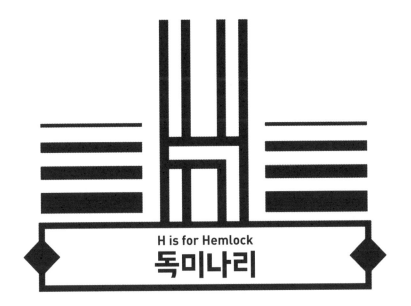

H is for Hemlock
독미나리

다섯 마리 아기 돼지

"내 가슴은 저려 오고,
졸리는 듯한 마비가 내 감각에 고통을 주는구나,
마치 독미나리를 마신 것처럼…"
― 존 키츠, 「나이팅게일에 부치는 노래」

독미나리Hemlock(헴록)는 고대로부터 주술에 사용되었으며 독약과 동
의어였다. 이 치명적인 식물은 기원전 399년 소크라테스에게 죽음을
안겨 주었고, 인류의 역사 내내 시와 산문에서 언급되었다. 『맥베스』
에서 마녀의 냄비 속에 들어 있는 성분이었으며, 심지어 「세사미 스
트리트Sesame Street」의 탐정인 셜록 헴록Sherlock Hemlock의 이름에도

들어갔다. 독미나리와 거기서 추출한 물질들은 1,000년 동안 민간 치료법으로 쓰였고 20세기 초까지 『영국 약전』에 올라 있었다. 악명을 고려하면, 애거서 크리스티의 작품을 제외하고는 소크라테스 시대 이래로 독미나리가 계획적인 독살에 사용되지 않았다는 사실이 놀라울 따름이다.[1] 하지만 우연히 발생한 중독 사고는 많았다. 미나리과 Apiaceae에 속하는 다른 식용 식물과 혼동한 탓에 벌어진 일들이었다. 미나리과에는 당근이나 파슬리parsley와 같은 식용 채소들이 포함돼 있다. 독미나리 이파리는 파슬리로, 뿌리는 파스닙parsnip으로, 씨앗은 아니스anise로 오해되곤 했다. 1994년, 독미나리는 식물 중독을 세 번째로 자주 일으키는 식물로 보고되었다. 만일 야생에서 파슬리나 파스닙을 채취해 먹을 생각이라면 반드시 입에 넣기 전에 정확히 확인하시라.

크리스티는 오직 한 작품, 1942년에 쓴 『다섯 마리 아기 돼지』에서만 독미나리를 사용했다. 이 작품은 재능은 있지만 괴팍한 예술가 에이미어스 크레일의 죽음을 다룬다. 크레일은 자신의 마지막 작품이 되고 만, 아름다운 엘사 그리어의 초상화 앞에서 대자로 뻗은 채 발견되었다. 그는 맥주 몇 잔을 마셨고 독미나리에 중독돼 있었다. 아내인 캐롤라인이 유죄 판결을 받아 교수형에 처해졌다. 여러 해가 지난 후 부부의 딸인 칼라가 에르퀼 푸아로를 찾아와 이 사건을 재수사해 달라고 요청한다. 칼라는 어머니의 결백을 굳건히 믿고 있었다. 그날 일어났던 일을 밝히기 위해 푸아로는 '다섯 마리의 아기 돼지', 즉 다섯 명의 용의자를 만난다. 독미나리 중독 특유의 증상이 푸아로로 하여금 사건을 해결할 수 있는 중요한 단서를 제공한다.

독미나리 이야기

실제로는 몇몇 식물들이 독미나리라는 하나의 이름으로 불리고 있다. 유럽과 북아메리카 지역에 자생하는 시쿠타Cicuta속屬의 물독미나리 water hemlock 네 종을 포함해 이들과 매우 가까운 종인 점박이독미나리 spotted hemlock, 코니움 마쿨라툼Conium maculatum등이 있다. 독성이 강한 이 식물들은 겉모습이 비슷하고 매우 유독하지만 저마다 지닌 독은 다르다. 독성이 덜한 종인 독파슬리, 아이투사 키나피움Aethusa cynapium과도 닮았다. 독파슬리는 섭취했을 때 코니움과 비슷한 독성 효과를 발휘하는 화합물을 지니고 있다. 하지만 이 화합물은 효능이 덜 하고 덜 치명적이다. 물론 샐러드에 넣을 채소로 추천할 만큼은 아니다. 이 모든 식물들은 당근과 파스닙, 파슬리 같은 식용 채소들과 한 과科에 속해 있다.

소크라테스는 아테네 젊은이들의 마음을 더럽힌 죄, 불경죄로 유죄를 선고받았다. 그에게 내려진 벌은 독약 한 컵을 마시는 것이었다. 대화편 「파이돈Phaedo」에서 플라톤은 소크라테스가 다리가 무겁게 느껴질 때까지 간신히 걸음을 걷다 끝내 드러누웠다고 묘사했다. 또한 소크라테스에게는 말을 하지 말라는 명령이 내려졌다. 말을 하면 '심장 활동을 촉진시켜' 독약의 작용을 방해할 것이기 때문이었다. 소크라테스는 말을 하지 못하게 한 데 대해 분개했던 듯하다. 그리고 간수에게 독약을 두 배 혹은 세 배로 준비하는 게 좋을 거라고 말했다.

죽음은 예상대로 찾아왔다. 소크라테스는 다리가 아래로 무너져 내릴 때까지 걸었다. 발에서 다리로 그리고 온몸으로 점차 감각이 없어졌다. 그는 주위를 둘러싼 친구와 제자들에게 설명했다. 독약이 심장에 닿으면 마침내 죽으리라고. 소크라테스는 마지막을 똑똑히 알고 있었다. 자신이 죽은 후 빚을 대신 갚아 달라고 제자들에게 부탁했다. 약간의 움직임이 있었고 눈이 한 곳에 고정되었다. 그의 친구 크리톤이 소크라테스의 눈을 감기고 입을 닫아 주었다.

독미나리 이름을 혼용해서 사용하면서 많은 사람들이 소크라테스가 시쿠타속 식물로 조제한 독약을 먹고 죽었다고 믿었다. 시쿠타속 식물에는 중추 신경계를 자극해 호흡 곤란과 격렬한 경련을 유발하는 시쿠독신cicutoxin이 들어 있다. 하지만 소크라테스의 증상은 이와 달랐다. 「파이돈」에서 묘사한 그의 평화로운 죽음은 시쿠독신과는 맞지 않았고 플라톤의 기록을 의심하는 사람들도 등장했다. 19세기에 이르러 스코틀랜드의 병리학자 존 휴 베넷John Hughes Bennett(1812~1875)이 이 상황을 말끔히 정리한다. 끔찍한 실수가 가져온 비극적인 죽음 덕분이었다.

1845년 에든버러에 사는 가난한 재봉사 던컨 고Duncan Gow는 자신의 아이가 가져다준 파슬리 샌드위치를 먹었다. 그러나 불행하게도 아이는 파슬리가 아닌 독미나리를 샌드위치에 넣고 말았다. 고는 중독 증세를 보이기 시작했다. 천천히 마비가 진행되다 죽음을 맞았다. 숨이 막힌다거나 경련은 전혀 없었다. 고의 의식은 마지막까지 또렷했다. 베넷은 검시를 실시했고 식물 성분을 검출해냈다. 고를 사망에 이르게 한 식물은 소크라테스를 죽인 독약과 같은 것이었다. 둘 다 점박이독미나리, 코니움 마쿨라툼에 중독되었다.

플라톤은 증상들을 기술하며 불쾌한 부분들은 생략했다. 독자들을 위해, 그리고 아마도 소크라테스에 대한 존경심에서 그랬을 것이다.

플라톤의 설명에 따르면, 독이 퍼진 과정은 거의 고통이 없어 보였지만 사실은 달랐다. 끝에 이르러 보였다는 미동은 경련이었을 것이다. 그리고 질식하며 마지막 숨을 가쁘게 몰아쉬었을 것이다. 플라톤은 또한 타액 분비가 증가하고 발음이 불분명해지는 증상도 언급하지 않았다. 소크라테스의 품위를 손상시킨다고 여겼는지 모른다. 어쩌면 이들 효과를 중화시킬 다른 화합물이 약물에 첨가되었을 수도 있다. 한 가설은 아편이 추가되어 고통을 줄여 주고 죽음은 앞당겼으리라 주장한다. 벨라도나 같은 다른 식물들이 분비되는 체액들을 고갈시켰을 수도 있다. 이런 특성은 고대 그리스에서도 널리 알려져 있었다. 소크라테스가 마신 독약의 정확한 구성 성분은 전해지지 않았다. 하지만 독미나리가 쓰였다는 것만은 확실하다.

독미나리는 또한 알렉산더 대왕의 죽음과도 관련되어 있다. 알렉산더 대왕의 사인으로는 비소와 스트리크닌을 비롯해 여러 독약들이 목록에 올랐다. 알렉산더 대왕은 고열과 실어증aphasia(말로 표현하는 것과 이해하는 데 장애가 생기는 질환), 사지 약화로 11일간 고생한 후 사망했다. 이들은 전형적인 코니움 마쿨라툼 중독 증상이었다. 플리니우스Gaius Plinius(23~79)가 보다 상세한 정황 증거를 내놓았는데, 의사가 알렉산더 대왕에게 썼다는 편지에 코니움 마쿨라툼의 해독제로 와인을 마시라고 권하고 있었다. 알렉산더 대왕은 기원전 323년에 사망했다. 그 후로 너무나도 오랜 시간이 흘렀으니 이제 와서 진실을 밝히기란 쉽지 않을 것 같다.

코니움Conium은 그리스어 'konas'에서 왔다. '꼭대기에 오른 것처럼 빙빙 돈다'는 뜻으로, 이 식물을 섭취한 후 경험하게 되는 증상 중 하나와 일치한다. '마쿨라툼maculatum'은 라틴어로 '반점이 있다'는 뜻이다. 이 식물의 줄기에는 실제로 적갈색 반점들이 있다. '점박이독미나리'라는 이름만큼이나 코니움 마쿨라툼은 독미나리, 악마의 빵, 악마의 죽Devil's porridge으로도 불린다. 유럽에 자생하는 식물로 강가나 황무지, 길가 등지에서 자란다. 지구상의 다른 지역에서도 발견이 된다. 정원 식물로 아메리카에 처음 도입된 후, 씨앗이 곡물류와 섞이면서 우연히 다른 나라들로 전파되었다. 씨앗이 쉽게 발아하는 탓에 변형된 토양에서 제일 처음 자라, 다른 식물들의 대량 서식을 돕는 '선구' 식물 역할을 한다. 손쉽게 싹을 틔운다는 것은 봄에 제일 처음 모습을 드러내는 식물이라는 뜻이기도 하다. 이러한 성질 때문에 농부들에게 특히 중요하게 여겨지고 있다. 들판에서 풀을 뜯는 동물들이 독미나리를 먹고 앓을 수도 있다. 다른 동물들보다 젖소의 경우에 특히 중독성이 높아서, 독미나리를 먹은 젖소는 비틀거리고 침이나 눈물을 많이 흘리며 호흡 곤란을 겪다가 사망에 이른다. 튼튼한 젖소들은 독성 효과를 이겨내고 회복될 수 있지만, 점박이독미나리 안에 든 몇몇 화합물은 아직 태어나지 않은 뱃속 송아지들에게 기형을 일으키기도 한다. 독미나리를 먹은 젖소가 낳은 송아지에게서 척추 기형이 발견되기도 하며, 비슷한 증상이 양이나 염소, 돼지에게서도 발견된다.

독미나리에 영향을 받지 않는 동물들도 있다. 메추라기의 경우 독미나리 씨앗을 먹어도 문제가 없다. 하지만 독성이 고스란히 살 속에 스며들어 있기 때문에 독미나리 씨앗을 먹은 새를 요리해 먹으면 간접적으로 독미나리에 중독이 되기도 한다. 실제로 이탈리아에서 1972년에서 1990년 사이 17건의 중독 사고가 발생했는데, 4명이 사망했고 3명은 신부전을 앓았으며 1명은 장기간 전신 마비를 겪었다.

독미나리나 독성 알칼로이드를 섭취하면 30분쯤 지나 위염 증세가 나타나고 신체 조정 능력이 상실된다. 맥박이 빨라지고 약해지며 시야가 흐릿해지고 운동 능력을 차츰 잃다 마비에 이른다. 호흡 기관이 마비되면서 마지막으로 질식사한다. 이러한 과정을 거치는 내내 희생자의 의식은 또렷한 상태로 유지된다.

코니움 마쿨라툼에는 몇 가지 독성 알칼로이드가 들어 있는데, 그 중에서도 코닌coniine이 가장 잘 연구되어 있다. 『다섯 마리 아기 돼지』에서 크리스티가 살인 도구로 사용한 독약도 바로 코닌이었다. 독미나리 알칼로이드들은 (피페리딘이라는 화학 구조에 기초하고 있기 때문에) 모두 피페리딘piperidine으로 분류된다. 지금까지 7개의 점박이독미나리 알칼로이드[2]가 확인되고 분류되었다. 독미나리의 독성은 존재하는 모든 독성 화합물의 총합으로 나타나며, 이들의 상대적인 양은 굉장히 다양할 수 있다. 식물은 여러 반응을 거쳐 한 구조를 조금씩 변형해 다음 구조를 만듦으로써 알칼로이드들을 생산해낸다. 연속으로 화학 물질을 쏟아내는 것이다. γ-코니세인γ-coniceine이 처음으로 만들어지고 γ-코니세인에서 모든 다른 알칼로이드들이 제조되어 나온다. 쥐 실험 결과 γ-코니세인이 가장 독성이 강한 것으로 나타났다. 독미나리가 특히 이른 봄에 높은 독성을 띠는 이유가 이 시기에 γ-코니세인 양이 가장 많아서이다. 그러나 온도와 습도, 시간, 식물의 연령 같은 요소들에 따라 코니움 알칼로이드들의 구성 비율과 농도는 달라진다. 연구에 따르면 γ-코니세인은 우기에, 코닌은 건기에 우세하지만, 식물의 생활사에서, 특히 꽃 피는 단계와 열매 맺는 단계에서 농도는 크게 변화한다.

코닌은 독미나리에서 처음 분리된 알칼로이드로, 독성이 높아서 성인이 한 번에 100에서 130밀리그램을 복용하면 생명이 위험할 수 있다. 순수 코닌은 무색에 지성 물질이며, 간혹 쥐 오줌을 연상시키는 톡 쏘는 냄새를 풍긴다. 코니움 마쿨라툼 이파리를 부서뜨릴 때 나는 특정한 (그리고 불쾌한) 냄새는 코닌 내에 들어 있는 기름이 휘발하여 뿜어내는 것이다.

코닌의 발견은 1827년 화학자 L. 기에세케L. Gieseke로 거슬러 올라간다. 하지만 기에세케는 코닌의 화학식에 대해서는 어떤 제안도 하질 않았고 실제 구조는 1881년, 아우구스트 빌헬름 폰 호프만August Wilhelm von Hofmann(1818~1892)이 밝혀내었다. 오늘날에는 화합물을 확인하고 정확한 구성과 분자 내 원자 배열을 결정하는 데 적용할 수 있는 기술들이 여럿 있다. 호프만 시대에는 원 물질에서 나온 파편을 확인하기 위해 공들여 화학 반응을 일으키고 이 반응에서 나온 산물들을 분석해야만 했다. 상대적으로 단순한 물질인 코닌의 경우에도 이 과정은 쉽지가 않았다. 호프만이 구조를 결정지은 5년 후 알베르트 라덴부르크Albert Ladenburg(1842~1911)가 코닌을 화학적으로 합성할 방법을 고안해냈다. 코닌은 처음으로 성질이 완전히 파악되고 합성이 가능해진 식물 알칼로이드였다. 처음 분리된 지 50년 만의 일이었다.

독미나리 살인법

점박이독미나리에 들어 있는 코닌과 다른 알칼로이드들은 신경 독소 neurotoxin이다. 코닌은 니코틴과 닮았기 때문에 체내에서도 비슷한 방식으로 독성 효과를 발휘한다.

코닌은 시냅스(운동 뉴런 사이에 있는 접합 부위)에 있는, 보통 아세틸콜린이 결합하는 수용체(구체적으로 말해 니코틴형 수용체nicotinic-type receptor)와 상호 작용한다. 코닌 때문에 아세틸콜린이 수용체와 결합하지 못하게 되면서 연결된 신경에서 발신하는 신호가 제대로 전달되지 않는다.

말초 신경계peripheral nervous system(PNS)는 중추 신경계(뇌와 척추)와 우리 몸을 연결하며 뇌에서 몸으로, 몸에서 뇌로 메시지를 중계하는 역할을 한다. 말초 신경계의 한 가닥인 자율 신경계는 심장 박동이나 눈물 생산과 같은 자율적인 반응들을 조절하고, 체성 신경계somatic nervous system는 뇌와 척추에서 근육으로 메시지를 중계해 신체 운동을 조절한다. 운동 반응은 대개가 의식적인 통제 아래에서 일어난다. 자율 신경계와 코닌이 상호 작용하면 타액 분비가 증가하고 동공이 팽창하며 심장 박동이 느려짐(서맥brachycardia)과 동시에 심박 수는 증가(빈맥tachycardia)한다. 코닌은 체성 신경계에 있는 수용체도 막아 버려서 발과 다리에서 시작된 마비가 전신으로 퍼져 나간다. 처음에는 다리가 저려 오다가 걸음을 걷기가 어려워진다. 그러다 몇 시간이 지나면 호흡을 책임지는 근육들마저 마비에 이르게 된다.

모든 코니움 알킬로이드들의 독성이 연구되지는 않았지만 분자 형태가 특히 중요하게 작용하는 듯 보인다. 질소를 포함한 고리 구조에 프로필기(탄소 원자 3개가 연결된 형태)가 결합하면 독성을 띤다. 코닌 역시 '비대칭' 화합물로, 화학 구성은 동일하지만 서로 거울상인 두 개 형태(왼손, 오른손)가 존재한다. 그중 왼손 혹은 l-형이 오른손보다 거의 두 배가량 독성이 강하다. 독미나리에 함유된 코닌은 주로 이 같은 l-형이다. 1886년 생산된 합성 코닌은 두 가지 형태를 동등하게 혼합해 만든 것이다.

1950년대 탈리도마이드 참극[3]이 일어나자 비대칭 화합물의 순수 형태가 생물학적으로 어떤 작용을 일으키는지를 완벽하게 이해하지 못하고 있었음이 드러났다. 탈리도마이드 역시 비대칭 화합물로, 왼손 형과 오른손 형이 혼합된 제제로 입덧을 치료하는 데 처방되었다. 입덧을 없애는 데에는 매우 효과적이었다. 다만 그중 왼손 형이 기형을 유발하는 물질teratogen이었다. 약을 먹은 산모들에게서 심각한 기형을 지닌 아기들이 태어났고 1961년, 탈리도마이드는 약국에서 완전히 사라졌다.

코닌이 야기하는 마비 효과는 의약품으로 사용될 가능성을 보였고, 한때 천식 치료제로 처방되기도 했다. 1912년 출간된 『조제의 기술The Art of Dispensing』에는 천식 치료제로 코닌 염Coniine salts이 '드물게 처방'된다고 설명돼 있다. 애거서 크리스티는 1917년 약사 시험을 준비하며 이 책을 읽었다. 코닌은 또한 『영국 약전』 중 진정제와 진경제鎭痙劑, antispasmodics 목록에 올라 있으며, 스트리크닌 중독의 해독제로 추천되었다. 순수 코닌은 기름으로, 물에 꽤 잘 녹는 편이지만 처방전에 따라 약의 무게를 재고 혼합하는 데에는 고체 형태가 선호되었다. 특히나 기름은 휘발되기 쉬우며 증발하는 기체에서 쥐 오줌 같은 시큼한 냄새가 나서 꺼려졌다. 코닌 같은 기름을 염류로 변환해 두는 것은 사용할 때나 보관할 때 보다 편리하기 때문이었다. 코닌은 주로 브롬화수소산염hydrobromide salt으로 처방되었는데, 한 번 복용량은 100분의 1 또는 60분의 1그레인(대략 1밀리그램)이었다. 1912년에 이르러서는 약품으로서의 사용이 거의 줄어들었고, 1934년이 되자 약전에서 완전히 사라졌다. 치료제로서 복용하는 양이 독성 효과를 발휘하는 양에 너무나 근접한 것으로 밝혀졌기 때문이었다.

코닌이 근육을 이완하는 방식은 의학 연구에서 여전히 관심 대상이다. 비대칭 형태 둘 다의 생리학적 상호 작용을 이해하는 것이 매우 중요하다. 현재로서는 변형되지 않은 코닌은 의약품으로 사용하기에 적합하지 않다. 중추 신경계 수용체에 선택적으로 결합하지 않기 때문에 부작용을 일으킬 수 있다. 코닌을 변형하는 데에는 기형 유발 효과를 제거하는 것 또한 포함된다. 변형된 약제는 외과적 수술을 하는 데 적용할 수 있을 것이다.

독미나리 해독제

독미나리 중독을 치료하는 법은 1920년대나 지금이나 같다. 『다섯 마리 아기 돼지』에서 에이미어스 크레일이 중독사한 것은 해독제가 없기 때문이다. 활성 상태의 숯을 처치하는 동시에 위를 압박하면 위에서 혈액으로 독약이 흡수되는 것을 막을 수 있다. 우리 몸이 대사 과정을 통해 독약을 제거하는 동안 환자가 버틸 수 있도록 인공호흡을 해 주는 것도 중요하다. 독약이 없어지는 데에는 2~3일이 걸리지만 처치만 잘하면 환자가 완전히 회복할 수 있다.

애거서 크리스티와 독미나리

『다섯 마리 아기 돼지』에서는 코닌과 그 중독성에 대해 매우 자세히 설명하고 있다. 크리스티는 식물을 다루길 좋아하는 아마추어 화학자 메러디스 블레이크라는 인물을 등장시켜 다섯 명의 용의자에게 에이미어스 크레일을 독살할 수 있는 기회와 모든 정보를 알려주었다. 에이미어스가 살해당할 당시 다섯 용의자와 아내 캐롤라인 모두 집에 있었다. 에이미어스의 친구 필립 블레이크, 인근에 살던 필립의 형세 메러니스 블레이크, 에미미어스가 초상화를 그려 주고 있던 버릇없는 사교계 미인 엘사 그리어, 캐롤라인의 여동생 안젤라 워런, 그리고 안젤라의 가정교사 세실리아 윌리엄스. 그중 엘사 그리어와는 열애 중이었다.

에이미어스를 비롯한 크레일 가족은 에이미어스가 죽던 날 아침 메러디스를 방문했다. 메러디스는 자신의 실험실을 구경시켜 주었고, 직접 식물을 가지고 만든 다양한 조제약들을 언급했다. 특히 시간을 내어 점박이독미나리에서 채취해 코닌을 만드는 과정을 상세히 설명했다. 코닌의 특징을 이야기하면서는 약전에서 사라져 버려 아쉽다고 말하기도 했다. 크리스티는 실제 제약 관행에서의 변화를 명확하게 인지하고 있었다. 메러디스는 코닌이 천식과 백일해whooping cough 치료에 효과가 있음을 알았다. 코닌은 통증을 없애고 근육을 이완함으로써 이들 증세를 완화하기는 했지만 근본적인 치료제는 되지 못했다. 또한 메러디스는 플라톤이 소크라테스의 죽음을 묘사한 「파이돈」의 구절을 알고 있었다.

크리스티는 에이미어스 크레일의 죽음을 상세히 묘사하려 시도

했다. 에이미어스는 이젤 앞에 쓰러진 채 발견되었다. 아무렇게나 팔을 벌리고 대자로 누워 있었다. 그리고 있던 그림을 마저 그리려 했던 것으로 보였다. 그가 그러고 있는 모습이 종종 목격되었기에 멀리서 지켜본 가족이나 친구들은 별 문제가 있으리라 생각하지 못했다. 심각한 사태라는 걸 알게 되었을 때에도 누구 하나 그가 죽었다고 확신하지 않았다. 의사는 이렇게 말했다. "그는 매우 자연스러워 보였습니다. 마치 잠이 든 것처럼 말이지요. 그러나 눈이 떠져 있었고 몸이 빳빳하게 굳어 있었습니다." 의사는 지체 없이 도착했지만 이미 늦은 후였다.

만일 메러디스가 그 자리에 없었다면, 에이미어스는 일사병으로 자연사했다고 여겨졌을지도 모른다. 그날 아침 메러디스는 자신이 제조한 코닌이 대부분 사라졌음을 알아차렸다. 바로 전날만 해도 약병에는 코닌이 꽉 차 있었다. 메러디스는 코닌의 위험성을 알지 못하는 누군가가 가져갔으리라 걱정하며 에이미어스의 집으로 향했고, 형 필립에게 그 일에 대해 얘기했다. 집으로 올라오는 길에 메러디스는 정원에서 엘사 그리어의 초상화를 그리려 이젤을 세우고 있는 에이미어스에게 손을 흔들어 인사를 건넸다. 이때 에이미어스가 이젤로 걸어가며 살짝 비틀거리는 모습을 목격했다. 메러디스는 에이미어스가 술에 취한 게 아닐까 생각했지만, 사실은 이미 독약이 효과를 발휘하기 시작하고 있었다.

코닌은 사체에 뚜렷한 흔적을 남기지 않지만, 메러디스의 실험실에서 독약이 사라졌다는 사실이 병리학자로 하여금 코닌의 흔적을 찾아보게 만들었다. 에이미어스의 시신에서 충분한 양의 독약이 검출되었다. 아마도 스타스 기법을 사용해 그가 코닌 중독으로 사망했음을 입증했을 것이다. 일단 몸에서 추출되면 코닌은 특유의 냄새뿐만 아니라 화학 색상 시험으로 쉽게 확인이 된다. 이 색상 시험은 조야해서 오늘날의 기준으로 보면 믿음직하지 않지만, 1920년대 병리학자나 배심원들에게는 의심할 여지가 없을 정도로 설득력이 있었다. 오늘날에는 크로마토그래피 기법으로 쉽게 확인할 수 있다. 만일 검시 과정에서 특별히 코닌의 존재 유무를 시험하지 않는다 하더라도 식물 알칼로이드를 찾는 표준 독성학 검사를 통해서도 코닌은 검출될 수 있다.

에이미어스를 검시한 의사는 발견되기 누세 시간 전 에이미어스가 독약을 복용했다고 믿었다. 그리고 사체 해부로 에이미어스의 생의 마지막 시간을 손쉽게 재구성할 수 있었다. 코닌의 중독 증세를 잘 알고 있던 크리스티는 에이미어스의 전신을 뒤덮은 마비 효과를 상세히 묘사했다. 다른 사람들이 점심을 먹으러 간 후 그는 쓰러져 자리에서 휴식을 취했을 것이다. 그러고는 근육 마비가 시작되었다. 크리스티는 소크라테스가 고통 없이 죽었다는 플라톤의 설명을 믿었다. 하지만 앞에서 이야기했듯 실제로는 전혀 그렇지 않다. 에이미어스는 엄청난 고통을 느꼈을 것이며, 점차 자신의 몸이 조절 불능 상태가 되어 감에 따라 더욱 괴로웠을 것이다. 의식은 마지막 순간까지도 깨어 있었을 것이다. 비록 사람들에게 도움을 요청하진 못했겠지만.

에이미어스 앞에 놓여 있던 빈 잔과 맥주병이 분석에 들어갔다. 처음에는 에이미어스가 자살을 감행했다고 여겨졌다. 아내와 다퉜다는 증언도 나왔다. 하지만 아내와의 다툼은 늘 있는 일이었고, 그 밖에 특별히 자살할 동기가 전혀 없어 보였다. 그날의 정황을 조사한 경찰은 아내 캐롤라인을 용의선상에 올렸다. 재스민 향이 나는 빈 병이 그녀의 침실 서랍에서 발견되었다. 분석 결과 병 속에서 코닌 하이드로브로마이드coniine hydrobromide가 나왔다. 메러디스는 실험실에서 코닌을 브롬화산염으로 조제한 다음 용액으로 보관해 두었다고 했다. 메러디스의 실험실을 방문했을 때 캐롤라인이 준비해 간 빈 병에다 남몰래 코닌을 따라서 가져온 것으로 추정되었다. 캐롤라인은 자신이 자살하러 독약을 슬쩍했다고 주장했지만, 누구도 그녀의 말을 믿지 않았다. 게다가 남편에게 맥주병을 가져다준 사람 또한 캐롤라인이었다. 만년필을 채우는 데 쓰는 피펫으로 맥주에다 코닌을 첨가한 것으로 생각되었다. 에이미어스가 발견된 곳에서 집으로 가는 길 도중에 부서진 피펫이 발견되었다. 피펫에는 한 번에 대략 1에서 2밀리리터의 액체가 담긴다. 메러디스가 조제해 둔 것이 코닌 하이드로브로마이드 농축액이었기에 살인을 저지르기 충분한 독약을 피펫에다 담을 수가 있었다.

캐롤라인은 체포되어 재판을 받았다. 그녀는 스스로를 변호하지 않았고 유죄 판결을 받았다. 그리고 처형되었다. 수년이 흘러 캐롤라인이 실제로 살인자였는지 밝혀내는 것은 푸아로의 몫이 되었다. 푸아로는 '다섯 마리의 아기 돼지'를 면담한 후 그날의 일을 머릿속에서 재구성한다. 물론 푸아로는 경찰이 간과했던 매우 중요한 단서들을 알아차렸다. 그리고 그의 작은 회색 뇌세포를 사용해 진실을 밝힌다.

에이미어스가 코닌 중독으로 죽은 데에는 의심의 여지가 없었다. 메러디스의 실험실에서 없어진 것과 동일한 코닌이 에이미어스의 몸속에서 발견되었기 때문이다. 하지만 누가 코닌을 가져갔는지, 훔쳐온 코닌을 에이미어스에게 먹였는지는 명확하지 않았다. 캐롤라인에게 불리하다는 것만은 확실했다. 모두가 그녀가 범인이라고 생각했다.

하지만 푸아로가 보기에, 캐롤라인이 살인자가 아님을 입증하는 사실이 한 가지 있었다. 에이미어스 앞에 놓여 있던 맥주병과 잔을 분석한 결과 오직 잔에서만 코닌이 발견되었던 것이다. 캐롤라인은 남편에게 맥주를 가져다주기는 했지만 잔은 손대지 않았다. 그리고 또 한 가지 캐롤라인에게 유리한 사실은, 그녀가 맥주를 가져다주기 전에 남편이 독약을 마셨음이 분명하다는 것이었다. 독약이 활약하는 데 걸린 시간과 에이미어스 스스로가 보고한 바를 종합한 결과였다. 맥주를 마시며 에이미어스는 "오늘은 먹는 것마다 맛이 왜 이렇게 고약해"라고 말했다. 이미 그 전에 코닌의 쓴맛을 맛보았던 것이다.

하지만 캐롤라인이 범인이 아니라면 누구란 말인가? 누군가 다른 사람이 또 실험실에서 독약을 훔쳤던 것일까? 아니면 캐롤라인이 가져가는 걸 지켜본 후 그녀가 서랍장에 숨겨둔 병에서 다시 훔쳐낸 것일까? 캐롤라인은 여동생 안젤라가 독약을 가져다가 에이미어스가 마실 맥주병에 넣었다고 믿었다. 에이미어스가 살해되던 날 안젤라는 에이미어스와 다퉜다. 그리고 캐롤라인이 남편에게 가져다주기 전에 맥주병을 만지작거리는 모습이 목격되었다. 남편의 사체가 발견되었을 때 캐롤라인은 맥주병에서 지문을 닦아내고 남편의 손에다 맥주병을 쥐여 주었다. 자살로 위장하여 안젤라에게로 쏟아질 의심을 돌리려는 목적에서였다. 캐롤라인은 잔에만 코닌이 들어 있음을 알지 못했다. 안젤라가 범인이라 믿었고, 그녀를 보호하려 했기에 살인죄로 법정에 섰을 때 변론조차 하지 않았다. 푸아로는 용의자 목록에서 캐롤라인과 안젤라 모두를 지웠다. 하지만 아직 네 마리의 아기돼지가 남아 있으니, '누가 진짜 범인인지'를 알고자 한다면, 책을 마저 읽어 보시라.

M is for Monkshood
바꽃

패딩턴발 4시 50분

… 이것을 배워라, 토머스, 그럼 넌 친구들의 피난처가 될 것이고
형제들을 묶어 줄 금테가 될 터인데, 그들의 피 모두를 합쳐 담은
이 통은 유혹이란 독극물이 들어와 뒤섞여도
(세상은 필연코 그런 걸 막 쏟아붓겠지만) 그게 비록 바꽃이나
성급한 화약만큼 강력하게 작용해도 절대 새지 않을 거다.
— 윌리엄 셰익스피어, 『헨리 4세』 2부

애거서 크리스티의 1957년 작품 『패딩턴발 4시 50분 4.50 from Paddington』
은 런던에서 쇼핑을 끝내고 돌아가는 맥길리커디 부인의 기차 여행
에서 이야기가 시작된다. 여행 도중 옆 철로에서 같은 방향으로 달리
는 기차와 맥길리커디 부인이 탄 기차가 아주 짧은 시간 동안 같은
속도로 나란히 달리는 상황이 벌어진다. 그리고 그때 맥길리커디 부

인은 창문을 통해 상대편 기차의 객실에서 한 여인이 목이 졸리는 장면을 보게 된다. 부인은 살인 현장을 목격했다고 믿었고, 역장과 경찰에게 이 사실을 알린다. 하지만 실종자 신고도 시체도 발견되지 않은 상황에서 누구도 나이 든 부인의 말을 믿으려 하지 않는다. 유일한 예외는 맥길리커디 부인의 친구 마플 양이었다. 마플 양은 맥길리커디 부인이 범죄를 목격했다고 믿고 사건을 더 깊이 파 보기로 결심한다.

우선은 시체를 찾아야 했다. 철로는 괴짜 구두쇠 실업가인 루서 크랙켄소프의 집, 러더퍼드 저택이 자리한 드넓은 사유지를 빙 둘러싸고 곡선을 이루고 있었다. 아래로 비탈진 높은 둑 위를 기차가 달리게 되어 있어 움직이는 기차에서 시체를 내다버리기에 딱 좋은 곳이었다. 마플 양은 지인인 루시 아일스배로우에게 러더퍼드 저택에 가정부로 들어가도록 부탁했고, 루시는 아무도 보지 않을 때 관목 숲을 샅샅이 뒤진다. 그리고 헛간에 있던 석관 안에서 문제의 사체가 발견되면서 크랙켄소프가를 향한 추리가 본격적으로 시작된다. 두 명의 등장인물이 더 살해되고 나서 마침내 마플 양은 사건을 해결한다.

크리스티는 크랙켄소프가 사람들을 처치하는 데 두 종류의 악명 높은 독약을 사용했다. 오랫동안 살인마들에게 사랑받아 온 독약, 비소와 아코니틴aconitine이다. 비소가 독약의 동의어로 여겨질 만큼 지금까지도 잘 알려져 있는 데 반해, 아코니틴은 거의 잊혀졌다. 1950년대에 이르며 아코니틴이 각광받던 시대는 막을 내렸지만 완전히 사라진 것은 아니었다. 아코니틴을 함유한 식물은 북반구 대부분의 지역에 자생하며, 몇몇 종은 정원에서 재배되기도 한다. 그중 몇몇은 '몽크스후드monkshood(수사의 모자)'[1]라는 성스러운 이름으로 불리기도 한다. 하지만 그들에게는 여전히 어둡고 사악한 면이 숨겨져 있다.

바꽃 이야기

아코니툼 바리에가툼*Aconitum variegatum*은 유럽에서 가장 독성이 강한 식물로, '독극물의 태후Queen Mother of Poisons'라는 별명으로 불린다. 아코니툼속은 북반구를 가로질러 등장하며, 종종 산악 지대에서도 자란다. 이 속에 속하는 모든 식물이 아코니틴, 알칼로이드, 그리고 그와 연관된 화합물들을 지니고 있다. 대략 250종이 아코니툼속에 포함되는데 (꽃의 형태를 따라) '수사의 모자' '늑대의 파멸wolf's bane' '표범의 파멸leopard's bane' '악마의 모자devil's helmet' 등으로 불린다. '파멸bane' 은 곧 독극물을 뜻하며, 늑대나 표범 같은 위협적인 육식 동물을 제거하기 위해 이들 식물의 독을 묻힌 화살촉을 사용한 데서 유래했다. 이름에서 유추할 수 있듯, 이들 식물은 명성이 자자했다. 고대 그리스에서는 지옥문을 지키는, 머리가 셋 달린 흉포한 개 케르베로스Cerberus가 흘리는 침에서 이 식물들이 탄생했다고 믿었다. 헤라클레스는 지하 세계에서 지상으로 지옥의 개를 데려오는 모험을 감행한다. 헤라클레스와 짐승이 몸싸움을 벌이는 과정에서 짐승의 세 입에서 침이 흘러 바위 위로 흩뿌려졌고, 그 자리에 독이 듬뿍 든 식물이 자라났다고 생각했다.

아코니툼 식물은 오랫동안 주술 치료제로 사용되었다. 특히 극심한 고통을 완화하는 진통제와 통풍 치료제로 쓰였으며, 뿌리는 또한 마녀들의 '하늘을 나는 연고'에 재료로서 첨가되었다. 뿌리 속에 들어 있는 알칼로이드가 '국소 마취' 효과를 발휘해 감각을 상실하게 만드는데, 이로 인해 마치 몸이 공중에 붕 뜬 것 같은 기분을 느끼게 해주었다.

아코니툼속 식물들과 추출물들은 19세기 초까지 의약계에서 꾸준히 사용되었다. 심박 수를 줄이고 열을 내리며 혈압은 높이고 땀 분비를 촉진하기 위해 물약 형태로 처방되었다. 신경통, 류머티즘, 좌골신경통, 편두통, 치통을 완화하기 위해 피부에 바르는 형태로 투약되기도 했다. 알칼로이드가 유발하는 마비 효과가 지엽적인 통증을 완화해 주었는데, 문제는 치료 효과를 가져다주는 복용량과 심각한 독성 효과를 불러올 수도 있는 복용량 사이의 간극이 너무도 좁다는 것이었다. 1880년, 메이어 박사Dr Meyer에게 이 간극은 특히나 좁았다. 메이어 박사는 어린 소년에게 아코티닌 물약을 처방했다. 약을 복용한 후 소년은 오한과 함께 경기를 일으켰고, 아이 엄마는 의사를 찾아가 소년에게 처방된 약을 문제 삼았다. 의사는 감히 자신의 처방에 의문을 제기하는 여성에게 불같이 화를 내며, 처방약이 안전하다는 걸 증명하기 위해 스스로 물약을 마셨다. 다섯 시간이 지난 후 메이어 박사는 아코티닌 중독으로 사망했다.

이들 화합물이 보이는 고高독성으로 인해 오늘날 현대 의약에서는 식물이건 식물에 함유된 개별 알칼로이드건 의약제로 더 이상 사용하지 않는다. 단, 중국 전통 의약에서는 아코니틴이 지닌 항염증성 때문에 여전히 진통제로 아코니틴을 처방하고 있다. 독성을 제거하기 위해 사용 전 뿌리를 액체에 담그고 끓이는 과정을 반드시 거친다. 가끔 중독이 나타나기는 하지만, 이는 권장량보다 많은 양을 복용했거나 뿌리에서 독을 빼내는 과정이 제대로 이루어지지 않았을 때에만 발생한다. 아코니틴 중독의 가장 최근 사례는 대부분 중국과 일본에서 일어났다. 잘못 투약했거나 자살을 감행한 경우들이었다. 독살은 극히 드물지만 보고가 아예 없었던 것은 아니다. 1857년, 세포이 항쟁[2] 시기에 영국군 연대 주방장이 장교 파견대에 배급할 수프에다 아코니툼 뿌리를 첨가했다. 주방장이 수프를 입에 대길 거부하자 장교 중 한 명인 존 니콜슨John Nicholson이 원숭이에게 억지로 수프를 먹였고 원숭이는 그 즉시 사망했다. 주방장은 재판 없이 교수형 당했다.

아코니툼 뿌리에서 추출할 수 있는 알칼로이드에는 아코니틴뿐만 아니라, 메사코니틴mesaconitine, 히파코니틴hypaconitine, 제사코니틴jesaconitine이 있다. 농도와 비율은 종에 따라, 지역과 계절에 따라 매우 다양하다. 독성 화합물 대부분이 뿌리에서 발견되지만 식물의 어떤 부위든 섭취하면 위험해질 수 있다. 호스래디시horseradish[3]로 오해하는 탓에 아코니툼 식물을 먹는 일은 생각보다 자주 발생한다. 2004년에 일어난 비극적 사건도 마찬가지다. 캐나다의 젊은 배우 앙드레 노블Andre Noble은 고모와 함께 산에 올라갔다가 호스래디시인 줄 알고 아코니툼 뿌리를 먹었다. 그는 오두막에 도착해 앓기 시작했고, 병원으로 가는 도중에 죽었다.

아코니틴 살인법

앞서 보았듯이, 아코니틴은 아코니툼속 식물에 들어 있는 알칼로이드 중 하나이다. 한때 의약제로 사용되었고 『패딩턴발 4시 50분』에서는 독약으로 쓰였다. 물에는 거의 녹지 않지만 지방과 기름에서는 쉽게 용해되기 때문에 피부를 통해 흡수되는 정도도 빠르다. 그 덕분에 연고 등 피부에 바르는 제재로 사용되기도 했다. 이는 곧 정원에서

이 식물을 가꿀 때 장갑을 끼지 않은 채 만졌다가는 중독 현상을 경험할 수도 있음을 뜻한다.

혈액으로 들어오면 아코니틴은 온몸으로 퍼져 나가는데, 특히 신경이나 심장 세포의 세포막에서 발견되는 나트륨 이온 채널sodium ion channels에 우선적으로 결합한다. 나트륨 채널은 세포막에서 나트륨 이온(Na$^+$)은 세포 안으로, 칼륨 이온(K$^+$)은 세포 밖으로 이동시키는 역할을 한다. 이렇게 나트륨 이온과 칼륨 이온이 자리바꿈하는 과정을 탈분극depolarisation이라 부른다. 빠른 속도로 일어나는 탈분극이 전기 신호를 만들어내는데, 신경 세포를 따라 늘어선 나트륨 채널들이 파도타기를 하듯 순차적으로 열리면서 전기 신호가 전달이 된다. 심장 세포에서는 나트륨 이온의 이동으로 세포 수축이 일어나고 세포들의 수축이 정교하게 조율되며 심장 박동을 만들어낸다. 전기 신호건 세포 수축이건 같은 과정이 반복되기 위해서는 원래 상태로 돌아가는 것이 중요하다. 분자 펌프가 나트륨 이온과 칼륨 이온을 원래 자리로 되돌려 놓는다.

아코니틴은 나트륨 이온 채널에 결합해 채널을 활성화시키는 역할을 하는 작용제이다. 나트륨 채널이 열리면 나트륨 이온이 세포 안으로 쏟아져 들어와 신경 자극을 촉발하거나 심장 세포를 수축시킨다. 문제는 아코니틴이 계속해서 채널을 열려 있게 만들기 때문에 세포가 항상 탈분극 상태에 놓인다는 점이다. 세포 내 나트륨 이온양이 증가함으로써 세포는 원래의 준비 상태로 돌아갈 수가 없게 된다. 마치 수도꼭지에서 물이 계속 흘러나오는데 욕조를 빈 욕조로 만들려는 것과도 같다.

아코니틴이 신경과 심장 세포에 미치는 영향은 거의 즉각적이다.

드물게 증상이 한 시간 이상 지연되기도 한다. 아코니틴은 심장 박동을 빠르고 불규칙하게 만들 뿐 아니라 감각 반응 및 운동 반응과도 상호 작용하며 다양한 효과를 불러온다. 그중 일부는 아코니틴만이 할 수 있는 것이다. 마치 뜨겁게 달군 부지깽이를 혀에다 대는 듯한 화끈거리는 감각이 자주 보고된다. 입과 목구멍이 얼얼하고 마비되는 느낌, 목구멍이 부어오르는 느낌, 그리고 현기증과 근력 상실도 경험한다. 동공은 확장되며 피부는 차가워지고 맥박은 약해진다. 힘겨운 숨을 몰아쉬며 '죽음이 목전에 왔다는 두려움'이 엄습해 온다.[4] 무감각과 마비의 뒤를 이어 갑자기 숨이 턱 막히며 죽음에 이른다. 사망 원인은 심장과 호흡 마비로, 대개 2시간에서 6시간 안에 사망하지만 다량으로 복용한 경우 거의 즉시 사망한다. 최저 치사량이 1~2밀리그램인 아코니틴은 매우 위험한 독약이다.

적은 양이라면 몸 밖으로 배출될 수 있는데, 배출에 걸리는 시간은 개인마다 다르다. 아코니틴의 체내 반감기는 일반적으로 4시간에서 24시간 사이다. 배출은 주로 신장을 통해 이뤄지며, 대변으로도 가능하다. 배출되는 속도는 신장이 얼마나 효과적으로 혈액에서 화합물을 걸러 내 방광으로 내보내느냐에 달려 있다. 여과와 배출 과정 자체는 심장의 효율에 영향을 받는다. 아코니틴이 정상적인 기능을 손상시킨다면 배출 속도가 느려질 것이다. 아코니틴은 우리 몸에서 배설물이 제거되는 속도를 느리게 함으로써 신장의 건강 상태에도 영향을 끼친다.

아코니틴 해독제

아코니틴 중독을 치료할 수 있는 특정한 치료제는 없다. 심지어 오늘날에도 상황은 다르지 않다. 최선은 더 이상 독약이 체내에서 흡수되지 못하게끔 하는 것이다. 독약을 빨아들이도록 활성 숯을 쓰고 위장에서 아직 흡수되지 않은 독소를 밖으로 빼내도록 압력을 가한다. 숨쉬는 걸 도울 인공호흡이나 심장 박동을 정상화시킬 약물 치료 등의 지지 요법Supportive care을 시도해 볼 수도 있다. 환자가 24시간 동안 생존한다면 완전히 회복할 것이라 기대할 수 있다.

실험적으로 몇몇 해독제가 시도된 적은 있다. 하지만 치료제로서 인정되거나 추천되는 것은 아직 없다. 그중 한 가지는 환자에게 치과 치료에서 흔히 쓰이는 국소 마취제인 리도카인lidocaine을 주는 것이다. 리도카인은 신경에 있는 나트륨 이온 채널을 막음으로써 아코니틴에 대항하는 역할을 한다. 1992년 아코니틴 중독으로 병원에 실려 온 일본인 남성에게 이 치료법이 쓰였다. 이 남성은 정상보다 빠른 심실 수축과 빈맥으로 고통받고 있었다. 심장에서 문제가 발생했다는 것은 재빨리 치료하지 않으면 생명이 위독할 수 있음을 의미했다. 리도카인을 투약한 후 환자의 심박은 정상으로 돌아왔다. 리도카인은 1943년 스웨덴의 화학자 닐스 뢰프그렌Nils Löfgren(1913~1967)이 처음으로 합성했다. 그리고 그의 동료 벤트 룬드비스트Bengt Lundqvist (1922~1953)가 스스로에게 이 약물을 주사해 최초의 마취 실험을 실시하였다.

1992년에는 리도카인보다 더 독특한 치료법이 발견되었다. 「실험 의학 저널Journal of Experimental Medicine」에 실린 한 논문은 일본의 한 호텔 로비에서 구토를 하며 쓰러진 서른세 살 여성의 사례를 다루었다. 구급차를 타고 병원으로 가는 도중 여성은 의식을 잃었고 병원 도착 직후 사망했다. 사인은 흔히 심장마비라 여겨지는 심실 세동心室 細動, ventricular fibrillation이었다. 검시 결과, 그녀의 혈액에서 아코니틴과 메사코니틴, 히파코니틴이 검출되었다. 결국 여성의 사인은 (순수한 아코니틴 화합물 복용이라기보다는 아코니툼 식물 섭취로 인한) 중독사로 확정되었다. 이후 혈액에서 테트로도톡신tetrodotoxin 또한 발견되었다. 테트로도톡신은 복어의 피부, 난소, 간에서 나오는 독성 물질이다. 생선살이 테트로도톡신으로 오염되지 않도록 매우 신중하게 준비하는 복어 회는 일본에서 별미 중의 별미로 여겨진다. 테트로도톡신은 신경 세포에 있는 나트륨 이온 채널을 비활성화하고 횡경막을 마비시켜 죽음에 이르게 한다. 채널에서 아코니틴이 결합하는 곳과 다른 부위에 결합하기 때문에 특정한 비율로 두 물질이 함께 투약되면 작용이 지연되는 효과가 나타난다. 일본인 여성의 경우, 복어 독이 체내에 공존하는 바람에 중독 증상과 사망이 지연되었다.

복어 독은 오래전부터 알려져 있었고, 1774년 쿡 선장이 최초로 그 사례를 기록했다. 쿡 선장의 배에 탄 선원 일부가 복어를 먹었고, 나머지는 돼지에게 주었다. 선원들은 숨이 가빠지는 증상을 겪었고 돼지들은 죽었다. 복어 독의 활성 성분은 1909년 요시즈미 타하라 Yoshizumi Tahara에 의해 처음 분리되었는데, 일본에서는 1930년대까지 말기 암 환자의 통증을 완화하거나 편두통을 치료하는 데 이 독성 성분을 활용하였다.

실제 사례

아코니틴이나 아코니툼 식물을 이용한 살인은 매우 드물지만 비교적 최근 사례가 있다. 2009년, 라크히비르 카우르 싱Lakhvir Kaur Singh은 독약을 탄 카레로 자신의 전 남자 친구 라크히빈데르 '럭키' 치마Lakhvinder 'Lucky' Cheema와 그의 약혼녀 구르지 추Gurjeet Choongh를 죽이려 했다. 두 사람의 약혼 발표를 감당하기 힘들었던 싱은 둘을 죽일 목적으로 독약을 구입했다. 인도에서 자라는 바꽃이자 세계에서 가장 녹성이 강한 식물로 알려진 아코니툼 페록스Aconitum ferox에서 추출한 원액으로 추정되었다. 카레를 먹은 두 사람은 몸이 마비되는 듯한 감각과 시야 흐림, 어지러움, 위장 통증을 호소했다. 구급차로 병원에 호송되었지만 럭키는 살아남지 못했다. 구르지는 이틀간 혼수상태에 있다가 독약의 정체가 판명되고 적절한 치료를 받은 끝에 회복되었다. 살인자 싱은 최소 23년형을 받았다.

아코니틴 중독으로 가장 잘 알려진 사례는 1881년에 일어난 사건으로, 아마 크리스티도 이 사건을 알고 있었을 것이다. 이 사건과 나중에 애거서 크리스티에 의해 소설화된 사건 사이에 몇 가지 유사점이 있다. 조지 헨리 램슨Teorge Henry Lamson 박사는 루마니아와 세르비아에서 군 외과의로 자원 근무했다. 영국으로 돌아와서는 번머스Bournemouth에 병원을 세웠다. 문제는 그가 상습적으로 모르핀을 맞았다는 것이다. 전쟁 중에 겪었던 일들 때문인 듯했다. 처음에는 병원이 번성했지만 모르핀 중독이 그의 일상생활에도 영향을 미쳐 결국은 빚더미에 올라앉게 되었다.

다행히 1879년에 유산을 상속받으며 재정난은 해소되었다. 네 형제 중 한 명이었던, 램슨의 아내 케이트가 부모로부터 재산의 4분의 1을 상속받은 것이다. 케이트의 형제 허버트 존Herbert John이 죽자 유산은 나머지 세 명에게 재분배되었다.[5] 하지만 재정난 해소는 잠시였을 뿐 다시 빚은 늘어나기 시작했다.

램슨은 상황을 타계할 방법은 다른 사람의 유산을 가로채는 것밖에 없다고 생각했고, 케이트의 열여덟 살 난 동생 퍼시 존Percy John에게로 눈을 돌렸다. 퍼시는 척추 측만으로 허리 아래가 마비된 장애인이었다. 하지만 양팔은 자유자재로 쓸 수 있었고 건강도 양호했다. 1881년 여름, 램슨은 살인을 시도했다. 아일 오브 와이트Isle of Wight에서 휴가를 보내는 동안 램슨은 퍼시에게 알약을 주었고, 퍼시는 의심 없이 알약을 삼켰다. 곧 퍼시는 심하게 앓기 시작했다. 하지만 다행히도 완전히 회복되었고 가을 학기에 윔블던에 있는 기숙학교로 돌아갔다. 램슨의 재정난은 더더욱 심각해졌다. 돈을 벌기 위해 미국으로 건너갔지만 상황이 전혀 나아지지 않은 채 돌아와야 했다. 미국에 있는 동안 램슨은 중요한 물건을 손에 넣었다. 가루약을 넣을 수 있는 젤라틴 캡슐이었다.

1881년 11월 24일, 램슨은 중요한 물건을 구하러 다시 여행길에 올랐다. 그는 런던에 있는 약국에서 아코니틴 2그레인(약 130밀리그램)을 샀다. 약사는 램슨을 알지 못했지만 램슨이 의사였기에 꼬치꼬치 캐묻지 않고 순순히 독약을 내주었다. 그저 램슨의 이름과 의사 자격을 확인했을 뿐이다. 램슨은 2실링 9페니[6]를 지불했다. 12월 3일, 램슨은 윔블던에 있는 퍼시의 학교를 방문했다. 교장이 함께 있는 자리에서 퍼시와 대화를 나눴다. 셰리sherry[7]가 나왔고 램슨은 설탕을 첨가했다. 설탕이 알코올의 효과를 중화한다면서. 어느 순간엔가 램슨은 이미 잘라져 있는 던디 케이크Dundee cake[8] 세 조각을 퍼시와 교장 앞에 내놓았다. 두 사람이 먼저 고르고 남은 마지막 조각을 가져갔다. 대화는 램슨이 최근 다녀온 미국 여행을 중심으로 흘러갔다. 램슨은 미국에서 사온 캡슐을 교장에게 건네며 맛이 써서 학생들이 잘 먹으려 들지 않는 약을 캡슐에 넣어서 주면 좋다고 이야기했다. 그러고는 자신의 말을 입증하겠다며 캡슐 안에다 아까 셰리에 첨가한 그 설탕을 채운 다음, 캡슐을 삼키기가 얼마나 쉬운지 교장 앞에서 보여 주라고 퍼시를 꼬드겼다. 약 먹는 데에는 선수라고 칭찬을 거듭하면서 말이다. 퍼시는 하라는 대로 캡슐을 꿀꺽 삼켰다. 램슨은 직후 프랑스로 가는 배를 타려면 다음 기차를 놓치면 안 된다는 변명을 늘어놓으며 그 자리를 떠났다. 실제로 다음 기차는 30분 후에나 떠날 예정이었고 기차역까지는 고작 몇 분이면 걸어갈 수 있었지만 그는 지체하지 않았다.

램슨이 떠나고 10분이 채 안 돼 퍼시는 아프기 시작했다. 음식을 게워내고 위통을 호소했다. 친구들의 부축을 받아 위층에 있는 자기 방으로 옮겨졌다. 퍼시는 휴가 때 램슨이 준 알약을 먹은 후 찾아온 통증과 유사하다고 말했다. 상태는 계속해서 나빠졌고 온몸이 경련을 일으켜 강제로 침대에 묶어 두어야만 했다. 의사 둘이 퍼시를 진찰했다. 퍼시가 엄청난 고통에 시달리고 있다는 데에는 의심의 여지가 없었지만, 의사 둘 중 누구도 퍼시의 증세를 정확히 파악하지 못했다. 입과 목은 불에 댄 것마냥 뜨겁고 피부는 마치 뜯겨 나갈 것처럼 아프다고 퍼시는 호소했다. 의사들은 어찌할 바를 몰랐고 그저 고통을 완화해 줄 요량으로 모르핀을 두 번 투약했다. 나중에 법정에서 의사들은 치사량의 아코니틴이 인체에 미치는 작용에 대해서 전혀 알지 못했다고 순순히 인정했다. 고통스러운 네 시간이 지나고 퍼시는 그날 밤 사망했다.

의사들은 퍼시가 식물 알칼로이드에 중독되었다고 생각했다. 램슨이 즉시 용의자로 떠올랐고 경찰은 조사에 착수했다. 램슨은 프랑스에 잘 도착했지만 수사에 협조하겠다며 영국으로 되돌아와 제 발로 경찰서에 걸어 들어갔다. 램슨은 살인 혐의로 체포되었다.

퍼시의 사체를 놓고 검시가 진행되었지만 사인을 알려 주는 명백한 징후는 포착되지 않았다. 알칼로이드 전문가인 토머스 스티븐슨 Thomas Stevenson(1838~1908) 박사가 불려왔다. 스티븐슨 박사는 퍼시의 장기에서 내용물을 추출해내었다. 아코니틴을 화학적으로 확인할 수 있는 방법이 없었기에(지금도 없다) 박사는 알칼로이드의 맛에 관한 방대한 지식에 의존할 수밖에 없었다. 박사의 연구실에는 50~80개의 서로 다른 알칼로이드가 구비돼 있었고 스티븐슨 박사는 그 모두를 맛으로 구별해낼 수 있었다. 박사가 맛으로 특정 알칼로이드를 알아맞히고 나면 동료들이 화학적 검사를 통해 정체를 확정 짓곤 했다. 스티븐슨 박사는 아코니틴만이 내는 독특한 맛과 타는 듯한 느낌이 있으며, 60분의 1그레인, 대략 1밀리그램에 해당하는 아주 작은 양으로도 인체에 치명적일 수 있다고 주장했다.

램슨은 아코니틴을 검사할 수 있는 화학적 방법이 없다는 사실을 알고 있었다. 그리고 바로 그 이유로 이 독약을 선택했다. 램슨은 에든버러 대학교에서 의학을 공부하던 시절, 법의학자이자 저명한 독성학자인 로버트 크리스티슨 교수에게서 아코니틴에 대해 배웠다. 크리스티슨 교수는 스코틀랜드에서 일어난 몇몇 중독 사건에서 증거를 제시한 인물이었다. 램슨과 변호인단은 아코니틴 중독에 관해 알려진 바가 거의 없다는 사실을 이용해 과학적 증거에 의혹을 던지는 데 집중했다. 램슨에게 아코니틴을 판매한 약사 또한 증언대에 섰다. 거래 기록이 전혀 남아 있지 않았음에도 불구하고(구매자인 램슨이 의사였기에 법적으로 기록을 남길 필요가 없었다) 아코니틴을 사 가는 것 자체가 워낙 정상적이지 않은 일이어서 약사의 뇌리에 깊이 박혀 있었다. 약사는 신문에서 사건에 관한 기사를 읽은 후 경찰에게 직접 연락을 취했다. 또 다른 확실한 증거는 램슨의 수첩에서 나왔다. 수첩에는 아코니틴 중독 시 나타나는 증상이 기록돼 있었다.

램슨이 퍼시에게 어떻게 독약을 투약했는지는 확실하게 밝혀지지 않았다. 케이크나 캡슐 둘 중 어딘가에 아코니틴을 집어넣었을 거라는 추정만을 할 수 있을 뿐이다. 알약 캡슐 안에다 치사량에 달하는 아코니틴을, 나머지는 설탕으로 가득 채워 함께 넣었을 가능성이 있다. 또 다른 가설은 애거서 크리스티가 소설에서 썼을 법한 방법으로, 던디 케이크 안에 들어 있는 건포도에다 아코니틴을 주입했으리라는 것이다. 범죄 행위가 정확히 어떻게 이뤄졌는지 밝혀지지 않았음에도 배심원단은 30분 만에 램슨에게 유죄 판결을 내렸다. 수감됨으로써 램슨의 모르핀 복용은 어쩔 수 없이 중단되었다. 정신이 맑아지면서 램슨은 자신이 얼마나 잔혹한 범죄를 저질렀는지 깨달았는지도 모른다. 처형되기 나흘 전 램슨은 퍼시를 죽였다고 자백했다.

애거서 크리스티와 아코니틴

『패딩턴발 4시 50분』에서 애거서 크리스티는 해럴드 크랙켄소프의 삶을 끝장내는 데 아코니틴을 사용했다. 해럴드와 함께, 크랙켄소프가 형제들은 연로하신 아버지가 돌아가시고 나면 엄청난 유산을 상속받을 예정이었다. 살인 방법은 간단했다. 수치의인 쿰퍼 박사의 이름으로 정제 약이 배달되었다. 에마(해럴드의 누나)가 처방받던 진정제 약통 속에 진정제 대신 아코니틴을 넣은 다음 러더퍼드 저택에서 해럴드가 있는 런던 자택으로 배송되었다. 약제사가 실수를 저질렀을 수도 있지만, 그는 전혀 알지 못하는 일이라고 주장했다. 누군가 일반 약을 구해다가 아코니틴으로 바꿔치기했음이 분명했다.

1957년에도 성인 남성을 죽일 만큼의 순수 아코니틴을 구하기는 어려웠다. 하지만 아코니툼 식물에서 직접 독약을 추출하는 방법이 있었다. 해럴드에게 보낼 정제 약에서 극히 적은 부분만을 차지하기 위해서는, 그리고 겉으로 봐서 약이 바뀌었다는 사실을 눈치채지 못하게 하기 위해서는, 비교적 순수한 형태의 독약이 필요했다. 책에서는 언급하지 않았지만, 러더퍼드 저택이나 인근 들판에서 바꽃을 발견하기란 어렵지 않았을 것이다. 바꽃은 다년생 초본으로, 겨울이면 졌다가 이듬해 봄이면 다시 뿌리에서 자라난다. 사건이 겨울에 일어났으므로 살인범은 바꽃 뿌리가 있는 위치를 잘 알았거나, 미리 계획을 세운 다음 여름 동안 바꽃 뿌리를 모아 두었음이 분명하다. 약간의 기술적인 지식과 일반적인 부엌세간을 조금 넘어서는 도구만 있으면 손쉽게 날것으로 독약을 추출할 수 있다. 그러나 식물에 존재하는 다른 알칼로이드로부터 아코니틴만을 분리해내는 데에는 좀 더 전문화된 화학 기구가 필요하다. 이런 점을 고려하면, 약제사에게서 정제된 아코니틴을 사는 게 훨씬 쉬웠을 것이다.

처방약을 조제하는 지역 약국에서는 화합물을 보유하고 있었을 것이다. 하지만 1957년이면 아코니틴이 극히 드물게 처방되었으며, 책에서 설명하듯, "대개 극약이라고 적힌 약통에 넣어 두고 100분의 1로 희석해 사용했다." 약국에서 아코니틴을 사려는 사람이라면 누구나 의사에게서 받은 처방전이 필요했다. 혹은 합법적인 용도로 사용한다는 사실을 충분히 입증하면 구매자 등록 후 구입할 수도 있었다.

오스카 와일드가 쓴 단편 「아서 경의 범죄Lord Arthur Savile's Crime」를 보면 아코니틴을 구하는 어려움이 잘 나타나 있다. 와일드는 램슨 사건이 일어나기 몇 해 전인 1880년대에 이 단편을 썼는데, 심지어 그때에도 아코니틴 구입에는 제약이 많았다. 근심 없는 젊은이 아서 새빌은 어느 날 손금을 봤다가 살인을 저지를 운명이라는 이야기를 듣는다. 약혼자 시빌 머튼과의 결혼을 앞두고 있던 새빌은 언제 누구를 죽일지도 모른다는 무거운 짐을 훌훌 털어 버리고 새 삶을 시작하고자 결혼 전에 살인을 저지르기로 결심한다. 숙고 끝에 범죄 대상으로 나이 많은 친척 아주머니를, 살인 수단으로는 독약을 선택한다. 아서는 약전과 『어스킨의 독성학Frskins's Toxicology』이란 책을 읽으며 '상당히 명확한 언어로 씌어진, 아코니틴의 특성을 설명하는 매우 흥미롭고 완벽한 내용'을 발견한다. '효과는 신속하며, 게다가 거의 즉각적이고 고통이 없다.' 『어스킨의 독성학』은 허구의 책이지만, 와일드는 독약을 다룬 책을 제대로 읽었음에 틀림없다. 아서는 런던에 있는 약국에서 알약을 구입하려 시도한다. 처음에는 진단서가 없다는 이유로 거절당한다. 하지만 광견병 증세를 보이는 덩치 큰 개를 쓰러뜨리기 위해 아코니틴이 필요하다는 그럴듯한 설명에 약제사는 순순히 처방전을 내준다. 다행히도 친척 아주머니는 아코니틴을 복용하기 전에 사망하고 아서 경은 다른 희생자를 찾아 나선다.

『패딩턴발 4시 50분』의 독살자는 약사로 하여금 아코니틴 처방이 합법적이라고 믿게 만들었음에 틀림없다. 순수 아코니틴 화합물을 손에 넣은 후에는 해럴드에게 건네줄 약에다 소량을 첨가했다. 해럴드가 복용한 약이 젤라틴 캡슐 형태였다면 독약을 첨가하기란 매우 쉬웠을 것이다. 반으로 갈라 가루로 된 약을 속에다 집어넣은 다음 다시 붙이는 캡슐은 1840년대 이후로 쓰이기 시작했다. 물과 함께 알약을 바로 삼켰다는 것은 애초에 해럴드가 평소와 다른 쓴맛이나 목이 타는 듯한 감각을 전혀 느끼지 못했음을 뜻한다.

처방전에는 취침 전 두 알씩 복용하라고 적혀 있었다. 해럴드는 밤마다 약을 복용했지만 큄퍼 박사가 더 이상 먹을 필요가 없다고 하여 얼마 전부터 끊은 상태였다. 의사의 말을 자기가 잘못 이해했었나보다 생각하며 해럴드는 잠자기 전 물과 함께 알약 두 개를 꿀꺽 삼킨다. 그의 죽음은 이튿날 아침 가족들에게 전해졌다.

책에서는 독약을 먹은 후 희생자가 보인 증상에 대해 전혀 언급하지 않았다. 어쩌면 해럴드가 아무런 증상 없이 사망했을 수도 있다. 알약을 먹은 후 곧바로 잠에 빠져들었다면, 그리고 엄청난 양의 독약을 복용했다면 충분히 가능한 일이다. 재빨리 죽음에 이름으로써 증세가 나타날 시간적 여유가 없었던 것이다. 어쩌면 해럴드가 경험했을 생생한 고통으로부터 독자들을 보호하려는 의도에서 증상을 기술하지 않았는지도 모른다.

해럴드가 사망한 다음 날 아침, 곧바로 사인이 아코니틴 중독임이 밝혀진다. 어떻게 알아냈는지는 책에서 언급되지 않는다. 사체에는 명백한 징후가 없었을 것이다. 심지어 사후 검시에서도 장기 내에서 아코니틴을 특정할 수 있는 상처 따위를 찾아내지는 못했을 것이다. 조직에서 아코니틴이건 다른 어떤 물질이건 검출하는 데에는 시간이 걸린다. 해럴드가 복용한 알약에서 아코니틴을 추출하기가 훨씬 더 쉬웠을 것이다. 심지어 알약 속에 다른 화합물이 섞여 있었다 할지라도. 하지만 물질을 분리해냈다 하더라도 정체를 확인하는 문제가 남아 있다. 아코니틴을 확인할 수 있는 화학 색상 검사법은 예전에도 지금도 없다. 무모한 병리학자가 재빨리 맛을 보고 특유의 타는 듯한 감각을 경험한 후에 아코니틴을 확인할 수는 있었을 것이다. 다행히 1957년이면 보다 믿음직하면서 덜 불쾌한 방법이 등장한다. 비록 결과를 비교할 기준이 필요하긴 했지만, 이 시기면 크로마토그래피 기법을 사용해 독약을 확인할 수 있었다. 의약품으로건 살인 도구로건 아코니틴이 매우 드물게 쓰인 만큼, 결과를 놓고 아코니틴과 비교할 수 있는 기준이 미리 준비돼 있었을 것 같지는 않다. 시간이 걸릴 뿐 기준을 마련할 수 없는 것은 아니었다. 동물에게 시험해 보는 것도 가능한 선택지였지만 이 또한 시간이 걸린다.

희생자가 아직 살아 있다면 혈액이나 오줌을 채취해 독약을 확인하는 데 쓸 수 있다. 심지어 독약이 혈액에서 사라진 후라도 밖으로 배출되기 전까지는 독소가 방광 내에 축적돼 있으므로 오줌에서 흔적을 찾을 수 있다. 사체에서는 주로 독약이 농축돼 있는 간이나 신장에서 검체를 채취한다. 이들 장기에 들어 있는 양과 비교하면 혈액 안에 든 아코니틴 양은 매우 적다. 하지만 여전히, 무게가 제법 나가는 간이나 신장 같은 장기 전체에서 아주 적은 양의 독약을 분리해내는 것은 매우 힘든 일이다. 실제로는 해럴드 크랙켄소프의 사인이 명확하게 밝혀지는 데에 소설에서보다 훨씬 더 오랜 기간이 걸릴 것이다.

아코니틴은 흔치 않지만 애거서 크리스티에게는 효과적인 선택이었다. 책에서는 아코니틴의 특성은 거의 다루지 않고 조제 과정에만 한정해 설명하고 있다. 제약은 크리스티가 가장 잘 아는 분야였다. 도움을 구할 수 있는 실세 사례가 매우 적은 상황에서 작은 실수(독약을 확인하는 데 너무 짧은 시간이 소요되었다는 점)는 이해할 만하다.

N is for Nicotine
니코틴

3막의 비극

'배빙턴 목사는 시력이 나쁜 눈으로 방 주위를 둘러보았다.
그는 칵테일을 한 모금 마시고 사레가 들렸는지 약간 쿨럭거렸다.
칵테일을 마셔 본 적이 별로 없는 모양이라고 새터스웨이트는 생각했다.
… 배빙턴 목사는 얼굴을 약간 찌푸리며 다시 한 모금을 들이켰다.
… '저기 좀 봐요.' 에그의 목소리였다. '배빙턴 목사님이 이상해요.'
— 애거서 크리스티, 『3막의 비극』

애거서 크리스티의 1935년 작품 『3막의 비극Three Act Tragedy』은 그녀
의 소설 중 니코틴nicotine을 살인 도구로 사용한 유일한 작품이다. 세
명의 희생자(온화한 교구 목사와 저명한 의사, 요양원에 있던 환자)에게는
공통점이 전혀 없어 보였다. 첫 번째 희생자는 처음에는 자연사한 것
으로 여겨졌다. 비슷한 상황에서 두 번째 희생자가 거의 동일한 증상

을 보이며 사망하자, 타살 의혹이 제기되었다. 세 번째는 목격자의 입을 닫아 버리려는 목적으로 범행이 저질러졌다. 모든 희생자가 치명적인 천연 물질, 니코틴에 의해 신속히 살해되었다. 용의자로 배우, 양재사, 극작가, 심지어 집사도 떠올랐다. 그중 누구에게도 살인 동기는 없어 보였다. 다행히 에르퀼 푸아로가 손길을 뻗쳐 정체 모를 사건을 헤집어 범인을 밝혀낸다.

대개의 사람들이 니코틴이 위험하다는 사실을 알고 있다. 매년 수천 명이 흡연으로 사망하며, 여기에 니코틴이 간접적인 원인을 제공하고 있다. 실제로 니코틴은 중독addiction을 불러일으키는 물질일 뿐, 흡연자를 사망에 이르게 하는 것은 담배 연기에서 뿜어져 나오는 다른 화합물들이다. 그러나 순수 니코틴은 비록 살인 범죄에서는 드물게 사용됐지만 그 자체로 독성이 매우 높아서 많은 이들을 죽음에 몰아넣었다. 손쉽게 구할 수 있는 물질이라는 사실을 생각하면 오히려 범죄에 자주 이용되지 않은 게 의아한 일이다. 어쩌면 너무 흔한 나머지 이처럼 일상적인 물질이 사람을 죽이는 데 쓰일 수 있다는 걸 우리 스스로가 믿기 주저하는지도 모르겠다.

니코틴 이야기

실온에서 니코틴은 무색의 깨끗한 액체이다. 물과 알코올, 둘 다에 완벽하게 섞이며 강하고 독특한 맛을 낸다. 공기 중에 노출되면 거의 위스키 색깔에 가까운 갈색으로 변한다. 순수한 액체는 특징적인 담배 향을 풍긴다.

화학 물질은 알칼로이드로 담배속Nicotiana 식물에서 발견된다. 담배속은 '독이 있는 가지'(아트로파 벨라도나), 토마토, 감자와 마찬가지로 가지과에 속한다. 가지과 식물 모두에 니코틴이 들어 있지만 담배속에 가장 높은 농도로 들어 있다. 담배속에 속하는 많은 종들이 아메리카, 오스트레일리아, 서남아프리카, 남태평양에 자생하며, 장식적인 목적으로 유럽 정원들에서도 재배되고 있다. 니코티아나 타바쿰Nicotiana tabacum은 상업적으로 재배되는 종으로, 이 식물의 말린 잎[1]을 가지고 담배를 생산한다.

니코틴은 피부, 폐, 위장관을 통해 체내에 흡수되므로, 흡연뿐 아니라 씹거나 들이마시거나 피부에 부착하는 등 다양한 형태의 담배 상품으로 소비가 가능하다. 패치나 껌, 전자 담배 등 금연 보조 상품들에 들어가는 주요 물질도 니코틴이다.

스페인 사람들이 1528년 유럽으로 들여온 이래 수백 년간, 아메리카에서는 수천 년간 담배를 피우고 씹고 코로 흡입해 왔다. 담배는 즉시 인기를 끌어 1533년이면 이미 리스본에서 담배 무역에 관한 기록이 등장한다. 니코틴과 담배속을 뜻하는 니코티아나Nicotiana 모두 스페인 주재 프랑스 대사였던 장 니코Jean Nicot(1530~1600)의 이름에서 따왔다. 니코는 담배속 식물의 씨앗과 말린 잎 일부를 의학적 효능을 설명하는 내용과 함께 프랑스 왕실로 보냈다. 담배는 왕가王家, 특히 왕대비인 카트린 드 메디치Catherine de' Medici를 중심으로 곧바로 유행하기 시작한다. 늘 왕족을 닮고 싶어 하는 파리 사교계 사람들도 뒤를 이어 담배를 피워 댔고, 니코는 유명인사가 되었다.

말린 담배에는 0.6에서 3퍼센트의 니코틴이 들어 있다. 니코틴 대부분은 담배를 피우는 과정에서 타 버리기 때문에 그중 극히 일부

(담배 한 개비당 1~2밀리그램)만이 혈액 속으로 흡수된다. 따라서 일반적인 흡연자들이 독성을 띠는 수준까지 니코틴에 노출될 확률은 낮다. 니코틴의 혈류양은 코로 흡입하거나 씹는 담배일 경우 더 높은 것으로 보고되었다. 일반 담배들보다 흡수율은 낮지만 타는 과정이 없기 때문에 체내로 들어오는 니코틴 양 자체가 더 많아서 흡수되는 양도 많은 것이다. 씹는 담배에서 배출되는 니코틴은 타액 분비를 증가시키는 탓에, 한때 모래 먼지가 많은 야구장에서 경기를 치르는 야구 선수들이 입안을 촉촉하게 만드는 수단으로 애용했다. 담배에서 나오는 달갑지 않은 즙은 보통 뱉어내지만, 혹시라도 잘못해서 삼키게 되면 치사량에 달하는 니코틴을 복용할 수도 있다.

담배를 재배하거나 잎을 가공하는 일에 종사하는 사람들은 피부를 통해 니코틴에 노출될 위험을 안고 있는데, 이는 곧 담배농부병green tobacco sickness이라는 질병으로 이어진다. 보통 담배 재배자들의 89퍼센트에게서 담배농부병이 나타난다. 니코틴은 물에 매우 잘 녹기 때문에, 비에 젖거나 아침 이슬을 맞은 잎을 딸 경우 니코틴이 손을 통해 체내로 들어온다. 방수 처리가 되지 않은 천은 보호 기능을 전혀 제공하지 못한다. 니코틴이 흡수되면 어지럽고 메스꺼우며 머리가 아픈 증상이 나타난다. 땀이나 타액 분비가 증가하고 호흡 곤란이 발생할 수도 있다. 며칠 지나고 나면 대개는 괜찮아지지만, 심각한 경우 혈압과 심박이 요동치며 오르내리는 등 응급 처치가 필요할 수도 있다. 흡연자들에게서는 이러한 증상이 덜한데, 낮은 정도의 니코틴에 이미 적응했기 때문이다.

아이들은 몸무게가 적은 탓에 어른들보다 니코틴에 중독되기 쉽다. 담배꽁초를 먹은 아이들에게서 니코틴 중독이 나타난 사례가 몇

건 있고, 니코틴이 든 껌이나 패치, 전자 담배로 인한 경우도 있었다. 심지어는 습진을 치료하는 민간 치료제를 통해 니코틴에 중독된 사건도 있다. 벵골 지방에서는 습진, 백색, 옴 같은 피부 질환을 치료하는 데 기도와 함께 담뱃잎, 커피, 석회 가루를 사용한다. 습진을 앓는 어린아이에게 이 치료법을 쓰자 갈라진 피부를 통해 니코틴이 흡수되는 비율이 높아지며 30분 만에 아이가 아프기 시작했다. 다행히도 아이는 잘 회복되었다.

　유럽 사람들이 담배를 피운 기간이 오래된 만큼 담배의 독성 또한 오래전부터 알려져 있었다. 독성 효과는 인간에만 국한되지 않는다. 니코틴은 신경계를 가진 동물이라면 그 무엇에게나 독성을 발휘해, 적어도 16세기 이래로 살충제로 쓰여 왔다. 1940년대에는 엄청난 양의 니코틴이 살충제로 소비되었는데, 담배 산업의 부산물로 손쉽게 구할 수 있기 때문이었다. 니코틴은 천연 물질이므로 유기농법에 사용되는 '친환경' 살충제로 간주할 수도 있다. 하지만 까딱 잘못하면 중독으로 이어질 수 있는 매우 위험한 물질임은 분명하다. 니코틴은 그냥 봐서는 위스키와 매우 비슷한데, 정원을 가꾸는 일부 사람들이 어리석게도 위스키나 코냑 병에 살충제를 보관하는 바람에 위스키로 오해해 니코틴을 마시는 끔찍한 사태가 벌어지기도 했다. 1940년대 이후로는 살충제로 쓰이는 니코틴의 양이 줄어들어, 니코틴 유도체나 포유류에게 덜 해로운 다른 화합물로 대체되었다. 오늘날 유럽과 미국에서는 니코틴 살충제 사용을 금지하고 있다.[2]

니코틴 살인법

니코틴은 매우 빠르게 작용하는 독약으로, 4분이면 살인이 가능하다. 니코틴을 흡수시키는 가장 빠른 방법은 들이마시는 것이다. 폐포 alveoli(폐에 있는 작은 공기 주머니)와 혈액 사이는 얇은 세포막으로 되어 있어서 산소와 이산화탄소를 손쉽게 받아들이거나 내보내는데, 이 덕분에 니코틴 또한 수월하게 혈액으로 침투할 수 있다. 담배에서 흘러나온 니코틴이 뇌까지 도달하는 데에는 7초가 걸린다. 피부를 통한 흡수'는 한 시간가량 걸리고 전달되는 형태(예를 들어, 패치냐 담뱃잎에 묻은 이슬이냐)나 개인의 피부 상태에 따라 조금씩 달라진다. 삼킨 경우에는 대개 입이나 장에서 흡수된다. 위 내부는 산성을 띠고 있어서 혈류로 니코틴이 흡수되는 걸 막아 준다.

   니코틴은 체내 특정 부위, 곧 신경에서 발견되는 수용체를 표적으로 삼는다. 앞서 설명했듯이, 두 개의 신경 세포 사이(또는 신경 세포와 근육 세포 사이)에는 작은 틈이 있는데 이 틈을 신경 전달 물질이 가로지르면서 신호를 전달한다. 1900년에 케임브리지의 생리학자 존 랭글리John Langley(1852~1925)가 신경 전달 물질인 아세틸콜린에 반응하는 수용체를 근육 세포에서 발견했다. 이 수용체는 니코틴에도 자극받는 것으로 드러나 곧 니코틴 수용체라는 이름이 붙여졌다. 니코틴 수용체는 중추 신경계 내 신경과 근육이 만나는 접합 부위들과 자율 신경계 전 부위에서 발견된다. 자율 신경계에서는 교감 신경계의 활동을 증가시켜 위험이 닥쳤을 때 '투쟁 또는 도피' 반응을 불러일으킨다. 그 결과로 동공이 커지고 심장 박동이 증가하며 심장과 뇌, 근육으로 가는 혈관이 확장된다.

근육에 있는 니코틴 수용체가 자극을 받으면 근육이 수축을 일으키는데, 담배를 이제 막 피기 시작한 사람들에서 가끔 경련이 발생하는 이유가 여기에 있다. 수용체는 이내 니코틴의 존재에 무감각해지기 때문에 흡연이 계속되면 경련은 멈춘다. 그러나 담배를 많이 피운 사람들은 혈액 속에 니코틴이 높은 농도로 존재하는 탓에 손 떨림 증상을 보이기도 한다. 보통의 흡연자들은 대사 작용과 배출을 보다 빨리 함으로써 니코틴에 적응한다.

니코틴 수용체는 뇌에서도 발견이 되는데, 이들 신경을 자극한 결과로 니코틴 중독이 나타난다. 뇌의 한 부위인 복측 피개부ventral tegmental area, VTA가 쾌감을 담당하고 있다. 한 실험에서 쥐의 복측 피개부에 전극을 연결한 다음 전류가 흐르면 쥐가 레버를 누르게끔 만들었다. 쥐들은 쾌감을 느끼기 위해 계속해서 레버를 눌러 댔다. 일부 쥐들은 먹지도 자지도 않고 레버만 누르는 통에 탈진해서 죽는 걸 막기 위해 억지로 떼어내야만 했다. 도파민처럼 뇌에서 생산되는 화학 물질들이 선천적으로 복측 피개부를 자극한다. 따라서 도파민을 복측 피개부에 더 많이 보낼 수 있는 화학 물질이라면 그 물질에 중독될 가능성이 높다. 예를 들면, 코카인은 수용체에서 방출된 도파민을 거둬들이는 세포의 활동을 중지시킨다. 도파민이 더 오래 존재함으로 인해 수용체와의 상호 작용도 늘어난다. 니코틴의 경우에는 복측 피개부에 있는 세포들이 평소보다 도파민을 더 쉽게 내놓게끔 만든다. 또한 니코틴은 뇌 속 모노아민 산화 효소monoamine oxidases, MAO의 양을 절반으로 줄여 버린다. 모노아민 산화 효소는 우리 몸 전체에서 발견되는 효소 무리로, 그중 하나는 도파민 분해를 책임진다. 모노아민 산화 효소가 적다는 것은 곧 복측 피개부 수용체와 상호 작용할 도파민이 많아진다는 뜻이다.

　신체 다른 부위보다 뇌에 있는 수용체들이 니코틴에 더 민감하게 반응한다. 하지만 점차로 내성이 생겨나면서 니코틴 양이 아무리 증가하더라도 자극 수준이 동일해지는 상태에 이른다. 동물들이 순수 니코틴에 중독된다는 사실이 밝혀지며, 담배 연기 속에 든 3,000개의 화합물 중 중독을 일으키는 물질은 다름 아닌 니코틴이라는 것도 확인되었다. 사실 '중독'은 정량화하기 어려운 개념이다. 과학자들은 약물이 신체에 미치는 생리적 영향과 함께 금단 증세, 추가 투약을 원하는 욕구를 살펴보았다.

　뇌에 미치는 생리적 효과를 측정할 수 있다 하더라도 사회적인 이유건 습관이건 중독의 원인으로 작용하는 요인들은 아직 많다. 코카인과 니코틴은 뇌에서 비슷한 효과를 발휘하지만 코카인 흡입보다 흡연이 쾌감이 덜하다는 면에서 실제로는 니코틴의 중독성이 더 크다고 볼 수 있다. 하지만 코카인과 비교해 니코틴이 중독성이 덜하다고 결론지은 연구자들도 있다. 확실한 것은 코카인과 니코틴 모두 매우 중독성 있는 물질이라는 사실이다.

　알츠하이머병을 앓는 사람들은 일반인들보다 뇌에 니코틴 수용체가 적기 때문에 학습이나 추리, 기억 능력이 저하된다고 여겨진다. 그래서 니코틴 패치를 부착해 알츠하이머 환자들의 인지 능력을 향상하는 연구가 진행 중이다. 간혹 흡연자들이 담배를 피우면 집중력이나 기억력이 좋아진다고 주장하는데, 어느 정도는 사실이다. 하지만 담배에서 다른 많은 해로운 화학 물질들이 함께 흘러나오므로, 학업 수행 능력을 높이는 수단으로 결코 좋은 선택이 아니다. 니코틴 패치가 보다 안전한 대체제가 될 수는 있다. 시험 공부를 위해 니코틴 패치를 몸에 부착하거나 니코틴 껌을 씹으려 한다면 반드시 정량을 확인하기를 바란다.[3] 니코틴 패치를 붙인 상태에서 자살을 시도한 사람들도 있다. 그중 몇몇은 병원 치료를 받아야만 했다. 피부가 니코틴 저장고로 작용해 패치를 떼어낸 이후에도 계속해서 혈액 속으로 니코틴을 흘려보낼 수 있다는 사실 또한 고려해야만 한다. 담배와 니코틴 껌, 패치를 함께 사용한 경우에서 심각한 중독poisoning 사건이 발생한 적도 있다.

니코틴을 의학적으로 적용할 수 있는 또 다른 예로 조현병schizophrenia 이 있다. 담배를 피우는 사람들은 다른 사람들보다 조현병을 앓을 가능성이 낮다. 그 이유는 확실하지 않지만, 니코틴이 질병의 증상을 조절하는 데 도움을 준다는 가설이 제기된 바 있다. 실제로 담배를 피우는 조현병 환자들은 어느 정도는 자가 치료가 된다. 암페타민 amphetamine 같은 약물을 사용해 실험 동물에 조현병과 유사한 증상을 유도할 수 있는데, 이 동물들의 뇌에 있는 니코틴 수용체를 활성화하면 증상 중 일부가 해소된다는 사실이 밝혀지기도 했다.

순수 니코틴은 치사량이 아닐지라도 심장과 혈압, 근육에 손상을 입히는 심각한 부작용을 초래할 수 있다. 따라서 알츠하이머병과 조현병 환자를 니코틴으로 치료하는 것은 다소 위험하다. 신체 다른 부위에는 영향을 덜 끼치면서 뇌에 있는 수용체에만 작용하는 약물이어서 개발되기를 바랄 뿐이다.

니코틴은 복용량에 따라 자극과 억제의 두 가지 효과를 발휘한다. 양이 적을 경우, 니코틴 수용체를 자극하여 메스꺼움과 구토, 어지러움, 두통, 설사를 유발하고 심박 수를 늘리며(혹은 빈맥을 초래하고) 혈압과 땀 분비를 증가시킨다. 뇌에 있는 니코틴 수용체가 활성화되면 초기 자극과 각성이 야기되고 과민성 혹은 공격성은 줄어들며 불안은 감소한다. 양이 많을 경우, (통증 완화 효과와 함께) 억제제로 작용한다. 복용 초기에는 입과 목, 위에서 불에 덴 듯한 느낌이 나다가 잇달아 경련이나 호흡 지연, 심장 운동의 불규칙, 혼수상태 등 다른 증상들이 나타난다. 네 시간이 지나면 (때로는 더 빨리) 호흡 근육의 마비로 사망에 이른다. 만일 환자가 네 시간 이상 버틴다면 완전하게 회복할 수 있다.

니코틴의 치사량이 정확히 얼마인가에 대해서는 논쟁의 여지가 있다. 일반적으로, 주사나 흡입일 경우 1킬로그램당 0.5~1밀리그램이 치사량이라 여겨진다. 70킬로그램의 성인으로 환산하면 40~70밀리그램(한두 방울)이다. 피부로 흡수하거나 직접 섭취하는 경우에는 더 많은 양이 필요하다. 최근 추정치는 구강 치사량을 500~1,000밀리그램(10에서 12방울)으로 잡고 있다.

니코틴 해독제

애거서 크리스티 소설이 늘 그렇듯이, 『3막의 비극』 희생자에게도 구원의 손길은 거의 닿지 않았다. 적절한 의료적 처치가 가해졌더라면 목숨을 살릴 수도 있었는데 말이다. 니코틴에 노출되었을 경우 첫 번째로 할 일은 니코틴이 몸속으로 얼마나 들어갔느냐에 따라 피부를 닦아 주거나 강제로 구토를 하게 만듦으로써 니코틴을 제거하는 것이다. 어찌됐건 환자는 자발적으로 구토를 할 것이고 독약의 대부분이 제거될 것이다. 만일 환자가 토하지 않는다면 활성 숯을 사용해 위 속에 있는 니코틴을 빨아들일 수도 있다. 그리고 위에 압력을 가하면 독약을 더 많이 없앨 수 있다. 환자에게 인공호흡을 해 주는 것도 필요하다.

니코틴 특징 해독제도 있다. 바로 앞서 나왔던 아트로핀을 주사기로 투약하면 된다. 아트로핀은 자율 신경계를 활성화하는 반면, 니코틴은 높은 농도에서 자율 신경계의 활동을 억제한다. 필요하다면 니코틴 중독 증상을 조절하기 위해 추가 조치를 취할 수 있다. 예를 들어 발작을 다스리기 위해 항경련제를 투약한다.

실제 사례

『3막의 비극』에서 애거서 크리스티는 니코틴이 살인에 거의 사용되지 않는다고 이야기했는데 맞는 말이었다. 크리스티는 니코틴에 관한 대부분의 지식을 분명 실수로 중독된 사례들에서 얻었을 것이다. 하지만 단 한 차례 유명한 독살 사건이 1850년에 있었다. 이 사건은 일반적으로 쓰이지 않는 살인 도구를 택했다는 점에서뿐만 아니라, 처음으로 과학적 증거를 사용해 사체 내에 식물 독약이 존재함을 입증했다는 점에서 매우 중요하다.

이 사건이 일어나기 몇 년 전, 한 사망자가 모르핀으로 살해당했다는 사실을 입증하는 데 실패한 검찰 측에서는 이렇게 말했다. "장차 독살자가 되려 한다고 생각해 보자. … 식물 독약을 사용해서 말이다.

두려울 게 전혀 없다. 죄는 저질렀지만 처벌받지는 않을 것이다. 찾을 수가 없기 때문에, 물증이 없다." 히폴리트 비사르 드 보카르메Hippolyte Visart de Bocarmé 백작이 독약으로 니코틴을 선택한 이유 또한 니코틴이 사체에서 검출되지 않는다는 데 있었을 것이다. 하지만 자신이 결코 유죄 선고를 받지 않으리라 믿었던 데에는 오만한 성격이 한몫했을 것 같다.

보카르메 백작은 특이한 이름에 걸맞은 특이한 삶을 살았다. 그는 1818년 폭풍우가 몰아치는 한가운데 자바행 여객선 위에서 태어났다. 부친이 지비 총독으로 임명되어 가족 모두가 이주하는 중이었다. 백작은 유럽으로 돌아오기 전까지 어린 시절을 자바에서 보냈다. 사기꾼, 바람둥이로 널리 알려질 만큼 행실 나쁜 젊은이였다. 스물네 살에 부친이 돌아가시자 작위와 벨기에 베리Bury 근처에 있는 비트레몽 성 Château de Bitremont을 물려받았다.

유산은 금세 바닥났다. 금전적으로 쪼들리자 백작은 은퇴한 식료품상의 딸 리디 푸르니스Lydie Fougnies와 결혼했다. 결혼 당시 그녀의 수입은 많지 않았지만, 몇 년 후 부친이 세상을 떠나자 수입이 두 배 이상으로 늘었다. 그러나 부부의 호화스런 삶을 지탱하기에는 턱도 없었다. 신나는 파티와 사치스러운 사냥, 네 명의 아이, 수많은 하인들을 유지하기 위해 부부는 땅을 팔기 시작했다. 이쪽 현금 공급도 바닥나자 리디의 형제, 귀스타브 푸르니스Gustave Fougnies에게 눈을 돌렸다. 부친의 재산 상당 부분을 물려받은 귀스타브는 결혼하지 않은 채 혼자 살고 있었다. 게다가 건강이 좋지 않았다.⁴ 유언장에는 귀스타브 사망 시 모든 재산이 리디에게 가는 것으로 되어 있었다. 백작과 부인은 그리 오래지 않아 귀스타브의 유산을 상속받게 되리라 생각했고, 재산 모두를 저당 잡힌 상태에서 호사스런 삶을 이어 갔다.

그런데 귀스타브가 돌연 결혼을 선언했다. 백작은 유언장이 수정될까 봐 두려웠다. 귀스타브의 아내 앞으로 재산이 모두 흘러갈 터였다. 백작은 응당 자신의 몫이라 여긴 유산을 잃기 전에 행동을 취하기로 결심했다. 1850년 초 보카르메 백작은 화학에 지대한 관심을 가진 척하며, 가명으로 한 화학 교수와 서신을 주고받기 시작했다. 그리고 화학 교수에게 얻은 지식을 활용해 그해 여름 사들인 다량의 담뱃잎에서 순수 니코틴을 정제하는 데 성공했다.

1850년 11월 20일, 귀스타브는 비트레몽 성에서 열리는 저녁 만찬에 초대받았다. 그리고 만찬 도중 귀스타브는 사망했다. 당시 방에는 귀스타브와 백작, 백작 부인 세 사람만 있었다. 백작 부부는 귀스타브의 사인이 (출혈에 의한) 뇌졸중이라 단언했다. 그러나 귀스타브의 얼굴에 난 멍과 긁힌 자국은 다른 이야기를 하고 있었다. 억지로 귀스타브의 입안에다 무언가를 집어넣었고 그게 입가에서 흐르면서 피부에 수포를 생성했다. 몸에 난 자국들로는 부족했을지 모른다. 하지만 귀스타브의 사망 직후 백작 부부가 보인 행동은 의혹을 불러일으키기에 충분했다. 백작은 귀스타브의 입속에 식초를 흘려 넣은 후 잔을 따라 버렸다. 사체 또한 식초로 닦아냈으며 벗긴 옷은 백작 부부의 옷과 함께 세탁을 맡겼다. 백작 부인이 식당 바닥을 깨끗이 씻은 후 뒤이어 백작이 칼로 나무 바닥을 긁어냈다. 이튿날 오후, 백작 부부가 지쳐 쓰러질 때까지 청소는 계속되었다. 당연하게도 하인들은 이를 의심의 눈초리로 쳐다봤고 신고하기로 결심했다.

현장에 도착한 치안 판사가 사체를 살피려 하자 백작은 주저하며 사체를 가린 커튼을 열어젖히지 못하게 했다. 귀스타브의 얼굴을 손으로 덮으려 했지만 별 도움이 못 되었다. 상처와 멍 자국으로 보아 귀스타브의 죽음이 자연사가 아님은 명백했다.

추가 조사로 귀스타브의 목과 위에서 염증이 발견되었고, 황산과 같은 부식성 물질을 억지로 삼키게 하여 사망에 이르도록 만든 것이라 결론내려졌다. 사체에서 떼어낸 조직 표본은 알코올 병에 담겨 급히 장 스타스의 실험실로 보내졌다. 살인에 쓰인 물질이 무엇인지 알아내 달라는 요청과 함께였다. 스타스는 벨기에에서 가장 유명한 화학자였고, 원자량에 관한 연구로 국제적으로도 이름을 떨치고 있었다. 그는 자신의 집 전체를 실험실로 개조해 사용하고 있었다.

귀스타브의 입과 목에서 떼어낸 염증 조직을 재빨리 살펴본 스타스는 원인 물질이 황산이 아님을 확신했다. 산이 일으키는 손상과는 확실히 달랐다. 그 시대 다른 화학자들과 마찬가지로 스타스는 미각과 후각을 십분 활용했다. 그는 사체에서 아세트산 맛을 인지했다. 경찰은 보카르메 백작이 식초(주성분이 아세트산)로 귀스타브의 몸을 닦아냈으며, 입안에다 여러 잔을 부었다고 설명했다. 하지만 아세트산만으로 사람을 죽일 수는 없었다. 스타스가 다른 독약을 감추기 위해 식초를 사용한 게 아닌가 하는 의혹이 생겼다.

스타스는 귀스타브를 죽음에 이르게 한 물질을 추출하기 위해 밤낮으로 일했다. 넘겨받은 염증 조직에 알코올을 추가한 후 걸러내고 물을 붓고 걸러내길 반복했다. 알코올과 물을 모두 증발시키고 남은 끈적끈적한 잔여물에다 가성 칼리caustic potash(수산화칼륨potassium hydroxide(KOH))를 넣었다. 아주 잠깐 동안이었지만 스타스는 니코틴 특유의 향을 감지했다.

스타스는 이후 세 달간 인체 조직에서 식물 알칼로이드를 추출하는 방법을 개발했다. 첫 단계는 조직을 삭혀 알칼로이드를 방출하게 끔 만드는 것이었다. 이 과정에는 아세트산과 알코올이 쓰였다. 살인 자가 사체를 식초로 닦아낸 것이 이 과정을 도운 셈이 되었다. 스타 스가 실험을 더 진행할 수 있도록 조사 기관에서 알코올에 보존한 조 직 표본을 추가로 보내 주었다. 이제 조직에서 빠져나온 독약이 알코 올에 녹을 차례였다. 스타스는 체내에 존재하는 화합물은 물에 녹거 나 알코올에 녹거나 혹은 둘 다에 녹지 않거나 셋 중 하나지 둘 다에 녹지는 않으리라 추정했다. 반면 니코틴(그리고 다른 식물 알칼로이드)은 물과 알코올 모두에 녹아들었다. 이들 액체로 추출을 계속하다 보면 우리 몸에서 일반적으로 발견되는 화합물로부터 니코틴을 분리할 수 가 있었다. 마지막 단계는 에테르로 알코올 층을 씻어내는 것이었다. 에테르는 증발되도록 내버려 두면 되었다. 최종으로 갈색 물질이 남 았다. 그리고 거기에서는 틀림없는 니코틴 향이 풍겼다.

　다음으로 스타스는 분리된 물질이 니코틴임을 확인하기 위해 광 범위한 화학 실험을 실시했다. 그리고 경찰에게 연락해 보카르메 백 작이 담뱃잎에서 니코틴을 추출한 증거를 찾아볼 것을 제안했다. 비 트레몽 성에서 빈틈없는 조사가 이루어졌다. 곧 화학 실험에 사용되 는 유리 제품이 널빤지 뒤에서 발견되었다. 정원에서는 담배 추출물 을 시험한 고양이와 다른 동물 사체가 발굴되었다. 1년 전 여름 백작 이 다량의 담뱃잎을 구매한 사실도 정원사가 기억해냈다. 백작은 정 원사에게 향수를 만들려는 목적으로 담뱃잎을 구입했다고 이야기했 었다.

　비트레몽 성에 대한 조사가 이루어지는 동안 스타스는 계속해서 실 험에 매진했다. 스타스는 귀스타브의 간과 혀에서 '여러 사람을 죽일'

만큼의 니코틴을 검출했다. 또한 옷가지와 바닥에서 긁어낸 나무 조각도 분석했다. 한 실험에서는 실험 동물로 개들을 활용했다. 입을 통해 니코틴이 체내로 들어온 개 두 마리는 이내 사망했다. 한 마리에게는 목구멍으로 다량의 식초를 흘려주었고, 다른 한 마리에게는 아무런 처치도 하지 않았다. 아무 처치도 받지 않은 개의 입안에서는 검게 그을린 자국이 생겨났다. 식초를 흘려 넣은 개에게서는 아세트산이 니코틴의 부식 효과를 성공적으로 중화시켜 아무런 흔적도 남기지 않았다. 백작은 니코틴의 화학 작용과 관련하여 상당한 수준의 지식을 습득했음이 틀림없었다. 귀스티브기 니코틴과 사투를 벌이는 동안, 백작은 식초를 이용하여 최선을 다해 증거를 감추었다.

사건은 법정으로 갔다. 백작 부부는 서로가 범인이라 주장하며 죄를 면하려 했다. 하지만 증거는 강력했다. 납득은 안 되지만 백작 부인은 무죄 선고를 받았다. 보카르메 백작에게는 사형이 언도되었다.

애거서 크리스티와 니코틴

『3막의 비극』에 등장하는 세 건의 살인 모두 범행 도구는 니코틴이었다. 첫 번째 살인은 연극배우인 찰스 카트라이트 경 집에서 벌어졌다. 찰스 경은 저녁 만찬에 지인과 친구들을 초대한다. 이 자리에는 에르퀼 푸아로도 함께했다. 칵테일 잔이 돌아가고 교구 목사인 배빙턴 목사가 칵테일을 한 모금 들이켰다. 얼굴을 약간 찌푸리는 것으로 보아 그는 그다지 칵테일을 즐기는 것 같지 않았다. 하지만 무척 예의 바른 인물이었던 교구 목사는 자신을 초대한 주인공을 언짢게 하고 싶지 않았기에, 혹은 세련되지 못한 자신의 취향을 드러내고 싶지 않았기에 칵테일 잔을 모두 비운다. 얼마 안 가 목사의 얼굴에는 경련이 일었다. 제 발로 일어서려 했지만 비틀거리다 쓰러졌고 2분 후 사망했다. 그로부터 한참 시간이 흐른 후에야 의사가 당도했다.

목사가 칵테일에 불쾌감을 드러냈던 사실 때문에 애당초 의혹이 세기되었다. 분명 칵테일에 무언가가 섞여 있었고, 그것이 내는 강한 맛이 진gin이나 베르무트vermouth로도 가려지지 못했다는 의혹이었다. 또한 목사는 칵테일을 마신 직후 갑작스레 발작을 일으켰다. 하지만 '발작'은 모호한 표현이라 특정 질병이나 독약을 암시하지는 않는다. 즉, 어떤 증상이나 원인에도 적용될 수 있는 일반적인 표현이다. 스트리크닌이나 파상풍이라면 특징적인 발작을 불러일으키기 때문에, 진단에 발작이 쓰인다. 어쨌거나 목사가 마신 칵테일 잔을 분석했지만, 진과 베르무트 외에 다른 성분은 검출되지 않았다. 남아메리카에서 온 추적 불가능한 화살 독을 불운한 성직자에게 피하 주사기로 주입했으리라는 터무니없는 이론도 제기되었다. 칵테일 잔에 독약이 들었다는 증거도, 따분한 교구 목사를 살해할 동기도 찾을 수 없었기에 결국 자연사로 결론이 났다. 물론 배빙턴 목사가 나이에 비해 건강했기 때문에 의혹은 남았다.

몇 주가 흐른 후 또 다른 저녁 만찬이 열렸다. 이번에는 찰스 경의 친구인 바솔로뮤 스트레인지 박사가 요크셔에 있는 자택에서 모임을 주최했다. 손님 대부분이 지난번 만찬에도 참석했던 사람들이었다. 포트와인을 마신 직후 바솔로뮤 경이 앓기 시작했고, 배빙턴 목사와 비슷한 증세를 보이다 몇 분 안에 사망했다. 혈기 왕성한 나이였으므로 심장 발작이나 뇌졸중이 사인일 것 같지는 않다. 그날 밤 기분이 좋았다는 목격담으로 보아 자살도 아니었다. 사후 검시가 진행되었고, 와인 잔이 분석을 위해 보내졌다. 와인 잔에서는 아무런 흔적도 발견되지 않았지만, 검시 결과 바솔로뮤 경은 니코틴 중독으로 사망한 것으로 드러났다.

니코틴 중독은 물질적인 증거가 극히 적다. 앞서 보았듯이 순수 니코틴은 부식 작용을 하므로 다량 섭취 시 입과 목구멍에 탄 자국이 나타날 수 있다. 하지만 설사 물질적인 증거가 없다 하더라도 『3막의 비극』이 출간되기 몇 해 전인 1850년에 확립된 방법을 이용하면 인체 조직에서 니코틴을 추출, 확인할 수 있었다. 독성학의 아비지 마티외 오르필라가 결코 불가능하리라 선언한 때로부터 3년 후였다. 당시 비소 같은 무기물 독약을 추출하는 방법은 이미 일상적으로 쓰이고 있었다. 그러나 이 방법은 조직을 완전히 파괴해 버리기 때문에 그 과정에서 식물 알칼로이드도 함께 파괴되었다. 결국 장 스타스가 방법을 고안해냈고 조금 변형된 형태로 오늘날까지도 사용되고 있다. 물론 지금은 다양한 크로마토그래피 기법을 활용해 니코틴을 분리하고 확인하며 그 양까지 알아낼 수가 있다. 다만 애거서 크리스티가 『3막의 비극』을 쓰고 있던 당시에는 크로마토그래피 기법이 아직 기초 단계였으므로 니코틴의 존재를 확인하려면 화학 반응에 기댈 수밖에 없었다. 염화금gold chloride(AgCl)이나 피크르산picric acid($C_6H_3OH(NO_3)$)[5] 같은 화합물을 사용한 여러 시험들이 동원되었다. 이들 화합물과 니코틴이 반응하면, 예를 들어 피크르산 니코틴 (피크르산과 반응한 결과) 같은 결정을 만들어낸다. 가장 민감한 시험은 1920년대에 규텅스텐산silicotungstic acid($H_4[W_{12}SiO_{40}]$)과 염산을 이용한 방법으로 300,000분의 1만큼 작은 양도 검출해내었다. 니코틴이 존재한다면 혼합물이 곧바로 흐려지면서 내버려 두면 결정이 생겨난다. 이 결정들을 모아 세척한 다음 무게를 달면 표본에 담겨 있던 니코틴 양을 측정할 수 있다.

체내에 니코틴이 쌓이는 원인은 여러 가지므로, 사후 검시에서 니코틴을 확인하더라도 사인으로 단정하기는 어렵다. 만일 사망자가 골초라면 니코틴이 이미 체내에 축적되어 있었을 것이다. 또한 니코틴은 체내 반감기가 한두 시간이라 매우 빠른 속도로 코티닌cotinine으로 변환된다. 코티닌 반감기는 대략 20시간이며 며칠, 심지어 일주일 후 체내에서 발견되기도 한다. 담배에 노출되었는지를 확인하는 인자로 코티닌이 사용되며, 니코틴보다 훨씬 적은 세기지만 니코틴 수용체와 반응한다. 혈청 1리터당 2밀리그램 이상으로 니코틴 혹은 코티닌이 존재하면 심각한 독성 효과가 나타난다.

바솔로뮤 경이 골초였음에도 사인은 니코틴 중독으로 확정되었다. 실제로 니코틴 중독으로 죽을 만큼 많은 양의 담배를 한 번에 피우는 것은 불가능하다.[6] 니코틴은 빠르게 작용하는 독약이므로 바솔로뮤 경이 사망하기 직전에 다량으로 투여되었을 것이다. 하지만 어떻게 범행이 이루어졌는지는 아무도 설명하지 못했다. 푸아로는 살인자가 바솔로뮤 경이 마신 포트와인 속에 무색 액체인 니코틴을 첨가했을 것으로 생각했다. 그러나 일반적인 포트와인 잔은 용량이 190밀리리터로 치사량 이상의 니코틴을 와인 잔 속에 섞어 넣었다면 와인이 묽어졌다는 사실을 색상으로 충분히 눈치챘을 것이다. 푸아로가 설명했듯이, 포트와인 잔에 나 있는 홈들이 이런 사실을 감추는 데 도움이 되었을지도 모른다.

바솔로뮤 경 사건 이후 배빙턴 목사의 죽음에도 다시 의혹이 제기되었다. 무덤에서 사체를 발굴하여 검시한 결과, 배빙턴 목사의 몸속에서 니코틴이 검출되었다. 목사는 흡연자도 아니었다. 간접 흡연으로 체내에 존재하는 니코틴 양은 매우 적기 때문에 이 경우 사인은 수월하게 밝힐 수가 있었다. 계획적인 독살이었던 것이다. 사망한 순간부터 신체 대사 활동은 중단되며, 니코틴은 부패와 관련해서는 매우 안정적인 물질이다. 장례를 치른 지 한 달이 지난 사체에서 니코틴이 검출되기도 했다. 따라서, 치사량이건 아니건 목사의 사체에서 니코틴을 확인하기란 쉬웠을 것이다.

책 제목이 암시하고 있듯, 세 번째 살인이 일어나고 이번에는 독약이 범행에 쓰였다는 사실을 누구도 의심하지 않았다. 마지막 희생자는 바솔로뮤 경이 운영하는 요양원에 입원해 있던 환자 러시브리저 부인이었다. 부인 앞으로 술이 든 초콜릿 한 상자가 배달이 된다. 첫 번째 초콜릿을 베어 문 순간 죽음이 재빨리 찾아왔고 단 2분 만에 부인은 사망했다. 초콜릿 안에 독약이 다량으로 들어 있었음에 틀림없었다. 초콜릿 안 공간은 협소하므로 술은 단지 향을 위장하는 정도로만 쓰였을 뿐 거의 대부분이 니코틴으로 채워졌을 것이다. 러시브리지 부인은 생소한 맛에 놀랐을 것이다. 하지만 예의 바른 나머지 초콜릿을 뱉어 내지는 않았던 것 같다.

『3막의 비극』에서 벌어진 세 건의 살인 사건에서 범행 도구는 명확했다. 하지만 당시 니코틴을 구하기란 얼마나 쉬웠을까? 1930년대에 니코틴으로 독살을 하려 했던 사람들에게는 몇 가지 선택지가 있었다. 직접 기르는 것도 한 가지 방법이었다. 그러나 종과 나이에 따라 식물에서 얻을 수 있는 니코틴 함량은 차이가 있으므로 이 방법은 아마도 신뢰도가 가장 떨어졌을 것이다. 담배 같은 상품에서 추출할 수도 있다. 1960년에 엽궐련 1,000개당 담배 양은 1킬로그램, 즉 엽궐련 하나당 1그램이 들어 있었다. 엽궐련 35개비면 치사량에 달하는 니코틴을 얻을 수 있었다. 1930년대 이후로는 재생 담배와 첨가제를 쓰기 시작하면서 엽궐련 속 담배 양이 꽤 줄어들었다. 그러나 1999년 이후로 평균 니코틴 함유량이 매년 1.3퍼센트씩 늘어나, 오늘날에는 담배 60개비면 치사량의 니코틴을 얻을 수 있다. 1935년에는 니코틴 기반의 살충제에서 정제해내는 것이 가장 쉬운 방법이었다. 『3막의 비극』에 등장하는 살인마도 이 방법을 선택했다. 당시 살충제 속 니코틴 농도는 43퍼센트 정도로 매우 높았다.

마지막까지도 희생자에게 어떻게 니코틴을 투여했는지는 수수께끼였다. 푸아로는 모든 용의자를 불러 모은 자리에서 살인을 극적으로 재현한다. 한 사람이 포트와인을 마신 직후 쓰러진다. 사람들의 이목이 카펫 위 쓰러진 인물에게 집중된 가운데, 푸아로는 교묘한 속임수를 써서 독약이 들어 있는 와인 잔을 다른 잔으로 바꿔치기한다. 온화한 교구 목사를 누가 어떤 이유로 죽였는지에 대한 의문도 해결된다. 배빙턴 목사는 진짜 목표를 제거하기 전 연습 상대였다. 배빙턴을 상대로 시험해 본 후 살인마는 잔을 바꿔치기하는 속임수를 사람들이 눈치채지 못하리라 확신할 수 있었다.

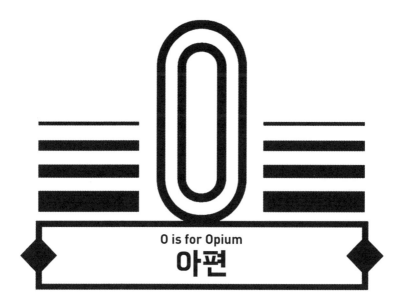

O is for Opium
아편

슬픈 사이프러스

아편과 관련된 몇 가지 진실이 세상에 알려졌다는 사실을 부인하지는 않겠다.
학자들은 반복해서 아편이 탁한 갈색이라고 주장한다. 맞다.
그리고 아편은 다소 비싸다. 이 사실도 인정한다.
아편 복용 당시 동인도산 아편은 1파운드에 3기니였고 터키산 아편은 8기니였다.
또 아편을 다량으로 복용하면 아마도 사망할 것이다.
정기적으로 아편을 복용하는 사람은 괜찮다.
— 토머스 드 퀸시Thomas de Quincey, 『어느 영국인 아편 중독자의 고백』

아편은 수천 년간 우리와 함께했다. 양귀비poppy와 그 추출물은 기원
전 1500년경 문서인 '에베르스 파피루스Ebers papyrus'에도 등장한다.[1]
하지만 인간에게 미치는 영향은 6,000년 전에 이르러서야 처음으로
수메르 기록에서 언급된다. 어쩌면 아편은 인류 역사에서 가장 오래

된 약물인지도 모른다. 그리고 그 놀라운 효능으로 오늘날에도 개선된 형태로 아편이 쓰이고 있다. 아편은 오랫동안 통증과 고통에서 벗어나게끔 도왔으며, 수많은 시인과 화가들에게 영감을 제공했다. 하지만 또한 실로 엄청난 비극을 불러오기도 했다. 아편의 구성 성분과 유도체는 중독성이 매우 강하다. 이들 약물을 향한 욕망과 욕구는 다른 모든 사고를 중단시키며, 하찮은 도둑질에서 국제적인 전쟁에 이르는 수많은 범죄를 초래하였다.

19세기 영국에서 아편은 아편팅크laudanum 형태로 오늘날의 담배나 술, 파라세타몰paracetamol²과 마찬가지로 일상의 한 부분이었으며, 거의 모든 약국이나 식료품점에서 손쉽게 아편을 구입할 수 있었다. 오늘날에는 엄격한 법적 제재와 무거운 처벌에도 불구하고 전 세계를 통틀어 920만 명에 이르는 사람들이 가장 강력하고 파괴적인 파생물, 즉 헤로인heroin을 투약하고 있다.

애거서 크리스티는 아편의 특징을 매우 잘 알고 있었다. 10여 개 작품에서 아편과 유도체를 언급하고 있으며, 극 중 인물들은 진통제, 진정제, 마약, 살인 도구로 아편을 이용했다. 크리스티의 작품에서 아편 화합물로 죽은 희생자 9명 중 2명은 1940년에 씌어진 소설 『슬픈 사이프러스Sad Cypress』에 등장한다. 이 작품의 줄거리는 실제 사건과도 비슷했다. 희생자 로라 웰먼과 메리 제라드는 아편에서 발견되는 생물학적으로 가장 흔한 활성 화합물인 모르핀으로 독살당한다. 두 사람을 살인한 혐의로 엘리너 칼라일이 법정에 세워진다. 그녀가 살인마라는 증거는 확실해 보였다. 에르퀼 푸아로가 작은 회색 뇌세포를 굴려 교수대에서 그녀를 구해내기 전까지는.

아편 이야기

아편은 양귀비에서 추출한 물질에 붙여진 이름이다. 양귀비에는 여러 종이 있으며 그중 몇몇이 쓸모 있는 양의 아편을 포함하고 있다. 특히 꽃양귀비Papaver somniferum가 아편을 얻을 목적으로 재배되고 있다. 꽃양귀비는 터키에서 유래하여 적어도 기원전 3400년 이후로 중앙아시아 지역에서 자생하고 있다. 지금은 양귀비의 다양한 품종이 전 세계 야생에서 자라며, 정원 가꾸기 외에도 먹을거리나 의약품, 마약 등을 목적으로 합법적 혹은 불법적으로 경작되고 있다. 불법적으로 재배하는 경우, 면도날로 초록색 씨앗 머리를 잘라서 흘러나오는 우윳빛 액체를 말려 끈적끈적한 갈색 덩어리로 변화시킨다. 그런 다음 이 갈색 덩어리를 긁어다 압축하면 아편이 만들어진다. 합법적으로 의약품 등에 공급하는 경우에는 씨앗 꼬투리(씨앗은 빵과 케이크에 사용됨)를 제거하고 남은 줄기나 잎에서 용매를 이용, 모르핀을 추출해낸다.

인류 역사에 등장한 이래 아편은 통증을 유발하는 수많은 질병들에 대한 의학적 선택지가 되어 왔다. 질병을 근본적으로 치료하지는 못하지만 강력한 진통 효과로 환자들의 고통을 줄여 주었고, 비교적 최근까지도 환자들을 이롭게 하는 몇 안 되는 약물 중 하나로 여겨지고 있다. 식물과 추출물, 팅크tincture,[3] 화학 실험실에서 나온 산물들이 의약품으로 쓰였으며, 그중 몇 가지는 무해하지만 최악의 경우에는 치명적일 수 있었다. 처음에는 환자의 상태가 나빠지는 듯 보이더라도 인체에 영향을 주는 거의 모든 화합물이 어떤 식으로든 이로움을 주리라 여겨졌다. 질병의 근본적인 원인을 밝혀내기 전까지는 사실상 의사들은 눈을 가린 채 일을 하는 것이나 마찬가지였다. 효과적인 치료법은 운에 의해 발견되는 게 더 많았다. 올리버 웬델 홈스 주니어Oliver Wendell Holmes Jr.가 1860년 매사추세츠 의학협회Massachusetts Medical Association에서 한 다음의 연설은 19세기 중반의 의학계를 깔끔하게 요약해 주고 있다. "조물주 자신이 처방한 것 같은 … 아편을 던져 버려라. 그리고 마취의 기적을 만들어내는 수증기도. 나는 굳게 믿는다. 지금 사용하고 있는 모든 의약품을 바다 밑바닥에 갖다 버리는 게 오히려 인류에게 더 나을 것이라고. 물고기들에게는 더 나쁘겠지만."

진통 효과에 더해 고용량의 아편은 진정 효과까지 가져다준다. 초기 형태의 마취제는 스폰기아 솜니페라spongia somnifera 혹은 수면 유도 스펀지sleep-inducing sponge로, 중세 시대 수술의 공포와 통증을 완화하는 데 사용되었다. 물과 와인, 아편, 상추, 독미나리, 사리풀 잎hyoscyamus, 오디 즙, 맨드레이크, 담쟁이덩굴을 섞은 용액에 스펀지를 흠뻑 적신다.⁴ 그런 다음 스펀지를 말려 보관해 두었다가 필요할 때 꺼내 다시 촉촉하게 만든 후 그 즙을 환자가 마시게 했다. 스펀지 하나를 여러 번 사용할 수 있었다.

19세기 중반까지도 거의 모든 질병을 치료하는 데 수많은 다양한 재료들과 혼합한 아편이 쓰였다. 다른 성분들은 대개는 활성이 없지만 때때로 치명적이고 간혹 기이했다. 진주 가루와 클로로포름, 와인, 벨라도나, 호박을 조합한 것처럼 말이다. 아편팅크라 불리는 아편과 알코올 혼합물은 스위스 출신 화학자 파라켈수스Paracelsus(1493~1541)가 발견했다. 파라켈수스는 아편이 물보다 알코올에 더 잘 녹는다는 것을 깨달았다. 그 사실은 곧 알코올에 녹인 형태가 효능이 더 뛰어남을 뜻했다. 알코올과 아편처럼 억제제 둘을 함께 섞으면 서로의 기능을 강화해 주는 탓에 아편티크는 통증 완화제로서 보다 강력한 효과를 발휘한다. 하지만 억제 효과 또한 강화되어 혼수상태나 사망에 이를 위험도 함께 증가했다. 19세기에는 알코올에다 10퍼센트 비율로 가루약을 섞어 '아편 팅크'를 만들었다. 그렇지만 실생활에 사용된 아편과 알코올 농도는 엄청나게 다양했다. 아편 팅크가 널리 쓰이게 되면서 가격은 곤두박질쳤다. 진이나 와인보다 값이 쌌고 거래 제한도 없었다. 1850년경 연간 아편 소모량은 한 사람당 평균 5그램이었다. 심지어 이가 나면서 발생하는 통증을 없애 주겠다고 아기들에게 떠먹이기도 했다. 그 결과 많은 사람들이 아편에 중독되었다. 시인 새뮤얼 테일러 콜리지Samuel Taylor Coleridge, 에이브러햄 링컨Abraham Lincoln의 아내 메리Mary, 빅토리아 여왕까지도 아편에 사로잡혔다.

아편 중독

아편을 섭취하여 중독 효과를 얻기란 매우 힘들다. 제한적인 처리와 정제 과정을 거쳐 활성 화합물들을 희석하는 데다 입으로 삼켰을 때에는 물질 대사가 재빨리 일어나기 때문에 도취감을 경험하기가 어렵다. 따라서 중독이 되려면 많은 양을 섭취해야만 한다. 가격이 폭락한 19세기 영국과 북아메리카 대륙에서 실제로 그런 일이 일어났다. 많은 양을 복용한 사람들은 생생하고 극적이며 때로는 무서운 꿈을 꾼다. 예술가들 사이에서 아편이 인기 있었던 이유가 아마도 여기에 있을 것이다.

피하 주사기의 발명(1848년경)과 함께 아편 내 유효 성분(모르핀)의 분리 및 추출이 용이해지자 중독자 수도 엄청나게 늘어났다. 혈액 속으로 약물을 직접 전달함으로써 약물을 효능이 덜한 화합물로 대사할 시간이 줄었고 도취감은 더 많이 얻을 수 있게 되었다. 중독자가 늘고 간혹 일반인들 가운데서도 중독 사례가 발생했지만, 영국에서는 1868년 약제법Pharmacy Act이 발효되기 전까지 아편 판매와 사용에 대해 아무런 규제가 없었다. 약제법은 아편 및 관련 상품의 판매를 자격증 소지자로만 제한했지만 여전히 법을 무시하는 일이 빈번했고, 마침내 1908년에 보다 강력한 법 적용과 처벌이 이루어졌다.

아편에는 대략 30가지 알칼로이드가 들어 있는데 그중 모르핀과 코데인codeine 같은 일부 물질만이 약리적 관심 대상이다. 노스카핀noscapine[5]은 기침을 억제하는 효과가 있으며, 파파베린papaverine은 평활근 이완제로 작용한다. 양귀비에서 추출한 화합물들은 아편류opiate로 분류된다. 반면 아편류를 생산하거나 체내에서 모르핀과 유사한 반응을 일으키는 물질은 오피오이드opioid라 불린다. 지금도 『영국 약전』에는 아편이 올라 있지만,[6] 조제용 물질의 가짓수는 1864년에 가장 많은 수인 38개에서 1998년에는 4개로 줄어들었다. 오늘날 아편 처방은 극히 드물어서 분리, 정제된 아편류와 오피오이드가 의약품에 사용되고 있다.

모르핀

양귀비 내에서 발견되는 알칼로이드 가운데 모르핀이 가장 잘 알려져 있다. 모르핀은 강력한 통증 완화 작용을 한다. 처음으로 아편에서 모르핀을 분리한 사람은 독일 화학자 프리드리히 제르튀르너Friedrich Sertürner(1783~1841)였다. 열여섯 살이던 제르튀르너는 의사로부터 어떤 아편 표본이 다른 것들보다 효과가 더 뛰어나다는 이야기를 듣고 아편이 활성 성분을 함유한 화합물들로 이루어진 불순한 혼합물이라 추리했다. 들어 있는 각각의 물질의 양이 다를 것 같았다. 몇 년간에 걸친 노력 끝에 제르튀르너는 가공되지 않은 아편에서 하얀색 고체 결정을 분리해냈고, 가루 형태로 자신과 세 명의 친구에게 시험해 보았다. 그들 모두 심하게 구역질을 했고 24시간 동안 잠에 빠져들었다. 제르튀르너는 잠의 신 솜누스Somnus의 아들이자 꿈의 신인 모르페우스Morpheus에서 이름을 따와 화합물을 모르핀morphine이라 지었다. 양귀비의 종명 솜니페룸somniferum도 솜누스에서 유래한 것이다. 당시에는 이 기념비적인 발견에 아무도 관심을 기울이지 않았다. 후일 아편으로도 떨쳐 버릴 수 없는 심각한 치통을 겪으며 제르튀르너는 다시 한 번 하얀 가루를 복용해 보았다. 적은 양으로 투여하자 깨어 있는 상태에서 치통이 완전하게 사라졌다. 이번에는 의료 전문가가 관심을 표명했다. 모르핀은 분명 유용했다.

코데인

더 많은 화합물들이 아편에서 분리되었고 현대 의학에서 각자의 역할을 맡았다. 코데인은 아편에 두 번째로 많이 든 알칼로이드로, 1832년 피에르 장 로비케Pierre Jean Robiquet(1780~1840)에 의해 처음 발견되었다. 코데인은 메틸기(-CH₃) 하나를 제외한 나머지 구조가 모르핀과 비슷하다. 체내에서 효소는 메틸기를 제거하는 대신 수소 원자를 갖다 붙이기 때문에 우리 몸속에서는 코데인이 모르핀으로 탈바꿈한다. 코데인은 적정한 수준의 통증 완화 작용을 하며 모르핀에 비해 중독성이 훨씬 덜하다.[7] 목 근육을 완화하고 분비물을 줄이기 때문에 오늘날에도 감기 물약 성분으로 쓰이고 있다. 설사를 멈추기 위해서도 처방되는데, 장 조절 근육들의 운동을 느리게 만들어 수분을 다량 함유한 대변이 쉽게 배출되지 못하도록 만든다.

헤로인

19세기 후반까지 보다 강력한 통증 완화제를 찾으려는 노력이 계속되었다. 제약 실험실의 화학자들은 기능을 향상시킬 수 있는지 알아보고자 모르핀의 구조를 이리저리 손보았다. 아세틸기(CH₃C(O)-)를 추가해 만든 디아세틸모르핀diacetylmorphine 혹은 디아모르핀diamorphine은 성공적이었다. 지방에 녹는 정도가 증가했으며, 그 결과 모르핀보다 뇌혈관 벽을 손쉽게 넘나들었다. 일단 뇌로 들어가면 효소가 재빨리 아세틸기를 제거해 디아모르핀을 모르핀으로 되돌려 놓았고, 모르핀은 오피오이드 수용체opioid receptor와 직접 상호 작용했다. 결과적으로 디아모르핀은 모르핀보다 신속하게 반응, 보다 강력한 효능을 발휘했다. 마치 영웅hero이 된 것 같은 느낌을 준다 해서 헤로인heroin이라는 이름이 붙었다. 디아모르핀은 독일 화학 회사인 바이엘Bayer사에서 처음 만들어졌다. 모르핀을 헤로인으로 바꾸는 화학 과정은 간단했으므로, 이 강력한 약물은 대량으로 값싸고 손쉽게 생산되었다. 1898년이 되자 헤로인이 시중에 공급되기 시작했다.

처음에 헤로인은 모르핀의 효과적이면서 중독성은 덜한 형태로 널리 알려졌다. 어떤 종류건 통증이나 불편을 호소하는 어른과 어린아이 모두에게 헤로인이 권장되었다. 모르핀보다 기침을 억제하는 데 더 효과적이었으며, 변비는 덜 유발했다. 이상적인 약물이 아닐 수 없었다. 하지만 효능의 강도나 속도 면에서 모르핀보다 낫다는 것은 중독성도 훨씬 강함을 의미했다. 금단 증상 또한 훨씬 강해서 또 다른 한 방을 향한 욕망이 증가했다. 헤로인 출시 4년 후 중독성이 밝혀지면서 많은 나라들이 헤로인 사용을 금지했다. 중독의 위험성이 약물이 주는 이로움을 넘어선다고 여겨져 전 세계 대부분의 나라들에서는 지금도 헤로인 수입이나 생산, 판매를 금지하고 있다. 영국은 예외적으로 완화 치료 약물로 헤로인을 처방한다. 물론 처방은 매우 엄격한 규칙과 규제 아래 이루어지고, 처방전에는 디아모르핀이나 디아세틸모르핀으로 명시한다.

양귀비를 재배해서 아편을 추출하고 모르핀을 정제해 헤로인으로 바꾸는 과정 전체가 매우 손쉽기 때문에 마약으로서 헤로인은 수익성이 매우 높은 약물이다. 가장 큰 어려움은 원료가 엄청나게 많이 필요하다는 점인데, 아편 1킬로그램이면 모르핀이나 헤로인 100그램을 만들 수 있다.[8] 전형적인 헤로인 사용자가 1년 동안 쓸 양을 생산하려면 연간 적어도 양귀비 1만 개를 재배해야 한다.

아편 살인법

일단 체내에 흡수되면 모르핀과 코데인, 헤로인이 미치는 영향은 비슷하다. 효소가 득달같이 달려와 코데인과 헤로인을 모르핀으로 바꿔 버리기 때문이다. 헤로인은 인체 내에서 활성을 띠지 않기 때문에 반드시 모르핀과 다른 화합물들로 전환되어야만 효과를 발휘할 수 있다. 혈액 속으로 직접 주입하는 길이 이들 약물을 전달하는 가장 효율적인 방법이며, 투약과 거의 동시에 결과가 나타난다. 집어삼키는 경우에는 입을 제외한 위장관 전체에서 혈액 속으로 흡수된다. 섭취한 헤로인 대부분이 물질 대사가 이루어지는 주요 장기인 간에서 2분 내지 3분 안에 모르핀으로 변환된다.

모르핀은 엔도르핀endorphin(혹은 내생성 모르핀endogenous morphine)같이 우리 몸속에서 유래한 오피오이드를 흉내낸다. 구조상으로 엔도르핀과 모르핀은 매우 다르지만 체내에서 야기하는 결과는 비슷하다. 둘 다 오피오이드 수용체를 활성화시키며, 통증 완화와 수면, 쾌감, 이완을 유도한다.

오피오이드 수용체는 뇌와 척수, 장 내 신경 세포에서 발견된다. 네 가지 주요 형태로 델타(δ), 뮤(μ), 카파(κ), 통각 수용nociception(NOP)이 있으며, 각각은 다시 몇 가지 하위 형태로 나뉜다. 뮤 수용체와 모르핀이 상호 작용한 결과 통증이 완화되고 도취감이 유발되며 호흡이 느리고 얕아진다. 중독자들이 모르핀에 의존하는 데에서 큰 부분을 차지하고 있는 증상들이다. 델타 수용체와 카파 수용체에서도 일부 통증 완화 효과를 불러일으키며, 카파 수용체는 진정 효과 또한 책임지고 있다. NOP 수용체는 몇몇 뇌 기능, 그중에서도 특히 본능적이고 감정적인 반응 조절에 관여하는 것으로 생각된다.

의학적 관점에서 모르핀이 유발하는 가장 중요한 효과는 통증 완화이다. 모르핀은 현재까지도 최고의 통증 완화제로 여겨지고 있으며, 새로운 약물이 등장했을 때 그 효능을 비교하는 기준 물질이다. 뇌에서 고등 기능을 맡고 있는 대뇌 피질의 오피오이드 수용체와 모르핀이 상호 작용하면 통증에 대한 지각이 변한다. 모르핀을 맞은 환자는 통증이 있음을 알고는 있지만 더 이상 통증을 염려하지 않는다. 몸무게 70킬로그램 기준으로 10밀리그램을 피하 주사나 정맥 주사로 투여했을 때 모르핀은 가장 효과적이다. 섭취 시에는 효능이 6분의 1로 떨어진다. 물에 거의 녹지 않기 때문에, 대개 염산염이나 황산염 같은 염과 함께 투약된다. 이들 염은 색상이나 향은 없지만 쓴맛이 난다.

체내에서 모르핀이 분해되면 글루쿠로산포합抱合(글루쿠로니드포합 glucuronide conjugation)이라는 화합물이 생성된다. 이 화합물은 물에 잘 녹으며 소변이나 담즙으로 배출된다. 그중 몇몇은 통증 완화 작용을 한다. 예를 들어, 암 환자 스무 명을 대상으로 모르핀-6-글루쿠로니드 morphine-6-glucuronide를 투약한 결과 진정 작용이나 도취감 없이 통증이 완화되었다.

모르핀의 효과가 지속되는 시간은 개인마다 차이는 있지만 세 시간에서 여섯 시간으로 비교적 짧은 편이다. 격심한 통증을 다스려야 할 때에는 추가 투약이 필요하다. 게다가 몇 번 투약하고 나면 우리 몸이 곧 모르핀에 익숙해지기 때문에 용량을 대폭 늘려야 한다. 몇 주간 매일 치료받는 환자의 경우 처음보다 100배 많은 양의 모르핀을 주입해 주어야 한다. 도취감보다 통증 완화에 더 빨리 적응하므로 통증을 다스리기 위해 모르핀의 양을 늘린다는 것은 곧 도취감도 증대된다는 것을 뜻한다. 내성이 생겨나는 과정은 이렇다. 오피오이드 수용체는 평상시에는 체내에서 만들어지는 화학 물질들에 의해 자극된다. 모르핀이 존재하는 상황에서 이들 내인성 화합물들에도 적절히 반응하려면 수용체가 더 많이 필요하다. 수용체 수가 늘면 동일한 양의 모르핀으로는 더 이상 전과 같은 효과를 얻지 못하므로 더 많은 모르핀이 투입되어야 한다. 처음 경험한 통증 완화 효과를 동일하게 얻기 위해서는 계속해서 모르핀의 양을 증가시키는 수밖에 없다. 치료 기간이 길어질수록 모르핀에 중독될 가능성은 더욱 높아진다.

모르핀이 불러일으키는 도취감이나 중독성은 궁극적으로 이 약물이 뇌 속 도파민에 영향을 주기 때문에 발생한다. 도파민은 행복감을 느끼는 데 중요한 역할을 하는 체내 화학 물질이다. 오피오이드 수용체는 도파민 방출에 간접적으로 연루돼 있다. 우리 뇌는 도파민을 방출해 음식을 먹거나 성적性的으로 접촉하는 등 생존과 지속에 중요한 행동들을 강화한다. 모르핀과 오피오이드 수용체가 상호 작용하면 다른 수용체들에서 도파민을 더 많이 방출한다.

일단 우리 몸이 모르핀에 익숙해지면 갑작스레 약물이 줄어들거나 사라졌을 때 중독addiction 증상이 나타날 수 있다. 세포들은 불현듯 오피오이드 수용체는 넘쳐 나는데 수용체를 자극할 모르핀이 부족하거나 없다는 사실을 깨닫는다. 불안감, 발한, 구토, 설사, 오한,⁹ 골통, 심부정맥, 우울증, 두통을 동반하는 광범위한 증상으로 이어진다. 이들 증상은 불쾌하고 매우 고통스럽긴 하나 사망까지 불러오는 경우는 드물다. 약물을 절제하는 기간이 길어지면 오피오이드 수용체 수가 줄어들면서 몇 주 혹은 몇 달 후에는 정상으로 돌아온다. 오랜 기간 약물을 끊었다가 다시 헤로인이나 모르핀에 손을 대게 되면 약물에 대한 내성을 잃은 상태기 때문에 과거 한 번 투여하던 양으로도 손쉽게 과다 복용에 이른다. 그러나 의학적 목적에서 모르핀이나 관련 산물을 투약하는 사람들에게서는 중독이 거의 발생하지 않는다. 베트남에서 정기적으로 헤로인을 맞았던 미국 군인들의 90퍼센트가 집으로 돌아온 후에는 더 이상 헤로인을 사용하지 않았다.

모르핀이 우리 몸속 다른 부위의 오피오이드 수용체와 상호 작용하면서 부작용이 발생하기도 한다. 소화관에서는 장에서 음식물을 내려보내는 역할을 하는 근육의 움직임이 둔화된다. 그 결과 변비가 자주 생기며, 더 심각하게는 평소보다 위 속에 머무는 시간이 길어지면서 몸 밖으로의 배출이 지연된다. 동공 축소, 구역, 구토, 가려움, 졸도, 정신 혼탁, 소변 정체 등이 부작용에 해당한다. 아편류와 오피오이드가 유발하는 일부 부작용은 우리 몸에 이롭게 작용할 수도 있다. 기침 반사를 억제하여 오늘날까지도 기침약으로 처방되고 있는 코데인의 경우, 과민성 대장 증후군 치료에 동원된다. 그러나 부작용이 심각한 상태를 초래하는 환자들도 있는데, 일부 환자에게서 모르핀에 알레르기 반응이 나타나며 극히 드물지만 조증이나 섬망이 발생하기도 한다. 어린아이들에게서는 일반적으로 경련이 일어난다.

헤로인과 코데인을 포함한 모르핀의 가장 심각한 부작용은 호흡속도가 느려지는 것이다. 과다 복용으로 인한 사망 혹은 독살은 이로 인해 발생한다. 우리 몸에서 호흡률은 예의 주시되고 조절된다. 체내 수용체들은 밖으로 배출될 이산화탄소의 양에 민감하다. 산소 농도가 낮은 상태에도 마찬가지로 예민하다. 대사율이 증가하면 생산되는 이산화탄소의 양도 늘어난다. 여분의 이산화탄소는 효소에 의해 탄산으로 전환되고 그에 따라 혈액의 산성도가 낮아진다. 대개 우리 몸은 호흡의 속도와 강도를 높여 여분의 이산화탄소를 밖으로 배출하고 폐로 들어오는 산소의 양을 늘린다. 오피오이드는 이산화탄소에 대한 호흡 중추(들숨과 날숨을 책임지는 근육들을 조절하는 뇌 부위)의 민감도를 떨어뜨리고 자동적인 활동을 억제하여 호흡이 느려지게끔 만든다. 수면 동안에는 호흡이 완전히 멈춰 버릴 수도 있다. 모르핀의 치사량은 일반적으로 100~300밀리그램인데, 중독자들은 이보다 10배에서 20배는 더 견딜 수 있다.

모르핀 중독poisoning 증상은 주사기로 주입한 지 5분에서 10분 내에, 복용한 지 15분에서 40분 내에 나타나는데,[10] 진정 효과가 극심해지면서 혼수상태에 이른다. 동공이 아주 작게 줄어들고 숨 쉬는 속도가 엄청나게 느려진다. 이어 호흡 곤란이 오며 결국 사망에 이른다. 코데인이나 헤로인에 중독된 경우 흥분과 경련이 발생하기도 한다.

아편 해독제

모르핀 과다 복용에 대한 해독제로 많은 약물들이 개발되었다. 이 약물들은 모르핀을 대신해 오피오이드 수용체와 반응하는 역할을 맡았다. 가장 성공적인 약제는 1960년대에 개발된 순수 오피오이드 길항제, 날록손naloxone[11]이다. 날록손은 구조적으로 모르핀과 비슷하지만 미묘하게 차이가 있고, 이 작은 차이가 전혀 다른 결과를 불러일으킨다. 오피오이드 과다 복용의 경우 날록손을 주입하면 정상적인 호흡을 되찾는다. 오피오이드 수용체에서 모르핀의 자리를 날록손이 대신 차지하게 되면 더 이상 수용체가 자극받지 않으므로 결국 호흡 억제나 통증 완화 같은 오피오이드로 인해 유발된 효과가 역전된다. 날록손의 효력은 몇 분 이내에도 나타날 수 있다.

실제 사례

1920년대 이전에는 모르핀을 구하기가 쉬웠다. 그리고 1850년대 이전에는 시신에서 모르핀을 검출할 수 없었다. 두 사실과 세간의 이목을 끈 사건들을 함께 고려하면, 과거에는 모르핀 독살자들이 거의 발각되지 않았을 것이라고 짐작할 수 있다. 모르핀과 그 유도체들은 끊임없이 살인 도구로 이용되었다. 심지어 유통을 통제하는 규제가 강화되고, 법의학 기술의 발달로 사건 발생 후 몇 년이 지나서까지 사체에서 모르핀을 검출할 수 있게 되었을 때에도 말이다.

『슬픈 사이프러스』가 출간되고 몇 년이 흐른 1968년, 애거서 크리스티는 『엄지손가락의 아픔By the Pricking of My Thumbs』에서 다시 한 번 살인 도구로 모르핀을 등장시킨다. 양로원에서 뚜렷한 동기 없이 모르핀을 이용한 살인 사건이 벌어진다. 크리스티는 1935년에 실제로 발생한 한 사건에서 작품의 영감을 얻었던 것 같다.

도로시아 워딩엄Dorothea Waddingham은 간호사 자격증을 소지하지는 않았지만, 사람들은 언제나 그녀를 워딩엄 간호사라 불렀다. 그녀는 노팅엄에서 남편과 함께 요양원을 운영했다. 이 요양원에는 1935년에 세 명의 여성인 루이자 베이글리Louisa Baguley와 에이다 베이글리

Ada Baguley,[12] 켐프 양Mrs Kemp이 입원해 있었다. 어느 날 통증을 호소하던 켐프 양에게 워딩엄은 모르핀을 처방했다. 켐프 양은 사망했고, 당시 워딩엄은 엄청난 양의 모르핀을 소지하고 있었다.

한편 두 명의 환자, 베이글리 모녀는 워딩엄으로부터 남은 평생을 잘 돌봐 주는 대가로 전 재산을 자신에게 넘기라는 압력을 받았다. 하지만 결국 그들이 돌봄을 받은 여생은 매우 짧은 것으로 드러났다. 베이글리 모녀는 자신들이 받는 치료에 전혀 불만이 없었고 매우 행복해 하는 것 같았다. 이들은 방세(주당 3파운드[13])를 비교적 적게 지불하는 데 반해 보살핌은 상당히 많이 필요한 환자들이었다. 딸인 에이다는 쉰 살로 퇴행성 질환을 앓고 있었고, 연로한 그녀의 모친은 에이다를 돌볼 수 없었다. 워딩엄은 이렇게 말했다. '그들이 더 나을 것도 없는 병원 치료를 받자면 일주일에 5기니는 지불해야 한다. 이곳은 그들에게 정말로 적절한 장소이다.'[14]

1935년 5월 4일, 에이다 베이글리는 유언장을 수정해 워딩엄을 유언장에 포함시켰다. 8일 후 모친 루이자 베이글리가 사망했다. 루이자의 죽음에는 누구도 의혹을 제기하지 않았고, 에이다는 계속해서 요양원의 보살핌을 받았다. 그해 9월 10일, 친구 브리그스 양Mrs. Briggs이 에이다를 방문했다. 에이다는 기분이 좋아 보였다. 브리그스 양은 다가오는 목요일에 에이다를 자신의 집으로 초대했다. 하지만 다음 날 아침 에이다는 혼수상태로 발견되었다. 새벽 2시 이후로 에이다는 의식이 없었지만, 의사는 부른 지 세 시간이 지난 정오까지도 나타나지 않았다. 마침내 의사가 도착했을 때 에이다는 죽어 있었다.

의사는 에이다의 사망에 놀라지 않았다. 하지만 이렇게 빨리 죽을 거라고는 예상하지 못했다. 에이다를 살펴본 의사는 사인을 심혈관계 악화라 결론 내리고 사망 진단서를 발부했다. 9월 13일로 화장 날짜가 잡혔지만 취소되었다. 살인의 증거를 감추려는 의도로 시신을 화장할 경우에 대비해 영국에서는 화장 전에 정밀 조사가 진행되었다. 당시 노팅엄의 화장 위원이었던 시릴 뱅크스Cyril Banks는 보건 당국의 의료 담당자기도 했다. 그는 간호사 워딩엄의 요양원이 정식으로 등록된 시설이 아니며, 자격을 갖춘 간호사가 직원으로 근무하지도 않는다는 사실을 알고 있었다. 뱅크스는 에이다의 죽음을 완벽하게 조사하기로 결심하고 사후 검시를 요청했다.

자연사의 조짐은 없었다. 경화증 혹은 '보행성 운동 실조'라 널리 알려진 에이다의 상태는 제법 진행이 되기는 했지만 죽음에 이를 단계는 아니었다. 독약이 투약되었는지 알아보기 위해 전문가에게 분석을 의뢰했다. 그 결과, 상당한 양의 모르핀이 위와 지라, 신장, 간에서 발견되었다. 위에서 2.5그레인(약 150밀리그램), 시신 전체에서 3그레인 이상 검출되었다. 모르핀이 체내에서 빠른 대사를 보인다는 점을 감안하면 실제 투여량은 훨씬 더 많았을 것이다. 에이다의 모친 루이자 베이글리의 유해도 발굴하여 검시가 이루어졌다. 역시나 루이자의 시신에서도 상당히 많은 모르핀 관련 화합물이 검출되었다. 워딩엄은 살인죄를 선고받고, 이듬해인 1936년 4월 교수형에 처해졌다.

모르핀을 다룬 그 어떤 책도 최고의 악명을 자랑하는 모르핀 독살자 해럴드 시프먼Harold Shipman을 언급하지 않고는 넘어갈 수 없다. 시프먼은 영국 북부 지방에서 일반의로 근무하고 있었다. 영국에서 가장 많은 사람을 살해한 연쇄 살인마 시프먼은 2000년 1월, 15명을 살인한 혐의로 유죄를 선고받았다. 시프먼이 돌본 1,000명 이상의 환자들을 대상으로 추가 조사가 실시되었고, 그중 220명에서 240명 정도의 죽음에 시프먼이 관련된 것으로 밝혀졌다. 시프먼이 실제로 살해한 전체 환자 수를 알아내기는 어려웠다. 초기에 발생한 사건의 경우 정말로 무슨 일이 있었는지를 밝히기에는 증거가 부족했기 때문이다.

살인은 23년에 걸쳐 벌어졌지만, 의혹이 제기된 것은 시프먼이 마지막 희생자였던 캐슬린 그런디Kathleen Grundy의 유언장을 위조하려 한 1998년에 이르러서였다. 시프먼의 표적들은 대개 혼자 사는 나이든 여성들이었다. 물론 일부 남성들도 있었다. 가장 나이가 많았던 희생자는 93세의 앤 쿠퍼Ann Cooper였고, 가장 어린 희생자는 41세의 피터 루이스Peter Lewis였다. 루이스는 위독한 환자였다. 그리고 시프먼은 그의 죽음을 앞당겨 주었다. 시프먼은 주로 아편류, 그중에서도 디아모르핀을 주사기로 주입하여 환자를 살해했다. 때로 다량의 진정제를 사용하기도 했다.

시프먼은 여러 가지 경로로 많은 양의 약물을 구입했다. 예를 들어, 1996년에는 죽어 가는 환자 앞으로 한 번에 1만 2,000밀리그램에 달하는 디아모르핀을 처방하고 구매했다. 360명은 거뜬히 죽일 수 있는 양이었다.[15]

사망 진단서와 의료 기록을 검토하고, 희생자의 친척 및 시프먼의 직장 동료들을 면담하는 과정에서 증거들이 쏟아져 나왔다. 추가로 아홉 구의 시신을 발굴해 사후 검시를 실시한 결과 여기서도 엄청난 양의 모르핀이 검출되었다. 하지만 희생자 중 다수가 화장되었고 매장된 사체도 시간이 꽤 흐른지라 법의학 증거를 얻기 힘든 경우가 많았다. 매장 후 4년 이상이 지나면 사체 내 모르핀이 신뢰할 만한 수준으로 검출되지 않는다.

살인에 사용된 약물이 헤로인이었는지 모르핀이었는지, 양은 얼마나 되는지, 투약 방법은 무엇이었는지 알아내려는 시도는 없었다. 넓적다리 근육과 간에서 채취한 표본으로 분석이 이루어졌다. 시프먼은 희생자 중 다수가 약물을 습관적으로 투여했다고 주장했다. 하지만 머리카락을 분석한 결과 모르핀이 아주 낮은 농도로 발견되었고, 이는 희생자들이 코데인을 비롯해 처방선 없이 살 수 있는 약물을 사용했다는 기록과 일치했다.

시프먼은 감옥에서 목을 매달아 자살했다. 자신이 살해한 전체 희생자 수나 살인 동기에 대해서는 전혀 밝히지 않은 상태였다. 1979년에 작성한 유언장에 따라 시프먼의 전 재산은 아내에게로 상속되었고, 그는 화장장의 불길 속으로 사라졌다.

애거서 크리스티와 아편

『슬픈 사이프러스』의 중심에는 모르핀으로 독살된 두 명의 피해자가 있다. 주요 용의자는 젊은 여성 엘리너 칼라일로, 그녀는 로디 웰먼과 결혼을 앞두고 있었다. 두 사람의 미래에 드리운 유일한 먹구름은 부족한 재산이었지만 이마저도 일시적인 문제였다. 두 사람 모두 부유한 노부인 로라 웰먼과 친척 관계[16]였고, 웰먼 부인은 가장 가까운 친척인 두 사람에게 유산을 상속할 예정이었다. 웰먼 부인은 최근 뇌졸중을 앓으며 건강이 좋지 못한 상태였다. 두 사람은 조만간 결혼 날짜를 잡을 예정이었다. 그러던 어느 날 익명의 편지가 엘리너 앞으로 배달된다. 편지에는 웰먼 부인 곁에서 알짱거리는 젊고 예쁜 도우미

메리 제라드가 까딱하면 모든 유산을 물려받게 될지 모른다고 적혀 있었다. 두 사람은 웰먼 부인을 찾아뵙기로 결정한다. 표면상으로는 사랑해 마지않는 친척의 안부를 확인하고자 함이었으나, 거기에 더해 자신들의 이익을 보호하려는 목적도 있었다. 로디가 메리 제라드와 마주치기 전까지 그들의 방문은 순조로웠다. 하지만 로디는 한순간에 그녀의 아름다움에 사로잡히고 말았다. 엘리너는 급작스레 유산과 남자 모두를 한 여성에게 빼앗길 위기에 처한다.

일주일 후 엘리너와 로디를 웰먼 부인의 저택으로 다시 호출하는 전보가 도착한다. 노부인에게 두 번째 뇌졸중이 왔던 것이다. 엘리너는 웰먼 부인 곁에서 변호사를 대신해 그녀의 요구 사항을 들었다. 다음 날 사망 진단서가 발부되고 노부인의 죽음은 자연사로 처리된다. 웰먼 부인의 사망에 놀라는 이는 없었다. 다만 예상보다 조금 이르다고 여겨졌을 뿐이다. 웰먼 부인이 유언장을 남기지 않았다는 게 유일하게 놀라운 일이었다. 유언장이 없었으므로 웰먼 부인의 엄청난 재산은 모두 살아 있는 가장 가까운 친척인 엘리너 칼라일에게로 상속되었다. 로디가 미래의 아내에게 재정적으로 의존하는 것에 언짢음을 호소했기에, 그리고 보다 중요하게는 메리 제라드에 대해 열렬한 사랑의 감정을 품고 있었기에 두 사람의 결혼은 취소된다.

한 달이 지나 엘리너는 고모의 유품을 정리하기 위해 저택으로 돌아왔다가 점심 식사 자리에 메리 제라드와, 웰먼 부인을 돌보았던 간호사 홉킨스를 초대한다. 점심으로는 생선 페이스트를 바른 샌드위치와 차가 나왔다. 홉킨스 간호사가 엘리너를 도와 웰먼 부인의 옷가지들을 정리하는 동안 메리 제라드는 앉은 자리에서 쓰러져 잠에 빠져들었다. 한 시간이 지난 후 깨우려 했지만 메리는 일어나지 않았다.

심각하게 아픈 게 분명해 보였다. 의사를 불렀지만 의사가 저택에 도착하기 직전 메리는 숨을 거두었다.

검시 결과 메리는 극히 드문 형태의 급성 모르핀 중독으로 사망한 것으로 밝혀졌다. 알렉산더 블라이스Alexander Blyth는 『독약, 그 효과와 발견Poisons, Their Effects and Detection』이라는 책에서 아편 중독을 세 가지 형태로 나눠 설명했다. 애거서 크리스티는 이 책을 즐겨 읽었다. 모르핀 중독은 대개 일정 기간 동안 흥분 상태를 유발하다가 독약에 노출된 지 30분에서 한 시간이 지나면 의식 불명과 혼수상태를 불러일으킨다. 급성 중독은 매우 빠르게 진행되어 5분에서 10분 사이에 깊은 잠에 빠져들며, 몇 시간 안에 사망에 이른다. 일반적인 아편 사용자들이 동공이 축소되는 것과 달리 급성으로 중독된 사람들에게서는 동공이 확장된다. 극히 드물지만 모르핀 중독으로 경련이 나타나기도 한다. 이 경우 혼수상태에 빠지지는 않는다.

메리는 고의로 독살된 게 명백해 보였다. 즉시 용의자로 엘리너가 지목되었다. 엘리너는 메리가 죽던 날 불쾌한 언사를 남겼다. 마을 가게에서 샌드위치에 바를 생선 페이스트를 구매하면서 "예전에는 생선 페이스트를 먹기 꺼렸죠? 식중독을 일으킨 적이 몇 번 있었잖아요?"라고 이야기한 것이다. 우려에도 불구하고 엘리너는 생선 페이스트 두 병을 구입했다. 점심을 함께한 세 명의 여성 모두 생선 페이스트를 바른 샌드위치를 먹었다. 만일 정말로 식중독에 걸렸다면 세 명 모두 구토와 설사로 그 자리에서 쓰러졌어야 했다. 에르퀼 푸아로가 지적했다시피, 메리 제라드를 식중독으로 위장해 살인하려 했다면 모르핀은 좋은 선택이 아니었다. 비슷한 증상을 유발하는 다른 독약들이 있었다. 심지어 푸아로는 아트로핀 같은 약물로 독살하는 게 훨씬 나았으리라 말하기도 했다.

사후 검시는 메리 제라드의 사인을 어렵지 않게 모르핀 중독으로 결론내렸다. 20세기 초까지도 모르핀은 손쉽게 구할 수 있었다. 그 말은 당시 모르핀이 살인 도구로 흔히 쓰였으며, 독살로 의심되는 경우 사용된 독약이 모르핀인지를 확인하기 위한 화학 검사법들을 과학자들이 개발하려 애쓰고 있었음을 의미한다.

실제 일어났던 한 사건이 우리 몸속에 존재하는 여러 알칼로이드들을 서로 구분하는 문제를 수면 밖으로 드러나게 해 준다. 1892년, 뉴욕에 살던 로버트 뷰캐넌Robert Buchanan 박사는 첫 번째 아내와 이혼한 후 사창가 여인 애나 서덜랜드Anna Sutherland와 새로운 관계를 시작했다. 애나는 자신의 사업으로 엄청난 재산을 일구었고, 뷰캐넌은 그런 그녀와 결혼하기로 결심했다. 하지만 애나의 재산만으로는 충분하지 않았다. 그는 애나 앞으로 5만 달러에 달하는 생명보험을 들었다. 애나가 대뇌 출혈로 사망하자, 뷰캐넌은 곧바로 보험금을 찾아 자신의 고향 노바스코샤Nova Scotia로 돌아간다. 그리고 그곳에서 첫 번째 아내와 다시 결혼했다. 애나가 죽은 지 겨우 3주가 지난 무렵이었다.

뷰캐넌은 유유히 빠져나갈 뻔했지만 애나의 친구들이 그가 애나를 독살했다는 의혹을 품기 시작했다. 뷰캐넌은 그보다 2년 앞서 모르핀 과다 복용으로 아내를 살해한 칼라일 해리스Carlyle Harris 사건에 특별한 관심을 보였었다. 경찰은 사망한 해리스 부인의 눈동자를 보고 독살을 의심했다. 모르핀으로 인해 동공이 매우 작아져 있었던 것이다. 해리스는 즉시 유죄를 선고받았다. 뷰캐넌은 해리스를 '서투른 멍청이' '우둔한 아마추어'라 일컬으며, 친구들에게 만일 해리스가 아트로 핀 안약을 썼더라면 모르핀의 효과가 상쇄되어 그 누구도 알아채지 못했으리라 지적했다. 애나 서덜랜드의 마지막을 함께했던 간호사는 뷰캐넌이 애나의 눈에다 안약을 주입하는 장면을 목격했다. 안약을 넣을 이유가 전혀 없었는데도 말이다.

애나의 유해가 발굴되었고 검시 결과 사인은 모르핀 과다 복용으로 결론이 났다. 하지만 배심원들을 확신시키려면 다른 뭔가가 필요했다. 아트로핀과 모르핀의 효과를 입증하기 위해 법정에 고양이가 세워졌다. 두 약이 눈에 미치는 효과를 보이고자 고양이 눈에 약물이 주입되었다. 애나를 죽이기 위해 상당한 양의 모르핀이 투여되었음을 입증하기는 어려웠던 반면, 이 방법은 매우 직접적이었다.

당시에도 이미 몇 가지 화학 반응으로 의심스러운 물질을 확인할 수 있었다. 색상에서의 특징적인 변화는 특정 화합물의 존재를 확인해 주었다. 뷰캐넌의 변호인 측은 이러한 색상 시험이 확실하지 않다는 것을 입증하고자 했다. 당시 모르핀을 확인하는 데에는 펠라그리 테스트Pellagri test가 자주 쓰였다. 펠라그리 테스트는 다음과 같이 이루어진다. 우선 미확인 물질을 농축 염산에 녹인 후 농축 황산 몇 방울을 첨가한다. 혼합액을 증발시킨다. 이때 남은 찌꺼기에서 선명한 붉은색이 나타나면 미확인 물질이 곧 모르핀임을 의미한다. 묽은 염산과 탄산나트륨, 요오드팅크(물과 알코올에 요오드를 녹인 것)를 혼합액에 추가하면 선명한 붉은색은 초록색으로 변한다.

유명한 독성학자 루돌프 오거스트 위트하우스Rudolph August Witthaus (1846~1915)가 뷰캐넌 사건 당시 펠라그리 테스트를 맡아 신중하게 진행했다. 하지만 뷰캐넌의 변호인 측에서는 또 다른 전문가로 미시간 대학교의 화학 교수인 빅터 C. 보건Victor C. Vaughan을 증인으로 내세웠다. 보건은 사체 알칼로이드cadaveric alkaloid(동물 사체가 부패하면서 생산되는 알칼로이드)의 펠라그리 테스트 결과가 모르핀과 동일하다고 주장했다. 부패한 개의 췌장에서 추출한 표본을 가지고 법정에서 화학 실험이 이루어졌다. 복잡한 화학 반응을 수행하기에 법정은 이상적인 장소가 아니었고 보건은 최종 결과물에 그다지 영향을 미치지 않는다며 몇 가지 단계를 생략했다. 모르핀과 사체 알칼로이드로 실험이 진행되었다. 보건이 시료들로 만든 색상은 교과서에 기술된 색상과 늘 일치하지는 않았다. 배심원들은 화학 실험에 대한 설명과 여러 가지 색 반응에 당혹스러워 했다. 하지만 결과물로 나온 색상이 꼭 교과서와 맞아떨어지지 않는다 하더라도 모르핀과 사체 알칼로이드가 동일한 색상을 만들어내며, 따라서 본질적으로 분간이 힘들다고 생각하게 되었다. 뷰캐넌은 다른 증거들에 의거해 유죄를 선고받았고 종국에는 전기의자에 앉았다. 그러나 뷰캐넌의 재판으로 과학적 증거들은 신임을 잃었고, 신문들은 득달같이 펠라그리 반응이 결국은 그리 믿음직스럽지 못하다는 기사를 쏟아 냈다.

법정에서 보건이 실시한 화학 검사는 살인과 같은 심각한 범죄에 적용되는 높은 수준의 표준 절차를 따르지 않았지만 대중들의 법의학에 대한 신뢰는 몹시 흔들렸다. 위트하우스는 뷰캐넌 법정에서 몇 가지 검사를 실시하고 그 결과를 비교하는 것의 중요성을 지적했다. 일부 화학 검사에서는 몇몇 화합물이 동일한 결과물을 내놓을 수도 있다. 하지만 모든 검사가 그런 것은 아니다. 법정 증언을 준비하면서 위트하우스는 모르핀의 존재를 확인해 준다고 알려진 모든 검사를 실시했다. 개구리를 대상으로 생리학적 연구도 진행했다. 애나 서딜

랜드는 모르핀으로 독살된 게 확실했다. 하지만 배심원단을 설득시키려면 간단하고 믿을 만한 검사법이 필요했다. 재판이 끝나고 법의학의 중요성과 신빙성을 되살리기 위해 독성 화합물에 대한 믿을 수 있고 반복 가능하며 오차 없는 검사법을 개발하려는 시도들이 이어졌다. 새로운 수준의 엄격함이 법의학에 도입되었다. 이들 과정은 끊임없이 시험되고 개선되며 더 믿을 만한 방법들로 교체되었다.

1955년까지 모르핀을 검사하는 방법은 30가지가 있었다. 색상 반응과 함께, 사체에서 추출한 순수 화합물을 염으로 전환했을 때 만들어지는 결정의 형태, 녹는점 등을 확인했다. 특정한 화학 반응을 쓸 수 없는 사건에서는 독약의 효과를 검증하기 위한 생리학적 실험이 진행되기도 했다. 『슬픈 사이프러스』가 출간된 1940년까지도 독살로 의심되는 사건의 경우 높은 단계의 절차를 적용하여 물질을 분석하고 확인했다.

『슬픈 사이프러스』에서는 메리 제라드가 독살되자 웰먼 부인의 죽음을 둘러싼 정황들 또한 의혹에 휩싸인다. 매장 후 한 달 이상이 지난 시점에서 웰먼 부인의 유해가 발굴되었음에도 검시 결과 사인이 모르핀 중독이라는 사실이 확인되었다. 살아 있는 신체에서는 화학 물질들이 대사되지만, 죽고 나면 대사 과정이 멈춘다. 물론 약물과 대사산물들이 편리하게도 그 자리에서 얼어붙어 병리학자들이 등장해 분석을 거쳐 범죄를 재구성해 줄 때까지 기다려 준다는 뜻은 아니다. 부패가 진행되는 동안 완전히 새로운 화학 반응이 일어나면서 체내에 존재하는 약물들이 새로운 화합물로 변환될 수도 있다. 물론 그중 많은 수가 놀라울 만큼 이 과정에 저항한다. 모르핀의 마지막 대사산물은 글루쿠로산포합인데, 사후 느리지만 다시 모르핀으로 변환된다. 조심하지 않는다면 심지어 인체에서 떼어낸 표본일지라도 화학 반응이 일어나 모르핀 산물들을 분해할 수 있다. 게다가 시간이 흐를수록 매장된 사체의 조직에서 수분이 고갈되면서 약물이 농축된다. 따라서 건조 정도를 신중하게 계산해서 반영해야만 한다.

검시 과정에서 약물 분석을 위해 가장 흔하게 추출하는 표본은 간과 혈액, 소변이다. 그러나 이들 모두를 항상 얻을 수 있는 것은 아니다. 부패 정도에 따라 얻지 못하는 표본도 있다. 웰먼 부인의 경우에는 간 표본이 최선의 선택지였을 것이다. 소변은 없었을 테고 사체가 방부 처리되었다면(웰먼 부인은 부유했으니 그랬을 가능성이 크다) 혈액이 변했을 것이다. 사체 약물 분석 시 다른 조직들을 사용하기도 하지만 확실성이 훨씬 떨어진다. 예를 들어, 근육 조직은 우리 몸에서 약물을 가장 많이 저장하고 있지만 약물을 추출해내기가 어렵다. 게다가 근육 전체에 약물이 고루 분포해 있지도 않기 때문에 분석 결과 오류가 발생할 수도 있다. 시간에 따른 약물 사용을 검증하기 위해 머리카락을 사용하기도 한다. 머리카락은 부패하지 않으며 게다가 천천히 자라므로, 시간이 지나면서 약물이 이곳에 도달한다. 만일 웰먼 부인의 몸에 사망 직전 단 한 번 (엄청난 양의) 모르핀이 주입되었다면, 그녀의 머리카락에서는 모르핀이 검출되지 않을 것이다. 모르핀은 약물 중독으로 사망한 사체를 먹고 자란 구더기에서도 검출된다.

다량의 모르핀이 정밀하게 추출된다 하더라도 사망에 이른 원인이 모르핀인지 아닌지를 확신을 갖고 말하기는 어렵다. 사람들은 오피오이드에 대해 내성을 발달시키기 때문에 환자가 의학적 혹은 쾌락

적 목적으로 이들 약물을 사용했는지 여부가 알려지지 않은 상태에서는 치사량을 판단하기가 거의 불가능하다. 처방전 없이 구매할 수 있는 코데인(이 화합물은 체내에서 모르핀으로 바뀐다)이 검사 과정에서 드러날 가능성도 있다. 양귀비 깻묵poppy-seed cake 같은 음식물에 대한 개인적 선호가 결과를 엉망으로 만들 수도 있다. 양귀비 씨앗에 존재하는 아편류의 양은 실로 다양하다. 엄청난 양(약 75그램)으로 먹어 대지 않는 한 양귀비 씨앗에서 다량의 아편을 섭취하기는 어렵지만, 양귀비 씨앗이 든 음식을 먹은 사람들이 종종 약물 시험을 통과하는 데 실패하기도 한다.

웰먼 부인이 어떤 약을 복용했는지에 대해서는 매우 잘 알려져 있었다. 최근 질환을 앓으면서 의사가 정기적으로 부인을 방문했으며, 두 명의 간호사가 항시 보살폈다. 웰먼 부인이 양귀비 깻묵을 엄청나게 좋아했다고 하더라도 그녀의 사체에서는 모르핀이 아주 적은 양으로만 발견되었을 것이다. 병리학자는 자신 있게 웰먼 부인의 사인이 모르핀 중독이라 결론내렸다.

엘리너 칼라일이 범인이라는 증거들이 차곡차곡 쌓여 갔다. 법정에서는 그녀가 유죄를 선고받으리라는 게 확실해 보였다. 푸아로는 엘리너의 혐의를 풀기 위해 고용되었다. 평소대로 증거들을 살피고 사건과 관련 있는 사람들을 만나 대화하며 쓸 데 없는 정보들을 떨쳐 버린 후, 푸아로는 마침내 진실에 도달한다.

웰먼 부인을 진찰했던 의사는 그녀가 자살했거나 혹은 누군가의 도움을 받아 자살했을 거라고 생각했다. 실제로 웰먼 부인 자신이 의사에게 직접 도움을 구한 적도 있었다. 하지만 의사는 그녀에게 추가

적으로 약을 주길 거절했다. 비록 몸져눕기는 했어도 웰먼 부인은 기략이 풍부한 여성이었고 마음만 먹는다면 모르핀을 손에 넣어 치사량만큼 복용할 수 있었으리라 의사는 생각했다.

1920년 극약 법안Dangerous Drugs Act에 따라 아편과 모르핀, 그리고 다른 몇몇 약물들은 오로지 의사의 처방전이 있어야만, 그것도 등록된 약국을 통해서만 구입할 수 있었다. 화학자, 조제사, 의사, 간호사들은 모르핀에 접근할 수 있었지만 얼마나 사용하는지 철저히 감시되었다. 또한 분실된 약이 없는지 확실히 하기 위해 재고 조사가 엄격히 이루어졌다. 애거서 크리스티는 1955년 작품『히코리 디코리 살인Hickory Dickory Dock』에서 모르핀 구입의 어려움을 어느 정도 이야기한 바 있다. 한 등장인물이 세 가지 치명적인 독약을 구하려 애쓰는데 그중 하나가 모르핀 타르타르산염morphine tartrate이었다. 그는 의사로 가장하고 병원 내 조제실 찬장에서 독약을 훔치는 데 성공한다. 오늘날의 독살자가 크리스티가 제안한 방법들을 따라 독약을 손에 넣으려 했다가는 실망하고 말 것이다. 비밀스러운 방법이 통하지도 않거니와, 독약에 대한 확인과 통제가 더 강화된 탓이다.

『슬픈 사이프러스』에서 크리스티는 모든 주요 용의자들이 모르핀에 접근할 수 있는 그럴싸한 상황을 만들어 주었다. 홉킨스 간호사는 가방 속에 각각 모르핀 염산염morphine hydrochloride 0.5그레인씩을 함유한 정제 20개가 담긴 약병을 가지고 있었다. 암종(피부 암)으로 고통받는 마을 환자에게 줄 약이었다. 웰먼 부인이 죽기 전날 홉킨스 간호사는 가방에서 약병이 사라졌음을 발견한다. 약병을 잃어버린 사실은 반드시 보고해야 할 사안이었지만, 당시 홉킨스 간호사는 다른 곳에 두었으리라 생각하고 넘어간다. 나중에 간호사의 가방이 그날 밤 내내 웰먼 부인의 저택 현관에 놓여 있었으며 누구라도 가방에서 모르핀을 꺼내 갈 수 있었음이 밝혀진다. 약병에는 정기적으로 모르핀이나 모르핀 관련 산물을 투약하지 않는 사람의 경우 몇 명이나 죽일 수 있을 만큼의 약이 들어 있었다. 살인자가 주사기를 가지고 있었다면 정제 몇 개를 녹여 웰먼 부인에게 주입하거나, 아니면 부인이 먹는 음식이나 음료에 첨가할 수도 있었다. 음식에서 쓴맛이 나더라도 운동 능력을 상실한 부인으로서는 저항할 수 없었을 것이다. 따라서 용의자는 전문 의료인이 아니라도 상관없었다.

웰먼 부인과 비교했을 때 메리 제라드의 죽음은 명쾌해 보였다. 점심 식사를 하는 동안 메리는 다량의 모르핀을 섭취했다. 당시 방 안에는 메리를 포함한 세 사람만 있었다. 이 설정은 1930년에 일어난 실제 사건과 매우 유사했다. 어쩌면 크리스티가 이 사건에서 영감을 얻었는지도 모른다.

새라 헌Sarah Hearn은 연어 샌드위치에 비소를 넣은 혐의로 기소되었다. 샌드위치는 자신과 두 명의 친구, 윌리엄 토머스William Thomas와 애니 토머스Annie Thomas를 위해 준비한 것이었다. 토머스 부부는 샌드위치를 먹은 지 얼마 안 있어 앓아누웠다. 특히 애니의 상태가 좋지 못했다. 두 사람이 자택에서 회복하는 동안 새라는 애니를 위한 환자식과 윌리엄을 위한 먹을거리를 준비해 갔다. 이틀 후 애니 토머스는 사망했다. 사체를 검시한 결과 다량의 비소가 발견되었다. 그동안 새러 헌은 자살을 암시하는 글을 남기고 사라졌다. 실제로는 이름을 바꾸고 이웃 마을에서 가정부 일을 하고 있었다. 재판이 시작되자, 새라의 변호인은 애니가 묻힌 흙 속에 비소가 다량으로 존재하며, 사후 검시에 사용된 표본이 이 비소에 쉽게 오염될 수 있었다며 과학적 증거들을 깎아내렸다. 배심원은 새라를 무죄 석방했다. 하지만 여전히 많은 의문이 남아 있었다. 예를 들어, 그녀는 어떻게 자신만 독이 든 샌드위치를 먹지 않을 수 있었을까? 그녀가 추정대로 제초제에 든 비소를 사용했다면 파란색을 띠었을 텐데, 어떻게 색깔이 드러나지 않게 비소를 첨가할 수 있었을까?

세 명이 함께한 점심 식사 자리에서 살인마를 드러내지 않고 오로지 한 사람만을 죽인 과정을 설명하기란 매우 복잡하다. 앞으로 이야기할 단락에는 범인과 관련된 주요한 내용이 포함되어 있다. 그러니 결과를 알고 싶지 않은 독자는 건너뛰기 바란다.

『슬픈 사이프러스』에서 푸아로는 비록 엘리너가 샌드위치를 준비했지만 얼마간 샌드위치가 부엌에 방치돼 있었으며 누구라도 밖에서 들어와 샌드위치에 손을 댈 수 있었다는 사실을 알아낸다. 만일 외부 인물이 샌드위치에 독을 탔다면 점심을 함께 먹은 세 사람 모두가 아팠을 것이다. 만일 그중 샌드위치 하나에만 독을 탔다면 하필이면 그 샌드위치를 집은 메리 제라드가 지독히도 운이 없었던 것이다. 푸아로는 이 이론을 버리고 살인자는 셋 중 하나임에 틀림없다고 생각한다. 메리의 위 내용물을 분석한 결과로는 모르핀이 샌드위치에 있었는지, 아니면 함께 마신 차 속에 들어 있었는지는 알 수 없었다. 엘리너를 빼고 메리와 홉킨스 간호사만 차를 마셨다. 만일 모르핀이 차 속에 들어 있었다면 홉킨스 간호사 또한 중독 증세를 보였어야 했다.

경찰이 간과했거나 아니면 그 중요성을 미처 알지 못했던 중요한 단서가 한 가지 있었다. 홉킨스 간호사의 손목에 나 있던 무언가에 찔린 자국이었다. 엘리너는 점심을 먹은 후 함께 설거지를 하는 동안

238

홉킨스 간호사의 손목에 난 상처를 알아보았다. 홉킨스 간호사는 장미 덤불을 지나다 가시에 찔렸다고 주장했다. 하지만 세부적인 부분에까지 신중하게 주의를 기울이는 푸아로는 문제의 장미가 가시가 없는 종임을 알아차린다. 상처는 피하 주사기 바늘 자국일 수도 있었다. 그리고 이는 살인자가 자신도 모르는 새 부엌 바닥에 흘린 또 다른 단서와도 맞아떨어졌다. 약병에 붙어 있던 라벨 중 작은 일부가 떨어져 나와 있었다.

경찰은 라벨 조각이 홉킨스 간호사의 가방에서 사라진, 모르핀 염산염 약제가 담겨 있던 병에서 나온 것이라 주장했다. 하지만 자세히 살피자 다른 약병, 그러니까 아포모르핀Apomorphine 병에서 나온 라벨임이 드러났다. 찢긴 라벨 조각에 표기된 '모르핀'이 대문자 M이 아닌 소문자 m으로 시작하고 있었던 것이다. 대문자 M으로 시작하는 모르핀 염산염Morphine hydrochloride은 해당되지 않았다.[17]

아포모르핀이라는 이름은 다소 오해를 불러일으킬 소지가 있다. 구조적으로 모르핀과 전혀 다르기 때문이다. 아포모르핀은 크리스티가 『슬픈 사이프러스』에서 설명한 그대로 합성되었다. "염산 아포모르핀Apomorphine hydrochloride은 모르핀 유도체로, 모르핀을 묽은 염산과 함께 밀봉된 병 속에 넣고 열을 가해 비누화시킨saponifying 산물이다. 모르핀보다 물 분자 하나가 적다." 크리스티의 설명은 정확했다. 하지만 이 공정에 들어가는 모르핀 분자는 두 개의 수소와 한 개의 산소를 잃는 것 이상의 일을 겪는다. 원자들이 재배열하여 모르핀과 완전히 다른 화합물로 변환되는 것이다. 다만 오피오이드 수용체와는 여전히 결합한다.

부작용으로 약물 의존은 거의 나타나지 않지만 이따금 약을 복용

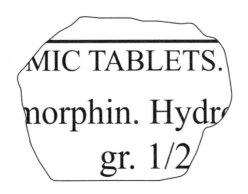

| 『슬픈 사이프러스』의 부엌 바닥에서 발견된 라벨 조각 |

한 동안 잠에 빠져든다. 과거에는 두려움, 알코올 중독, 동성애, 약물 중독 등을 치료하는 혐오 요법aversion therapy에 아포모르핀이 사용되었다.[18] 작가 윌리엄 S. 버로스William S. Burroughs는 혐오 요법이 아편 중독의 가장 효과적인 치료법이라고 생각했다. 실제로 금단 증상이 현저히 줄어들었다. 그가 시도했던 여러 치료법 중 유일하게 효과가 지속된 방법이었다. 하지만 버로스의 주장 외에는 아포모르핀이 아편 중독에 효과적이라거나 안전한 치료법이라는 증거는 없다.

아포모르핀은 아편 중독에 대한 해독제는 아니다. 그저 위에서 아직 흡수되지 않은 독약을 제거하는 역할을 할 뿐이다. 약물 복용 혹은 주입 후 아포모르핀을 투여하면 환자에게 아주 약간 도움을 줄 수 있다.

홉킨스 간호사는 점심과 함께 마실 차를 준비하며 주전자 속에 모르핀을 첨가했다. 놀랍게도 그 누구도 차에서 나는 쓴맛을 언급하지 않았다. 어쩌면 예의가 발랐기 때문인지도 모른다. 메리 제라드는 홉킨스 간호사와 함께 차를 마셨다. 하지만 홉킨스 간호사는 그 직후 아포모르핀을 직접 주사해 모르핀이 체내로 흡수되기 전에 구토를 유발, 모르핀을 제거해 버렸다. 그러고는 메리 제라드가 모르핀의 효과에 굴복하리라 확신하며 위층 침실에서 옷가지를 정리하려는 엘리너를 돕는다. 메리는 한 시간 동안 홀로 남겨졌다. 그녀가 독약에 중독된 사실이 발견되었을 때에는 이미 늦어 버렸다. 그녀의 목숨을 구하기에는.

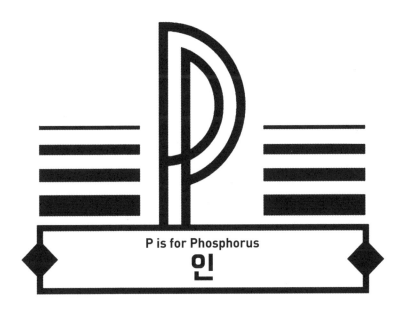

P is for Phosphorus
인

벙어리 목격자

어느 날 집에서 인으로 실험을 하다 부주의하게 침실 탁자 위에다
인 조각을 남겨 두고 말았다. 침실을 정리하던 하녀가 미처 작은 인 조각을
보지 못하고 탁자 위에 침구를 올려 두었다.
나중에 그 침구를 덮은 사람은 밤잠을 못 이루고 평소보다 날이 덥다고,
마치 이불에 불이 붙은 것처럼 느꼈다.
— 니콜라스 레므리Nicolas Lémery

원소 주기율표상에서 15번째 원소인 인phosphorus은 여러 가지 방법으로 살인을 저지를 수 있다. 인은 '지킬과 하이드' 같은 면을 지니고 있다. 한편으로 인은 산소와 결합해 인산염phosphate을 만든다는 점에서 인체에 매우 중요한 원소이다. 또 다른 한편에서는 악마의 원소로 불린다. 애거서 크리스티는 인의 어두운 면을 아주 잘 알고 있었다. 하

얀색 인은 폭탄과 쥐약, 성냥, 의약품에 사용되어 왔고 이 모두가 치명적인 결말을 불러왔다.

1937년 작품 『벙어리 목격자_Dumb Witness_』는 크리스티가 살인 도구로 인을 사용한 유일한 작품이다. 소설은 나이 든 부유한 독신 여성 아룬델 양의 죽음으로 시작한다. 아룬델 양은 명백히 자연사한 듯 보였다. 황달에 걸려 거의 죽을 뻔한 후 1년 넘게 쇠약해진 몸으로 버티고 있었다. 죽기 얼마 전에는 동일한 간 질환으로 의심되는 증세를 보였다. 공식적인 사인은 간염_yellow atrophy of liver_(황색 간 위축)으로 기록되었다. 유언장이 공개되기 전까지는 아무도 의혹을 제기하지 않았다. 아룬델 양의 유산은 모두 그녀의 말동무였던 미니 로슨에게 돌아갔다. 미니는 최근에서야 아룬델 양을 곁에서 돌보기 시작했다. 아룬델 양의 친척들, 빚더미에 올라앉았으며 부도덕하기 이를 데 없는 그들 모두는 유언장에서 제외되었다.

비록 아룬델 양이 살해당했다는 의학적 증거는 없었지만, 그녀의 죽음을 둘러싼 정황과 친척들이 보인 행동이 푸아로로 하여금 의혹을 품게 만들었다. 헤이스팅스와 함께 푸아로는 아룬델 양이 살해되었음을 입증하기 위해 비공식적인 수사를 진행한다. 중요한 단서 하나는 아룬델 양이 죽기 전날 참석했던 한 회합에서 나왔다. 당시 그녀의 머리 주위로 수상한 후광이 비쳤다. 심령이 나타났던 것일까? 유령이 아룬델 양의 죽음을 예고하려 했던 것일까? 아니면 그녀가 막 삼킨 독약에 들어 있던 인이 섬뜩한 빛을 발했던 것일까?

인 이야기

인에는 몇 가지 형태가 있는데 대개 색깔로 구분된다. 인은 흰색과 빨간색, 보라색, 검정색을 띤다. 하얀색 인은 17세기 후반에 활동한 연금술사 헤닝 브란트Hennig Brandt[1]가 처음 발견한 것으로 여겨진다. 어쩌면 그보다 먼저 발견한 사람들이 있었을지도 모른다. 하지만 브란트가 인을 발견한 과정이야말로 단연코 최고였다. 금을 찾아 헤매던 브란트는 무슨 이유에서인지(아마도 색깔 때문이었던 것 같다) 오줌에서 금을 찾기로 결심한다. 자신의 오줌을 한 가득 모아다가 오줌 속에서 벌레들이 자랄 때까지 썩혀 두었다. 그런 다음 오줌을 끓여 된풀로 만들고, 이를 뜨거운 불길에서 한 번 더 데웠다. 그러자 붉은색 기름과 검은색 스펀지 층, 하얀색 고형으로 분리되었다. 하얀색 고체는 짠맛이 났다. 브란트는 몰랐지만 이 부위에는 다량의 인이 인산염 형태로 함유되어 있었다. 브란트는 하얀 고체는 버리고 붉은 기름과 검은 층을 혼합해 다시 끓였다. 거기서 나오는 하얀 연기를 물이 들어 있는 유리관에 모았다. 연기는 농축되며 하얀색 납질蠟質, waxy의 고체로 변했다. 거기에 금은 없었다. 하지만 어둠 속에서 빛이 났다. 빛나는 물질에 그리스어로 '빛 전달자'라는 뜻의 인phosphorus이라는 이름을 붙여 주었다. 당시에는 불의 열기를 동반하지 않고 빛을 뿜는 물질이 거의 알려지지 않은 탓에 인이 매우 가치 있게 여겨졌다.

브란트의 방법은 비효율적이었다. 모으고 저장한 다량의 소변에서 오직 1퍼센트의 인만을 얻을 수 있었다. 그리고 벌레 단계도 불필요했다. 인은 썩고 벌레 먹은 소변에서 얻는 것보다 덜 불쾌하게, 그냥 소변에서 쉽게 생산되었다. 어쨌거나 브란트는 새로운 원소를 분리하는 데 성공했다. 자연에 나타나는 92개 원소 중 원소 주기율표상에서 13번째로 발견된 원소이자 고대 이후로 처음 발견된 원소였다. 브란트는 돈이 부족할 때면 인 덩어리를 내다 팔았다. 비록 인을 생산하는 방법은 공개하지 않았지만 이 놀라운 물질이 인체에서 유래했다는 사실은 털어놓았고, 브란트를 따라 인을 만들려는 이들이 생겨났다.

인을 생산할 방법을 생각해낸 또 다른 인물은 다니엘 크라프트 Daniel Kraft라는 동시대 독일의 유명한 화학자였다. 크라프트는 과학적 방법으로 수집한 이 새로운 물질의 특성을 규명하기 시작했다. 조명을 모두 끈 상태에서 소량의 인을 얼굴과 손등에 발라 이 물질이 열을 뿜지 않고도 기이한 빛을 발한다는 사실을 입증해 보였다. 다음으로 인을 종이에 묻힌 다음 서서히 열을 가해 종이에 불이 붙게 만들었다. 1677년 9월의 어느 저녁, 런던 왕립학회 회원 몇 명이 모였다. 회합의 주최자는 로버트 보일Robert Boyle(1627~1691)이었다. 지금은 '현대 화학의 아버지'라 불리는 보일은 당시에는 연금술사로 철학자의 돌²을 찾고 있었다. 크라프트의 시연은 보일에게 영감과 열정을 불어넣었다. 보일은 이 신비로운 성질에 대해 알아내고자 심혈을 기울여 정밀하게 설계한 실험을 진행하였다. 보일은 체계적인 접근법을 도입했고 쉽게 따라 할 수 있는 실험 방법을 기록해 두었다. 이 덕분에 보일은 명망 있는, 세계적으로 유명한 과학자의 반열에 올랐다. 하지만 실험을 진행하기 위해서는 인이 필요했다. 1680년까지 보일은 런던 폴 몰에 있는 자택에서 소변을 모았고, 조수 앰브로스 고드프리Ambrose Godfrey(1660~1741)와 함께 소변을 처리하여 실험에 사용할 인을 안정적으로 공급했다.

보일의 실험실을 떠난 후 고드프리는 계속해서 실험 방법을 다듬었다. 런던 스트랜드 가에서 얼마 떨어지지 않은 자신의 연구소에서 질 좋은 흰인을 생산했고 유럽과 그 너머로 인을 공급했다. 고드프리가 인을 얻은 원료는 여전히 소변이었다. 그의 연구실 인근에 사는 사람들은 1769년, 요한 고틀리에브 간Johan Gottlieb Gahn과 카를 빌헬름 셸레Carl Wilhelm Scheele가 골회骨灰, bone ash에서도 인을 얻을 수 있다는 사실을 발견할 때까지 소변 냄새를 맡아야 했다.

흰인은 네 개의 인 원자가 결합한 단순한 분자 구성(P_4)을 이루고 있다. 흰인은 물에는 녹지 않는 대신 기름과 지방에는 녹는다. 오랫동안 보관하면 노란색으로 변하는 탓에 때때로 노란인으로도 불린다. 그러니까 노란인과 흰인은 동일한 물질이다. 흰인은 반응성이 높은데 특히 산소와 잘 반응하여 물속에 저장된다. 공기 중에 있는 산소와 반응해서는 불에 타 하얀 산화인phosphorus oxide 구름을 형성한다. 불타는 인은 연기만큼이나 엄청난 열기를 내뿜기 때문에 전쟁터에서 소이탄incendiary bomb과 연막smoke screen으로 사용되었다.

많은 사람들이 빛을 발하는 인의 특성을 활용하여 안전한 조명 기구를 고안하려 했지만 모두 실패했다. 인화성이 높기 때문이었다. 불이 날 위험성이 감소한다 하더라도 기이한 빛을 뿜는 과정에서 마늘향[3] 같은 불쾌한 냄새를 풍긴다는 문제가 있었다. 그러니까 인으로 된 조명은 위험할 뿐만 아니라 불쾌했다. 하지만 인화성은 주요 가재도구로서 크나큰 이점으로 작용했으니, 바로 성냥이었다. 1830년경 흰인을 사용한 성냥이 처음으로 등장했다. 19세기 중반까지 엄청난 양의 성냥이 생산되었고 그중 20퍼센트가 인으로 만든 것이었다.

성냥은 불을 붙이기가 매우 쉬웠다. 그리고 그만큼 예기치 않게 불이 붙곤 했다. 예를 들어, 성냥을 밟았을 때 발생하는 마찰열로 사람 몸이 불타오를 수가 있었다. 1868년, 19살의 마틸다 대공비Archduchess Matilda에게 벌어진 사건이 바로 그랬다.[4] 게다가 주머니에 성냥갑을 넣고 다니면 상자 안에서 성냥들이 이리저리 부딪치다 마찰열이 발생해 불이 붙을 수 있었다. 창가에 성냥을 두면 내리쬐는 태양광선에 스스로 발화하기도 했다.

1840년대 이후로는 흰인 대신 붉은인을 사용한 보다 안전한 성냥이 시중에 나왔다. 붉은인을 성냥갑에 부착해 두고, 성냥 머리를 붉은인에 부딪쳐 불을 붙였다. 흰인을 높은 온도에서(공기가 없는 상태에서) 가열하면 작은 P_4 분자들이 사슬을 형성하며 붉은인이 만들어진다. 붉은인은 폭발성이 약하고 불에 덜 타며 독성이 없다. 하지만 흰인보다 비쌌기에 처음에는 안전한 붉은인 성냥이 그리 인기를 끌지 못했다. 1850년대 초까지 흰인의 안정성에 대한 우려가 점차 커졌지만 1906년이 되어서야 사용이 금지되었다.

흰인 성냥을 대량으로 생산하기 위해서는 거대한 작업장이 필요했다. 노동자들은 불편하고 위험한 환경에서 장시간 일했다. 위험은 단지 가연성뿐만이 아니었다. 흰인에는 독성도 있었다. 먼저 성냥 길이의 두 배가 되는 미루나무 작대기를 선반에 늘어놓고 단단히 동여매 둔다. 그런 다음 작대기 양 끝을 '혼합물'에 담그고 가마에 넣어 말린다. 마른 작대기를 반으로 잘라 상자에 넣으면 판매 준비가 완료된다. '혼합물'은 접착제와 염색약, 황, 흰인을 물에 녹인 후 증기로 열을 가해 일정한 농도를 유지하게끔 만들었다. 그러고는 성냥 머리를 담그기 딱 좋은 얕은 접시 위에 흘려 두었다. 숙련된 작업자는 10시간의 근무 시간 동안 성냥 1,000만 개를 생산했다. 일하는 내내 인은 연기를 내뿜었으며, 성냥갑을 포장하는 사람들은 인 먼지를 들이마셔야 했다.

흰인은 매우 유독해서 작업자의 20퍼센트가 '인 괴사phossy jaw'라 불리는 질환을 앓았다. 처음에는 치통으로 시작하여 이가 빠지면서 잇몸과 턱, 얼굴이 붓고 통증이 일어났다. 부드러운 조직과 뼈가 천천히 썩어 들어갔고 잇몸에 농양이 생기며 끔찍한 냄새를 풍기는 고름이 터져 나오기도 했다. 더 진행되면 턱선을 따라 농양이 발생했다. 심지어 사체의 턱뼈에서 상처가 발견될 정도였다. 인 괴사를 치료하는 유일한 방법은 턱뼈를 제거하고 그 자리에 인공 턱을 심는 것이었다. 제때 치료하지 못하면 장기들에까지 손상을 입어 사망에 이르렀다. 인 괴사를 앓는 사람 중 5퍼센트가량이 사망했다. 프랑스에서 진행된 한 연구에서는 환자 중 절반가량이 고통과 끔찍한 악취를 견디지 못하고 스스로 죽음을 선택했다고 보고했다.

중독의 원인 물질을 제거하는 것 외에 인 중독을 치료할 수 있는 방법은 거의 없다. 다행스럽게도, 오늘날에는 흰인에 노출될 가능성이 극히 낮다. 성냥 공장에서 발생한 비극으로 인해 단지 성냥을 만드는 곳들뿐만 아니라 많은 산업체들에서 근무 환경이 개선되었다. 흰인이 뿜는 연기에 노출될 우려는 이제 과거의 일이 되었다.

인 괴사를 앓기까지는 오랜 시간이 걸렸다. 흰인에 노출되었다고 해서 인 괴사를 앓으리라는 보장도 없었다. 살인자의 입장에서는 보다 빠르고 믿을 수 있는 방법이 필요했다. 인은 피부와 위장, 그리고 폐 벽을 통해 흡수된다. 흰인은 산소와 반응해 불이 붙는 성질이 있으므로 피부를 통해 흡수될 때 상처를 남긴다. 과거 소이탄으로 작업하던 사람들은 피부에 난 상처를 황산구리 용액으로 치료했다. 황산구리 용액은 인의 효과를 중화해 주지만 황산구리 자체에도 독성이 있어 이 치료법은 중단되었다. 피부에 난 화상 자국은 의혹을 불러일으킬 가능성이 높은 탓에 독살자들은 보통 먹는 방법을 택했다. 누군가를 살해하려 할 때 가장 믿음직스러운 방법 중 하나였다. 그램이라는 작은 양으로도 치명적일 수 있었다.[5]

인이 지닌 독성은 일찍이 알려졌다. 프러시아의 화학자 아일하르트 미처리히Eilhard Mitscherlich(1794~1863)가 처음으로 쥐약에 인을 사용할 것을 제안했다. 그는 또한 이 독약을 쥐에게 쓰면 다른 원치 않는 해충들까지 처리할 수 있다는 사실을 알고 있었다. 미처리히는 혹시나 일어날 중독의 사태에 대비해 인을 검출할 수 있는 방법을 기록해 두었다. 미처리히 검사Mitscherlich test로 알려진 이 방법은 인을 함유한 것으로 의심되는 물질을 플라스크 속에서 물과 함께 가열한다. 인이 증발하면 냉각시켜 응축기 속에다 차곡차곡 모은 다음, 이 기기를 어두운 실내에 두고 빛을 품는지 여부를 관찰한다.

인 살인법

높은 반응성으로 인해 피부에 화상을 입힐 수 있는 만큼 흰인은 손쉽게 식도와 위도 태울 수 있다. 다량 복용 시에는 위 내벽에 출혈을 일으키며 피를 토하는 것과 함께 강력한 고통을 유발한다. 공기 중의 산소와 인이 반응하면서 토사물에서는 연기와 마늘 향이 뿜어져 나온다. 또한 인은 위산과 작용하여 포스핀phosphine(PH₃)을 생산하기도 한다. 이 기체는 톡 쏘는 냄새가 특징적이라 희생자의 입김에서 감지할 수 있다. 인을 삼킨 환자는 입안이 타는 듯한 느낌과 심한 갈증을 경험한다. 적은 양을 섭취했을 때에는 구토 없이 위 내벽을 태우기만 하지만 역시나 입김에서는 마늘 향이 느껴진다. 장에서 혈액으로 흡수되는 속도는 비교적 느려서 2시간에서 6시간이 걸린다. 만일 환자가 기름진 음식을 먹었다면 더 빨리 흡수될 것이다. 초기 증상인 통증과 구토가 가라앉으면 환자가 회복하는 듯이 보이는 휴지기가 찾아온다. 불행히도 혈액 속으로 이미 인이 충분한 양으로 흡수되었다면 상황은 나아지지 않는다. 최악의 결과만이 기다리고 있을 뿐이다.

장에서 인을 넘겨받은 혈액은 간으로 이동하고 간에서 인이 차곡차곡 쌓인다. 간은 우리 몸에서 해독을 책임지는 주요 장기로서, 장으로부터 온 혈액을 처음으로 받는 기관이며 소화 계통을 통해 몸속으로 들어온 모든 물질을 처리하는 장소이다. 간은 혈액에서 노폐물이나 해로운 물질, 영양소를 걸러낸다. 일부 해로운 물질들은 변화를 거치지 않고 바로 몸 밖으로 배출된다. 이미 물에 녹을 수 있는 상태기 때문에 소변 속으로 그냥 섞여 들어가는 것이다. 그러나 흰인은 물에 녹지 않으므로 간에 있는 효소가 화학 반응을 일으켜 물에 녹는 형태로 바꿔 주어야 한다. 여기서 나온 산물 또한 인과 마찬가지로 반응성이 뛰어나 간 세포에 손상을 줄 수 있다. 그러면 간이 비대해지고 황달이 나타나며 간 기능을 상실하게 된다.

황달은 피부와 눈의 흰자위가 노랗게 착색되는 것이 특징으로, 종종 간 질환의 증상으로 여겨진다. 적혈구가 파괴될 때 나오는 노폐물인 빌리루빈bilirubin이 쌓이면 황달이 발생한다. 우리 몸의 적혈구는 끊임없이 교체되는데, 오래된 적혈구는 간에서 빌리루빈으로 분해된 후 담관으로 옮겨진다. 그리고 그곳에서 대변에 섞인 채 몸 밖으로 빠져나간다.

여과 작용을 통해 혈액에서 소변으로 노폐물을 옮기는 역할을 하는 신장 또한 인의 공격을 받을 수 있다. 하지만 신장이 손상을 입는 탓에 죽음을 맞는 것은 아니다. 간이 심하게 손상되어 제 기능을 수행하지 못하면 체내에 독성 화합물이 고농도로 존재하게 된다. 이 지경에 이르면 지지 요법 외에 환자에게 해 줄 수 있는 것은 없다. 인을 복용한 후 사흘에서 나흘이 지나면 간 손상으로 사망에 이른다.

실제 사례

인으로 살인을 하거나 스스로 목숨을 끊은 사례는 많다. 흥미롭게도 그중 두 건은 『벙어리 목격자』에서 일어나는 사건과 매우 비슷하다. 책은 1937년에 씌어졌고, 이 두 사건은 모두 1950년대에 일어났다.

1953년, 루이자 메리필드Louisa Merrifield는 세 번째 남편 알프레드 메리필드Alfred Merrifield와 함께 여든 살의 새라 앤 릭켓츠Sarah Ann Ricketts 집에 입주 가정부로 들어간다. 릭켓츠 부인은 나이에 비해 건강한 편이었지만 걷는 데 문제가 있어 현관문 밖으로 나가는 일이 거의 없었고, 씻거나 물건을 사거나 음식을 준비하는 등 일상적인 활동에 항상 누군가의 도움을 필요로 했다. 처음부터 고용주와 고용인은 잘 지내지 못했다. 릭켓츠 부인은 가정부가 음식을 충분히 주지 않는다며 친구와 이웃들에게 불평했다.

1953년 4월 13일 오후 6시 30분, 의사가 릭켓츠 부인을 방문했고 릭켓츠 부인에게서 별다른 문제를 발견하지 못했다. 하지만 다음 날 원래 릭켓츠 부인을 진료하던 율Yule 박사에게 릭켓츠 부인이 위독하다는 연락이 간다. 오후 2시, 의사가 당도한 직후 릭켓츠 부인은 사망했다. 최근 얼마간 다른 일 때문에 환자를 진찰하지 못했던 율 박사는 사인을 설명할 수 없었다. 바로 나흘 전 그녀를 만났을 때만 해도 릭켓츠 부인은 지극히 정상으로 보였다. 율 박사와 부인은 15분가량 대화를 나누었다. 율 박사는 사망 진단서를 발부하길 거부하고, 검시관에게 그녀의 죽음을 보고했다.

검시 결과 릭켓츠 부인의 간은 '치즈 같은 밀도에 접착제 색깔'[6]을 띠고 있었다. 인 중독으로 나타나는 증상과 일치했다. 겉모습으로 보아 독약이 최근 주입된 것이 확실했다. 오랜 기간 조금씩 주입된 것은 아니었다. 병리학자는 인이 어디서 왔는지 확신하지는 못하면서도 로딘 쥐약Rodine rat paste일 가능성이 높다는 소견을 제시했다. 로딘 쥐약은 인과 겨를 섞어 만들어지는데, 릭켓츠 부인의 사체에서 인과 함께 겨가 발견되었던 것이다. 병리학자는 둘이 거의 동시에 체내에 투입되었을 것이라 믿었다. 그렇지만 릭켓츠 부인의 집에서도, 메리필드의 소지품에서도 쥐약은 나오지 않았다. 로딘 쥐약은 인을 치사량으로 포함하고 있었음에도 손쉽게 구매할 수 있었으며, 독약 기록부에 반드시 서명해야 하는 법적 의무도 없었다. 따라서 메리필드가 독약을 구입했는지 추적하기란 불가능했다.

얼마 안 가 메리필드의 손가방에서 의심스러운 물건이 발견되었다. 무언가가 눌어붙어 있는 더러운 숟가락이었다. 확실히 가방에 넣고 다니기에 적합한 물건은 아니었다. 분석 결과 눌어붙은 물질에서 인은 검출되지 않았다. 하지만 독약을 음식에 섞어 사용했을 가능성이 있으며, 그 후 법의학 연구소에서 분석되기까지 인이 증발해 버렸을 수도 있었다. 눌어붙은 물질은 잼이나 럼, 설탕으로 추정되었다. 모두 릭켓츠 부인이 먹었다고 알려진 음식들이었다. 또한 메리필드는 마지막으로 부인이 앓아누워 있던 동안 부인에게 브랜디를 가져다주었다. 실험 결과, 브랜디는 인이 내는 독특한 맛을 감추는 데 뛰어났다. 그러나 냄새까지 완전히 가리지는 못했다. 맛과 냄새 모두를 덮어 버리는 데에는 블랙커런트blackcurrant 잼이 효과가 가장 뛰어났다.

사후 검시에서 명백한 인 중독의 징후가 드러났지만, 인이 어떻게 주입되었는지 그리고 어디서 인을 구했는지 등을 입증할 수 있는 증거가 전혀 없었다. 물리적인 증거로만 보아서는 메리필드에게 혐의를 씌우기가 힘들었다. 하지만 부인이 사망하기 2주 전, 메리필드가 가정부로 일하기 시작한 지 3주가 채 되지 않은 시기에 메리필드와 그의 남편은 릭켓츠 부인이 유언장을 수정하도록 설득했다. 죽기 전날에는 릭켓츠 부인이 유언장을 다시 수정하고 싶다며 알프레드 메리필드에게 변호사를 불러 달라고 이야기하는 걸 한 판매원이 들었다. 판매원에게 직접 "저들은 내게 전혀 친절하지 않아요. 쫓아내야만 해요"라고 말하기도 했다. 또한 루이자 메리필드는 지인에게 함께 산 노부인이 죽으면서 4,000파운드에 달하는 저택을 유산으로 남겨 주었다는 말실수를 하기도 했다. 당시에는 릭켓츠 부인이 살아 있었으며 건강 상태도 좋았다.

배심원단은 다섯 시간 하고도 20분을 숙고한 끝에 루이자 메리필드에게는 유죄를, 알프레드 메리필드에게는 무죄를 선고했다. 루이자는 교수형을 당했지만 알프레드는 풀려나 릭켓츠 부인의 유언에 따라 저택의 절반을 물려받았다.

두 번째 사건은 인 중독사가 얼마나 쉽게 자연사로 오인되는지를 잘 보여 준다. 1954년, 한 젊은 미망인이 경찰서로 홀로 걸어 들어왔다. 부모의 손에 이끌려 원치 않는 두 번째 결혼을 할 위기에 놓여 있던 미망인은 강압적인 결혼을 피하려는 절박함에서 첫 번째 남편을 살해했다고 자백한다. 3년 반 전 깡통에 든 쥐약에서 인을 취해다가 남편에게 먹였다고 주장했다. 처음에는 아무도 그녀의 말을 믿지 않았다. 그녀의 남편은 자연사한 것으로 여겨졌고, 발각되지 않고 범행을 저지를 만큼 그녀가 영리하다고 생각되지도 않았다.

몇 가지 의혹들이 추가로 더 조사되어야 했지만, 첫 번째 남편이 서른다섯의 나이로 죽기 전까지는 매우 건강했다는 사실이 드러났다. 남편은 위궤양으로 인한 토혈吐血, hematemesis 증세를 보였다. 피를 토하고 복부 통증을 앓은 뒤 잠시 회복하는 듯했다. 하지만 이틀 후 증세가 더욱 심각해졌고 이번에는 엄청난 갈증이 동반되었다. 그날 다량의 피를 토하고 남편은 사망했다.

마지못해 남편의 유해가 발굴되었다. 3년 반이 지났기에 독살의 증거는 거의 남아 있지 않을 것으로 생각되었다. 그러나 시신의 상태가 매우 좋았고, 남편이 죽기 직전 나타내 보인 증세를 설명할 수 있는 자연적인 원인은 어디에서도 찾을 수 없었다. 몇 군데 결국 장기와 조직을 미처리히 검사법으로 확인해 보자 인이 검출되었다. 결국 법정에서는 살인이 인정되었다. 그러나 미망인에게 그 책임을 묻지는 않았다.

애거서 크리스티와 인

『벙어리 목격자』에서 아룬델 양의 죽음은 의사나 가족, 친구들에게
전혀 의혹을 불러일으키지 않았다. 여러 해에 걸쳐 앓았던 간염이 사
인으로 작용했다고 여겨졌다. 오직 푸아로만이 그녀의 죽음에 의구
심을 품었다. 문제는 아룬델 양이 살해당했다는 사실을 입증하는 것
이었다. 애거서 크리스티는 살인자가 독약을 사용한 경우 유죄를 입
증하기가 얼마나 어려운지를 소설에서 집중 조명한다. 이는 오늘날
까지도 까나로운 문제로 남아 있다. 먼저 희생자의 죽음이 자연사가
아님을 밝혀야만 한다.

『벙어리 목격자』의 살인마는 독약을 신중하게 골랐다. 황달은 인
중독의 증상이었지만, 아룬델 양의 간 질환이 재발한 것인 양 사람들
의 눈을 속였다. 아룬델 양이 앓던 병의 정확한 원인은 밝혀지지 않
았다. 어쨌거나 그녀는 독살되기 18개월 전 황달에 걸려 거의 죽을
뻔한 고비를 넘겼다. 그 후 나아지는 듯 보였으며 건강관리를 위해
약을 복용했다. 아룬델 양은 또한 먹는 것도 조심해서 기름진 음식은
되도록 피했다. 때때로 예전의 나쁜 식습관에 빠져들기도 했지만. 어
느 저녁 카레를 먹은 후 그녀의 증상이 다시 나타나기 시작했다. 카
레가 문제의 간을 공격한 것 같았다. 카레는 인과 같은 독약을 주입
하기에도 완벽한 방법이었다. 카레의 강한 맛은 인이 품은 특징적인
맛을 덮어 버리기에 충분했다. 게다가 카레는 기름져서 인이 혈액으
로 흡수되는 속도를 높여 줄 것이었다.

인을 다량으로 섭취하면 형태가 변하지 않은 채 대변을 통해 그대
로 몸 밖으로 배출되기도 한다. 인이 장 안에 머물면서 간에 의한 처

리 과정을 겪지 않기 때문이다. 대변 속에 든 인이 공기 중의 산소와 반응하면서 하얀 연기가 무럭무럭 나는 증상, '연기 뿜는 대변 증후군 smoking stool syndrome'이 나타날 수 있다. 심지어 어두운 곳에서 대변이 빛나기도 한다. 크리스티는 아룬델 양의 장 문제처럼 별로 유쾌하지 않은 건강 상태를 다루는 데에는 매우 조심스러워 했다. 하지만 아룬델 양을 진찰한 의사가 한 번도 인 중독을 고려하지 않았다는 사실로 보아 그녀가 대변 문제로 고통받지는 않았던 것 같다.

푸아로는 검시로 죽음의 진짜 원인을 밝힐 수 있으리라 예상했으나, 사체 부검은 이루어지지 않았다. 모두가 아룬델 양이 지병으로 사망했다고 생각했기 때문이다. 푸아로는 무덤에서 아룬델 양의 유해를 발굴하는 것을 고려했지만 위험 부담이 컸다. 유족들의 기분을 언짢게 할 수 있었으며 망자의 바람에 반하는 일이기도 했다. 매장된지 이미 두 달이 지난 시점이라 마땅한 결과를 얻지 못할 수도 있다. 인은 체내 조직과 반응해 부식을 일으키는 탓에 출혈이나 병변 같은 상흔을 장기 내에 남길 수도 있지만, 그렇지 않을 수도 있다. 인을 다량으로 복용한 경우 최초 부검 시 위를 열었을 때 특징적인 냄새로 인 중독을 판단할 수 있다. 심지어 조명을 끄면 창자가 괴상한 초록색으로 빛이 날지도 모른다. 매장된 지 시간이 오래되면 인이 산소와 반응해 인산염으로 변환될 가능성이 높아진다. 빛은 더 이상 보이질 않고 독약에서 나온 산화인phosphorus oxide은 우리 몸에서 자연적으로 발견되는 다른 비슷한 화합물들과 전혀 구분되지 않는다.

간 손상은 인 중독의 좋은 지표지만 아룬델 양 사건에서는 아마 그렇지 못했을 것이다. 우리 몸속의 다른 지표들과 함께 간은 독약이 언제 주입되었는지, 한 번에 많은 양으로 들어왔는지, 적은 양으로 오랜 기간에 걸쳐 들어왔는지에 대한 단서를 제공해 준다. 아주 많은 양을 투여하게 되면 심장 근육에 인이 직접적으로 작용하면서 심혈관을 붕괴시킨다. 그러고는 매우 빨리, 투약 후 12시간 만에 사망에 이른다. 아룬델 양처럼 며칠을 더 버틴다면 황달의 징후와 함께 간이 팽창한다. 이는 자연적으로 발생하는 간 질환에서도 흔히 나타나는 증상들이다. 희생자가 오래 생존할수록 신장까지 손상을 입는다. 간에서 만들어진 인의 대사산물들이 신장에서 여과되며 방광을 거쳐 오줌으로 배출되기 때문이다. 만일 아룬델 양이 오랜 기간 소량의 인을 규칙적으로 복용한 만성 중독 상태였다면 그녀의 간은 황달과 함께 비대해져 마치 알코올성 간 질환을 앓는 것처럼 보였을 것이다. 따라서 그녀가 평소 앓고 있던 질병이 야기한 효과와 인 중독으로 인한 효과를 구분하기 힘들었을 것이다.

어쩌면 모호했을지도 모를 검시 결과 없이, 푸아로는 아룬델 양이 인으로 독살되었다는 증거를 찾아낸다. 사망하기 며칠 전, 아룬델 양은 몸 상태가 나빠지기 시작했다. 그날 밤 그녀는 한 심령 모임에 참석했다. 회합 도중 아룬델 양의 입에서 빛이 흘러나오며 띠 모양을 형성했다. 그리고 그녀의 머리 주위로 후광이 비쳤다. 함께 후광을 목격한 사람들은 심령체 혹은 유령이 현현한 것이라 생각했다. 하지만 푸아로만은 초록색으로 빛나는 입김의 정체가 인이라는 사실을 간파했다.

푸아로는 후광이 일종의 '인광phosphorescene'이라고 설명한다. 하지만 '인광'은 정확하게는 빛의 자극을 받은 물질이 빛이 사라지고 난 어둠 속에서도 계속 밝게 빛나는 것을 뜻한다.[7] 비록 인광이라는 단어가 인이 공기 중에 노출되었을 때 관찰되는 빛에서 따온 말이긴 하지만 실제로 인은 인광이 아니라 화학 발광chemiluminescence을 한다. 빛은 화학 반응의 결과로 나타난다.[8] 흰인에서 나오는 빛의 정확한 정체는 1974년에서야 밝혀졌다. 따라서 1937년의 푸아로가 잘못 이해하고 있다고 해서 그를 탓할 수는 없다. 인 원자와 산소 원자가 화학적으로 반응하여 이산화이인diphosphorus dioxide(P_2O_2)과 산화 모노포스핀monophosphine oxide(HPO)을 생산한다. 아주 잠깐 동안만 존재하지만 둘 다 빛을 뿜는다. 산소와 인이 화학 반응에 쓰여 모조리 사라질 때까지 흰인은 빛을 발한다. 아룬델 양에게로 다시 돌아가면, 체온이 올라가면서 위에서 증발되어 나오는 기체의 양이 늘었을 것이다. 아룬델 양이 숨을 내쉴 때마다 입김 속에 든 인과 공기 중에 있는 산소가 반응하며 빛을 발했을 것이다.

발광하는 인과 심령체를 혼동하는 것은 들리는 것만큼 터무니없지는 않다. 많은 사람들이 공동묘지에 나타나는 귀신이나 도깨비불, 인체의 자연 발화라 불리는 기이한 현상들을 설명하려 시도했다. 자연 발화는 인이 산소와 반응하거나 인 기반 화합물이 저절로 공기 중에서 불이 붙음으로써 발생한다. 습지나 옥외 화장실, 그리고 유기 물질이 부패하며 혐기성anaerobic 세균이 메탄을 생산하는 축축한 지역들에서 이런 현상들이 관찰되곤 한다.

메탄은 매우 잘 타지만 처음에 불을 붙여 줄 물질이 필요하다. 포스핀phosphine(PH_3)이나 디포스핀diphosphine(P_2H_4)이 그 역할을 해 준다. 이들 화합물은 혐기성 세균에 의해서도 만들어지며, 공기 중에 노출되면 저절로 불이 붙는다. 가설은 이렇다. 흙에서 서서히 빠져나온 포스핀이나 디포스핀이 불씨를 당기면 메탄이 타면서 도깨비불처럼 희미하게 반짝이는 불빛을 만들어낸다. 비슷하게 위산과 인이 반응하면 포스핀이 생성되는데, 이 포스핀이 날숨을 쉴 때 공기와 접촉하며 저절로 발광할 수 있다.

아룬델 양이 앓던 질환의 정확한 원인을 그녀가 죽기 전에 알아차
렸다 하더라도 할 수 있는 일은 거의 없었다. 인 중독 초기에는 구토
를 유발하면 독약의 거의 대부분을 제거할 수 있다. 구토 중간에는
수분을 공급하는 것이 좋다. 일단 아룬델 양이 인으로 살해되었다고
확신하자 푸아로는 독약이 어떻게 주입되었는지를 추리하기 시작했
다. 아룬델 양의 증세는 늦은 저녁 시작되었다. 이는 그녀가 저녁 식
사 시간에 독약을 복용했음을 의미한다. 푸아로는 아룬델 양을 돌본
간호사에게 그날 저녁 누가 식사를 준비했는지, 그녀의 방에 들어간
사람은 누구인지를 물었다. 주요 용의자인 믿음직한 말벗은 음식 근
처에도 가지 않았으며, 그녀의 방에도 들어가지 않았음이 확인되었
다. 오직 하인들과 간호사만이 음식에 독약을 주입할 수가 있었지만,
그들은 모두 용의자 목록 바깥에 있는 인물들이었다.

아룬델 양은 매 식사 후 약을 두세 알 먹었다. 이 약들에 독약이 들
어 있었을까? 의사가 아룬델 양에게 어떤 약을 처방했는지는 책에
나오지 않지만 가벼운 약제였으리라 확신할 수 있다. 그리고 아룬델
양은 '로베로 박사의 간장약'도 복용했다. 알로에(주로 완화제로 쓰이는
약초)와 포도필린podophyllin(한때 생식기에 난 사마귀를 치료하는 수지로 처방)
이 든 약제였다. 의사의 장담에도 불구하고, 포도필린은 상당한 독성
을 지닌 물질로 과다 복용 시 우울증과 심하면 사망에도 이를 수 있다.
대개 변비 치료나 담즙 분비를 촉진하는 데 처방되었지만 황달을 앓
는 환자들에게는 권장되지 않았다. 크리스티는 포도필린의 합병증에
대해 잘 몰랐던 것 같다. 아마도 그다지 위험하지 않은 약제라 여겼
으리라.

과거에는 인이 치료제로 사용되었다. 최종적으로 약전에서 사라지기까지 인은 300여 년간 흥망성쇠를 거듭했다. 로버트 보일이 말했듯이, 인의 근원과 인이 발산하는 빛은 생명 유지에 필수적인 '생명의 불꽃flammula vitae'을 나타내는 증거라 여겨졌다. 18세기 초반 배앓이와 천식 발열, 파상풍, 뇌졸중, 통풍을 치료하기 위해 인이 처방되었다. 약제는 공기와 접촉하지 못하도록 겉을 다른 물질로 감쌌다. 인은 치료제로서 전혀 효과가 없었고, 다량 복용 시에는 사망에 이르기도 했다. 위험성이 곧 알려지면서 90여 년이 흐른 뒤 정규 약전에서는 서서히 사라지기 시작했다. 하지만 여전히 결핵이나 뇌전증 등 다양한 질병에 적은 양이나마 치료제로 사용되었고, 20세기 초반까지도 강장제로 처방되었다. 1932년에 이르면 『영국 약전』에서는 완전히 사라진다. 일부 치료제에서는 1950년대까지 인이 남아 있기도 했다. 『벙어리 목격자』가 씌어진 1937년에는 인이 처방되지 않았을 것이다. 처방전 없이 살 수 있는 일부 약제에서는 쓰였다 하더라도 0.5에서 3밀리그램으로 치사량에 훨씬 못 미치는 양이었다. 찬장이나 약품 수납장 속에 오래 보관될수록 흰인은 산화되고 약제는 더 안전해졌을 것이다.

'로베로 박사의 간장약'은 애거서 크리스티가 가상으로 만들어낸 약제이다. 그러나 매우 비슷한 약이 신경통이나 일반 강장제로 판매되었다. 1931년, G. 콜타르트G. Coltart 박사가 의학 저널 「랜싯Lancet」에다 1904년에 자신이 처방했던 사례에 대해 글을 실었다. 박사는 '주저앉는' 질환을 호소하는 환자에게 스트리크닌과 인이 함유된 일반 강장제를 처방해 주었다. 만일 스트리크닌 때문에 경련이 발생한다면 강장제 복용을 중단하라는 권고도 함께해 주었다. 27년이 지나 환자는 심각한 인 괴사를 앓는 상태로 다시 박사를 찾아왔다. 약 복용을 왜 중단하지 않았느냐고 박사가 묻자 환자는 경련이 한 번도 일어나지 않았기 때문이라고 대답했다.

아룬델 양의 약에는 인이 들어 있지 않았다. 하지만 누군가 조작했을 수도 있다. 간장약은 젤라틴 캡슐 형태로 안에 가루약이 들어 있었다. 살인마가 캡슐 하나를 가져다 속을 비우고 대신 흰인을 채우면 끝이었다. 치사량인 인 100밀리그램이 캡슐 하나에 충분히 들어가며, 보다 확실히 하기 위해 더 채워 넣을 수도 있었다. 50개 캡슐로 채워진 상자 안에 불량 약품 하나를 섞어 두면 살인마가 자리에 없을 때에도 언제건 살인이 벌어질 수 있었다.

푸아로가 지적했듯이 인은 쥐약에서 손쉽게 얻어낼 수 있었다. 로딘 쥐약은 영국 전역에 있는 약국에서 판매되었다. 1온스 깡통 속에 인이 10그레인(약 650밀리그램) 들어 있었고 이 정도면 여섯 사람을 죽이기에 충분한 양이었다. 또한 푸아로는 해외에서라면 인을 훨씬 더 쉽게 구했을 거라 말하기도 했다. 영국에서는 흰인을 재료로 하는 성냥이 판매가 금지된 이후로도 다른 곳들에서는 오랫동안 계속해서 판매되었다. 물론, 푸아로는 모든 정황 증거들을 모아 살인자를 밝힌 후 법의 심판에 맡긴다.

R is for Ricin
리신

부부 탐정

당신의 아이를 고문하지 마라! 어머니들께! 피마자유와 광유, 칼로멜,
알약을 먹을 생각에 두려움에 떠는 저 작은 아이를 보라!
이런, 세상에!
— '카스캐럿츠 캔디 카타르틱Cascarets Candy Cathartic' 광고(1918)

많은 사람들이 경험을 통해 피마자유의 불쾌한 본질에 대해 잘 알고
있다. 다행스럽게도 동일한 식물이 만들어내는 또 다른 추출물, 리신
ricin의 치명적인 효과를 겪은 이들은 극히 드물다. 독성을 띤 이 단백
질은 오늘날 널리 악명을 떨치고 있지만, 애거서 크리스티가 글을 쓰
던 당시만 해도 살인에 이용되지 않았다. 실생활에서의 사례가 드문

탓에 크리스티의 작품 속에 일부 잘못된 예가 등장하는지도 모른다. '범죄의 여왕'에게는 이례적인 일이다. 1978년 전까지 리신은 치료도 추적도 불가능했기에 독약으로서 거의 완벽했다. 크리스티가 「죽음이 깃든 집The House of Lurking Death」에서 같은 집에 사는 네 명의 인물을 리신으로 독살한 것은 여러 면에서 시대를 앞선 것이었다. 「죽음이 깃든 집」은 두 명의 탐정, 토미와 터펜스 베레스퍼드가 등장하는 짧은 단편으로, 두 탐정이 활약하는 다른 단편들과 함께 1929년, 『부부 탐정Partners in Crime』으로 출간되었다.

「죽음이 깃든 집」은 로이스 하그리브스가 토미와 디펜스를 찾아오며 시작된다. 로이스는 얼마 전 누군가 자신을 살해하기 위해 비소가 든 초콜릿을 보냈다며, 이를 조사해 달라고 부탁한다. 익명으로 배달되었지만 로이스는 집안사람 누군가가 보낸 것이라 확신한다. 토미와 터펜스는 로이스의 집인 선리 농원을 다음 날 방문해 조사하기로 약속한다. 그러나 두 사람이 도착하기 전 또 다른 독살 기도가 벌어진다. 차를 마시는 시간에 리신이 발린 무화과 샌드위치가 나왔고, 이번에는 살인마가 승리했다.

리신 이야기

리신은 열대 지역 전역에서 자라는 식물인 피마자(아주까리)castor oil plant에서 만들어진다. 피마자는 종종 관상용 관목으로 재배되기도 하는데, 피마자 전체로 보면 리신의 함유량이 많지 않지만 주로 씨앗, 그중에서도 특히 발아 시 영양분을 공급하는 역할을 하는 기름 저장고, 배젖endosperm에 리신이 집중되어 있다.

리신은 초식동물로 하여금 씨앗을 먹는 걸 단념하게 만들기 때문에 식물의 생존에 매우 중요하다.[1] 성인 한 명이 피마자 씨앗 5개에서 20개를 날것 그대로 꼭꼭 씹어 먹으면 사망에 이를 수 있다. 하지만 요리를 하면 독이 비활성화된다. 단백질의 형태가 바뀌는 것을 '변성'이라고 하는데, 열이나 화학 작용에 의해 단백질의 변성이 일어날 수 있다. 변성은 한 번 일어나면 되돌릴 수 없다. 단백질로 이루어진 달걀이 익으면 어떻게 되는지를 떠올려 보면 된다.

대부분의 사람들이 피마자유를 안전하고 비교적 순한 완하제緩下劑, laxative(배변을 쉽게 하는 약제)로 생각해 처방전 없이도 사고판다. 하지만 피마자유와 그 유도체들은 페인트와 염색약, 약품이 든 플라스틱 용기 등 많은 곳에서 윤활제로도 쓰인다. 피마자유 안에 든 리시놀레산ricinoleic acid과 지방산이 화학적 성질 때문에 산업적으로 특히 관심을 받고 있고, 피마자유와 리시놀레산에 대한 수요가 상당한 탓에 여러 지역에서 농작물로 재배하고 있다. 씨앗에서 기름을 짜고 남은 겉껍질 또는 찌꺼기에는 5퍼센트가량 리신이 들어 있다. 찌꺼기는 비료로 사용되기도 하는데, 기름을 짜고 남은 다른 씨앗 부위들이 섞여 있는 경우 종종 중독 증세를 일으키기도 해 소의 사료로는 쓰지 않는다. 리신은 물에 녹는 대신 기름에는 녹지 않으므로 피마자유에서는 거의 발견되지 않는다. 확실하게 하기 위해서는 피마자유를 추출할 때 섭씨 80도 이상으로 열을 가해 준다. 그러면 단백질이 변성하며 더 이상 활성을 띠지 않는다.

꼭 리신 때문이 아니더라도 피마자를 재배하며 씨앗과 접촉하는 사람들은 위험에 노출될 수 있다. 실제로 피마자 씨앗은 겉을 단단한

껍질이 싸고 있어 리신이 밖으로 방출될 일이 거의 없다. 게다가 이 껍질은 소화 작용을 견딜 만큼 단단하므로 씹지 않고 통째 씨앗을 삼키면 생명에 지장을 주지 않는다. 그러나 피마자 표면에는 알레르기를 유발하는 화합물이 있기 때문에 식물에 손을 댄 사람은 영구적인 신경 손상을 입을 수 있다. 이런 이유로 리신과 다른 알레르기성 화합물 없이 리시놀레산을 얻을 수 있는 다른 대체재나 유전자 변형 피마자를 찾는 데 많은 연구가 이루어지고 있다.

리신 살인법

리신은 A 사슬과 B 사슬로 구성된 독성 알부민toxalbumin이다. 두 사슬은 두 개의 황 원자 사이에 단일 결합으로 연결돼 있다. 모든 세포는 세포막에서 어떤 물질은 세포 안으로 들이고 어떤 물질은 세포 밖으로 내보낼지를 통제한다. B 사슬이 세포 표면에 부착해 리신이 세포막을 통과해 안으로 들어갈 수 있게끔 한다. 세포 안으로 들어간 리신은 두 개의 사슬로 각기 분리되고,[2] 이때 나온 A 사슬이 인체에 해를 끼친다.

리신은 리보솜 억제 단백질ribosome-inhibiting protein(줄여서 RIP로 표기하는데, 정말 적절한 이름이다[3])로 분류된다. B 사슬과 분리된 A 사슬은 새로운 단백질을 조립하고 세포가 제 기능을 하고 복제하도록 돕는 리보솜을 영원히 망가뜨린다. 리보솜 내 중요한 결합을 끊어 활성을 정지시키는 것이다. 우리 몸의 물질대사와 성장, 수리에서 리보솜이 중요한 역할을 맡고 있기 때문에 리보솜이 망가진다는 것은 비극이다.

활동을 하지 못하는 리보솜이 증가하면 세포는 죽음에 이른다. 장기 내 세포가 죽어 가면 출혈이 일어나고 마침내 장기도 죽음을 맞이한다. 게다가 A 사슬은 리보솜 하나를 망가뜨리는 데 그치지 않고 세포를 돌아다니며 1분 동안 1,500개의 리보솜을 해치울 수 있다. 자신은 손상을 입거나 망가지는 일 없이 말이다.[4]

리신 분자 하나가 그토록 심각한 손상을 끼친다는 것은 극히 적은 양으로도 리신이 생명을 앗아 갈 수 있음을 뜻한다. 피하 주사기로 1밀리그램에 못 미치는 양을 주입해도 성인 한 명을 거뜬히 해치울 수 있다. 리신 가루를 흡입하는 것도 마찬가지다. 섭취하는 것은 조금 덜 위험한데, 위장에서 다른 단백질들과 마찬가지로 리신 또한 구성 아미노산들로 분해되고, 그 결과 활성을 잃기 때문이다. 복용을 통해 독살하려 한다면 적어도 100배 더 많은 양을 써야만 한다. 그래 봤자, 성인 한 명에 100밀리그램이다.

리신 중독 증상은 섭취 후 대략 6시간 뒤에 나타난다. 주입이나 흡입의 경우 그보다 조금 빠르다. 입안이 타는 듯한 느낌이 들다가 메스꺼움과 구토, 위경련, 나른함, 청색증(피부가 파랗게 변하는 증상), 마비, 혈액 순환 장애, 혈뇨, 경기, 혼수상태, 그리고 죽음에 이른다. 리신이 최고로 희석되면 용혈Haemolysis(적혈구 파손)이 일어나고 심각한 체내 출혈이 뒤따른다. 중독된 후 사흘에서 닷새 사이에 사망한다.

리신은 치료 목적으로 사용이 허가되어 있지 않다. 하지만 세포의 기능을 마비시키는 능력 때문에 형태를 변형해 암을 치료하는 데 사용하자고 제안된 적은 있다. A 사슬과 달리 전혀 해를 끼치지 않는다. B 사슬을 이용해 세포 안으로 치료 약물을 전달할 수도 있다.

피마자 재배가 법적으로 허용돼 있음에도 불구하고 100밀리그램 이상을 실험실에 보관하려 한다면 연구자들은 반드시 등록 절차를 밟아야만 한다. 등록되지 않은 실험실에서 리신을 분리하거나 순수 리신을 소지하려 한다면 관련 당국에 설득력 있는 이유를 제시해야만 한다. 높은 독성과 그와 관련된 능력들 때문에 리신을 생물학적 무기로 활용하는 것이 검토된 적도 있다. 다만 제1차 세계대전 동안 미국군에서 시험한 바, 당시 사용되고 있던 포스겐phosgene이나 다른 화학 무기들보다 리신이 더 효과적이지는 않다고 결론을 내렸다. 가장 큰 문제는 리신을 효율적으로 사용하는 방법 자체가 난백질을 변성시킬 만큼의 열을 발산한다는 것이었다. 제2차 세계대전에 이르는 기간 동안, 그리고 제2차 세계대전 와중에 군과 별개로 더 많은 연구가 진행되었다. 프랑스에서는 항독소가 개발되기 전까지는 리신이 연구 대상으로 너무 위험한 물질이라 여겼다. 그리하여 프랑스는 초기 단계에 연구를 포기했다. 영국은 연구를 계속 진행해 소형 폭탄을 개발했다. 폭탄은 리신 가루를 품은 구름을 만들어냈다. 가루는 호흡기를 통해 인체 내로 들어올 수 있었다. 미국은 보다 앞선 연구 결과를 내놓았다. 다량의 리신 가루 혹은 '에이전트 WAgent W'를 생산하는 도구를 개발한 것이었다. 기발하게도 냉기 분쇄기chilled-air grinder를 사용해 마찰열을 처리, 단백질 변성을 막아 주었다.

'에이전트 W'를 야외에서 실험한 결과 생물학적 무기로서 리신이 가진 또 다른 단점이 드러났다. 리신에 노출된 곳들이 오랜 기간(A 사슬과 B 사슬이 끊어질 때까지로, 대개 이틀에서 사흘이 걸린다) 위험 지역으로 남는다는 것이다. 또한 가루가 옷가지에 붙어 나중에 호흡기를 통해 흡입될 수도 있었다. 적뿐만 아니라 아군까지도 사망할 수 있었다.

효과가 지연돼 나타난다는 점과 윤리적 고려로 인해 리신은 전투에서 사용되지 않았다. 단백질은 탄저균보다 덜 안정적이며, 보툴리누스균 독소('에이전트 X'로 개발되었다)보다 독성이 덜했다. 그 말은 동일한 살상 효과를 내기 위해서는 더 많은 양의 리신을 때려 부어야 한다는 뜻이다.

리신 해독제

리신이 생물학적 무기로 사용될 수 있다는 점 때문에 해독제를 개발하려는 시도는 있었다. 하지만 상업적으로 이용할 수 있는 해독제는 아직까지 없다. 불행하게도 리신에 노출된 사람들에게는 지지 요법이 최선이다.

그러나 리신에 노출되기 전에 쓸 수 있는 예방책은 있다. A 사슬의 비활성 형태로부터 개발된 백신으로 몇 개월간 효과가 지속된다. 물론 우리 몸이 항체를 자체적으로 만들어내기까지 약간의 시간이 필요하다. 리신은 (세포 안으로 들어가는 탓에) 재빨리 혈액에서 사라지기 때문에, 이미 노출된 이후에 항체를 주입하는 것은 무의미하다. 이미 반점이 드러난 사람에게 홍역 백신을 주사하는 것과 같다.

실제 사례

리신 중독은 대개 피마자 씨앗을 우발적으로 삼키면서 발생한다.[5] 생존율은 95퍼센트를 넘는다. 리신이 흡수되기 전에 씨앗이 위장에서 빠져나오기 때문이다. 영국에서 첫 리신 독살 사건이 벌어진 것은 애거서 크리스티가 사망한 후인 1978년이었다. 이 사건은 가장 유명한 암살 사건에 속한다.

게오르기 마르코프Georgi Markov는 불가리아 반체제 인사로, 「BBC」와 「자유유럽방송Radio Free Europe」을 위해 일한 작가이자 기자였다. 불가리아 정권과 특권층을 다룬 방송을 여러 차례 했으며, 특히 불가리아 대통령 토도르 지프코프Todor Zhivkov에 대한 가차 없는 비평으로 유명했다. 1978년 9월 7일, 워털루 다리 버스 정류장에 서 있던 마르코프는 갑자기 넓적다리에 벌레에 쏘인 듯한 날카로운 통증을 느꼈다. 뒤를 돌아보니, 몸을 앞으로 굽혀 우산을 집어 들려는 남자가 보였다. 남자는 사과를 하고는 재빨리 길을 건너 택시를 타고 가 버렸다. 나중에 마르코프는 직장 동료에게 그날 있었던 일에 대해 이야기하며 넓적다리 뒤편에 난 작은 상처를 보여 주었다. 방송을 녹음하고 몇 시간 후 마르코프는 집으로 돌아갔다.

그날 밤 마르코프는 열이 나고 토하기 시작했다. 다음 날에도 여전히 상태가 좋지 않아서 출근하지 않고 집에 머물렀다. 의사가 왕진을 왔고 마르코프를 살펴본 후 구급차를 불렀다. 병원에서 만난 의사에게 마르코프는 다리에 난 상처를 보여 주었다. 상처는 이제 염증을 일으키고 있었다. 중앙에는 분홍색의 자그마한 바늘 자국이 보였다. 설마 뒷다리의 상처가 증상을 불러일으켰으리라고는 생각하지 않으면서도, 만일을 위해 X-레이를 찍어 보았다. 하지만 아무것도 나타나지 않았다.

마르코프의 상태는 갈수록 나빠졌다. 의사들은 심각한 패혈증이 원인이 아닐까 의심했다. 맥박이 가빴고 혈압은 낮았으며 백혈구 수치가 올라갔다. 뭔가에 감염되었다는 의미였다. 신장이 망가지며 소변을 보질 못했고 계속 피를 토했다. 폐 속에 체액이 모이다가 9월 11일, 마침내 심장이 멈추었다. 워털루 다리 사건 후 사흘이 지난 뒤였다.

기이한 증상과 갑작스러운 죽음 때문에 부검이 실시되었다. 폐와 간, 장, 림프관, 췌장, 정소가 망가졌고 몇몇 장기에서는 출혈도 발견되었다. 사인은 급성 패혈증이었지만, 중독의 원인은 알려지지 않았다. 다리에 난 상처를 조사하자 살 속에서 작은 금속 알갱이가 나왔다. X-레이를 다시 확인해 본 결과, 처음에 필름에 난 흠으로 판독했던 자국이 이 금속 알갱이로 밝혀졌다. 지름 1.7밀리미터의 알갱이에는 아주 작은 구멍이 있었다. 그 속 작은 공간에 독이 들어 있었던 것으로 의심되었다. 하지만 독약의 흔적은 없었다. 비소나 청산가리를 치사량만큼 담기에는 공간이 너무 작았고 훨씬 더 강력한 뭔가가 사용되었음이 분명했다. 부검 과정에서 나온 증거들과 마지막에 마르코프가 보인 증상들로 리신이 의심되었고, 검시 결과도 그랬다. 솔즈베리 Salisbury에 있는 영국 정부가 운영하는 군사 과학 연구소인 포턴 다운 Porton Down에서 실시한 추가 조사로 결국 리신이 확인되었다.

포턴 다운 과학자들은 금속 알갱이 속 공간을 측정하여 안에 들어 있었을 독약의 양을 추정했다. 0.5밀리그램이면 공간이 꽉 찰 수 있었는데, 리신은 이 정도 양으로도 사람을 죽일 수 있는 몇 안 되는 강력한 독약이었다.

동일한 양의 리신을 돼지에게 주입하자, 마르코프의 증상과 똑같은 반응이 나타났다. 돼지는 인간 대용물로 종종 실험에 사용된다. 전체적인 크기가 비슷할뿐더러 털이 없고 장기 크기도 비슷하며 장 내

박테리아도 유사해서 부상이나 부패 과정 또한 비슷한 양상을 보인다. 부검 결과 돼지 장기도 비슷한 손상을 입은 것으로 드러났다. 마르코프를 독살한 것은 리신이 확실했다. 밀랍을 바른 캡슐 안에 독약을 넣으면 체온에 캡슐이 녹으면서 독약이 방출될 것이었다. 아니면 체내에서 녹는 설탕 속에 넣어 두는 것도 한 방법이었다.

파리에서도 또 다른 불가리아 망명자 블라디미르 코스토프Vladimir Kostov를 상대로 비슷한 암살 시도가 있었다. 마르코프가 공격당하기 열흘 전 코스토프는 파리 지하철의 한 에스컬레이터에 서 있었다. 코스토프의 등 뒤로 작은 알갱이가 주입되었다. 벨트 바로 위쪽에서 벌레에 물린 듯한 따끔함이 느껴져 살펴보니 약간 부어오른 작은 상처가 있었다. 다음 날 몸 상태가 좋지 않고 열도 나자 코스토프는 의사를 찾아갔다. 의사는 걱정할 정도는 아니라고 말했고, 며칠 뒤 코스토프의 체온은 정상으로 돌아왔다. 하지만 마르코프가 사망하자 관계 당국에서는 코스토프의 상처 부위를 조사해 보기로 했다. 마르코프의 것과 동일한 알갱이가 나왔고, 알갱이에는 원래 독약을 감쌌던 막 일부와 리신 대부분이 그대로 남아 있었다. 조직 표본에서는 독소에 대한 항체가 검출되었다. 일부 독약이 주변 조직으로 흘러나오면서 증상을 유발한 동시에 체내 면역 반응을 불러일으켰던 것이다.

불가리아 정보부 비밀 요원이 치사량의 리신을 담은 알갱이를 마르코프의 다리에 주입한 것으로 추정되었다. 평범한 공기 소총으로 금속 알갱이를 쏘면서 주의를 흐트러뜨리기 위해 우산을 떨어뜨렸을 수도 있다. 혹은 러시아 정보부와의 합작으로 개발한 특수 우산을 사용했을 수도 있다. 불가리아에서 공산주의 체제가 붕괴되자 사람들은 마르코프의 암살을 둘러싼 비밀이 풀릴 것으로 기대했다. 하지만 불가리아 정보부 기록 보관소에 보관돼 있던 마르코프와 관련한 서류 대부분이 사라지거나 파괴되고 없었다. 지금까지도 많은 의문점이 남아 있다. 마르코프를 살해하거나 혹은 살인을 사주한 혐의로 법정에 선 사람도 아무도 없다.

애거서 크리스티와 리신

「죽음이 깃든 집」에서 토미와 터펜스가 조사하려던 비소 중독 사건은 순식간에 대량 살인 사건으로 번졌다. 로이스 하그리브스가 부부 탐정을 방문한 다음 날 아침, 토미는 신문에서 로이스가 죽었다는 기사를 발견한다. 로이스는 독살당할까 두렵다는 말을 남긴 지 채 24시간이 못 돼 사망했다. 두 번째 참사로 시중을 드는 하녀 에스더 퀸트와 두 명의 다른 집안사람, 로이스의 친척 데니스 래드클리프, 데니스의 면 친척 로건 여사가 함께 앓아누웠다. 무슨 일이 벌어지고 있는지 확인하고자 토미와 터펜스는 부랴부랴 로이스의 집인 선리 농원으로 찾아간다.

토미와 터펜스가 저택에 도착했을 때 데니스는 이미 독약 앞에 무릎을 꿇은 상태였다. 로건 여사는 생명줄을 겨우 붙들고 있었다. 원인은 전날 오후 차를 마실 때 함께 나왔던 무화과 샌드위치인 것 같았다. 처음에는 전염성이 매우 강한 식중독이 아닌가 생각되었다. 구토와 설사, 위통 등 전형적인 식중독 증상을 보였던 것이다. 하지만 또한 이들 증상은 리신 중독에서도 나타났다. 앞서 로이스를 해치려던 시도가 있었기에 환자를 치료하던 버튼 박사는 범죄를 의심했다. 무화과 페이스트가 분석을 위해 보내졌다. 결과가 나오기를 기다리는 동안 토미는 무화과 페이스트에 비소가 첨가되지 않았을까 하는 추측을 버튼 박사에게 내비쳤다. 이전 살인 시도 때 초콜릿 속에 비소가 들어 있었기 때문이다. 하지만 버튼 박사는 비소는 이토록 빠른 시간 안에 사람을 죽일 수 없다며 이 가설을 기각했다. 박사는 애초에 강력한 식물 기반 독소가 사용되었으리라 생각했다.

독약이 무엇이었건 희생자들은 모두 12시간 이내에 죽었다. 오후 4시경 차가 나왔을 테고 로이스와 에스더 퀸트는 신문 마감 전 저녁 시간에 죽었음에 틀림없다. 토미와 터펜스가 조간신문에서 사망 기사를 읽으려면 그 수밖에 없다. 12시간이면 리신으로서도 이례적으로 빠른 시간이었다. 대개는 사흘에서 닷새 동안 앓아누운 후 사망했다. 살인마가 무화과 샌드위치에 특히 많은 양을 넣었던 것일까? 리신은 적은 양에서도 특유의 강한 향이 나는데, 무화과가 그 향을 감춰 주었던 것일까?

나중에 의사는 토미와 터펜스에게 '사용된 독약이 리신이라 믿을 만한 근거가 있다'는 내용의 편지를 보내온다. 근거가 무엇인지, 어떤 검사법을 실시했는지는 책에서 자세히 밝히지 않았지만, 1929년이면 사실상 리신을 검출할 방법이 전혀 없었다. 선리 농원의 희생자들은 위장에 염증이 유발되었고 내장 출혈이 있었다. 이런 증상들이 리신을 범인으로 지목했던 것 같다. 크리스티가 작품을 쓰던 당시 영국에서 리신으로 벌어진 살인 사건은 없었다. 그러나 우발적으로 피마자 씨앗을 섭취한 경우는 있었다. 그 부검 결과에서 드러난 증상과 징후가 알려져 있었을 것이다. 리신을 확인할 수 있는 확실한 검사법이 없다면, 제일 좋은 방법은 동물에게 리신을 주입하거나 먹게 해 발현되는 증상과 사후 검시 결과를 비교하는 것이다. 이 방법은 「죽음이 깃든 집」에서 허락된 시간보다 훨씬 오래 걸린다.

마치 리신의 혐의에 종지부를 찍으려는 듯, 터펜스는 정원에서 피마자를 본 것을 기억해낸다. 또한 집 안에서는 치료 효과를 지닌 물질들에 대한 정보를 모두 모은 약물학 서적이 발견되었다. 발견 당시 리신을 다룬 부분이 펼쳐져 있었고, 피마자 씨앗에서 리신을 추출하는 방법이 자세히 적혀 있었다. 의학적 목적으로 기술된 책에 포함된 내용이라기에는 이례적이다. 리신이 치료제로 사용된 적이 없기 때문이다. 피마자유는 오랫동안 구토제와 완하제, 심지어 비듬 치료제로 쓰였다. 따라서 피마자유를 추출하는 방법에는 짐작하건대 기름과 함께 리신이 추출되지 않도록 주의하는 방법이 포함돼 있었을 것이다.

세 번째 희생자 데니스 래드클리프는 토미와 터펜스가 사건을 해결하는 데 장애물로 작용했다. 무화과 샌드위치가 나오던 시각 그는 집에 없었다. 데니스가 다른 사람들과 동일한 독에 중독된 것은 확실했다. 같은 날 밤 앓아누웠고 이튿날 새벽 5시에 사망했다. 저녁 식사 직전 데니스가 칵테일을 마시는 장면이 목격되었고 그 직후 몸이 좋지 않다며 불평했다. 칵테일을 마실 때 사용한 유리잔이 분석을 위해 보내졌다. 잔 속에서 리신이 발견되었다. 리신이 어떻게 입수되었는지는 여전히 밝혀지지 않았다. 이번에도 섭취 후 죽음에 이르기까지 걸린 시간은 현실적이지 않다. 리신을 섭취한 뒤 6시간 만에는 중독 증상이 나타나지도 않거니와 며칠 뒤에나 사망하기 때문이다.

음료 속에 든 알코올이 리신 단백질의 성질을 변화시키는 탓에 칵테일에다 리신을 첨가하는 것은 그리 좋은 방법이 아니다. 알코올은 단백질의 구조를 풀어헤친다. 단백질의 삼차원 형태가 변한다는 것은 더 이상 동일한 기능을 수행하지 못함을 의미한다.[6] 마티니 같은 칵테일에는 30에서 40퍼센트의 알코올이 들어 있고 이 정도면 리신을 포함한 그 어떤 단백질도 상당 부분 변화시킬 수 있다. 알코올의 작용을 견디고 소화 과정에서도 살아남아 마침내 체내로 흡수, 재빨리 사망에 이르게 하려면 데니스가 마신 칵테일 속에 리신이 다량으로 들어 있어야만 했다.

지금부터는 범인과 살인 방법에 대해 다룰 것이다. 만일 알고 싶지 않다면 다음 장으로 건너뛰길 바란다(『부부 탐정』을 읽고자 한다면—그러기를 바란다—「죽음이 깃든 집」은 이 책에 실린 여러 개의 사건 중 단지 하나라는 사실을 기억하길 바란다).

선리 농원에서의 네 번째 희생자 로건 여사 또한 무화과 샌드위치를 먹었다. 로건 여사는 여전히 몸 상태가 좋지 않았지만 회복되고 있었다. 리신에 중독된 후 닷새 동안 생존하면 대개는 완전히 회복했다. 하지만 24시간 만에 로건 여사의 상태가 좋아지고 있다는 건 다소 이른 감이 있다. 무엇보다도 다른 사람들이 모두 죽어 가는 동안 어떻게 그녀만 살아남을 수 있었던 것일까? 어쩌면 다른 사람들이 먹은 양만큼 먹지 않았는지도 모른다. 아니면 다른 이유가 있었을 것이다. 그 이유를 터펜스가 밝혀낸다.

로건 여사와 이야기를 나누는 동안 터펜스는 그녀의 팔에서 바늘 자국 혹은 피하 주사기 자국처럼 보이는 상처를 발견한다. 처음에는 로건 여사가 모르핀이나 코카인 중독자가 아닐까 생각했지만 '그녀의 눈이 정상'이었기에 이 생각은 재빨리 버린다. 그렇다면 이 자국은 무엇이었을까? 곧 로건 여사가 스스로 적은 양의 리신을 자신의 팔에 주입했음이 드러난다.

로건 여사의 부친은 혈청 요법의 선구자였다. 혈청 요법은 특정 질병이나 독성 물질(총괄해서 항원이라 부른다)을 예방하기 위해 백신을 투여하는 것이다. 크리스티는 리신이 초기 면역학 연구에서 도구로 쓰였음을 정확하게 지적했다. 적은 양의 독성 물질을 투여하면 자연 면역력을 기를 수 있다. 면역계가 치사량에 못 미치는 독성 단백질을 만나면 항체를 만들고 독소에 대한 '기억'을 형성한다. 항체는 결합하는 물질에 따라 다 다르기 때문에 우리 몸은 전 생애에 걸쳐 만난 다양한 항원에 대해 항체 도서관을 구축한다. 항체는 항원에 강하게 달라붙어 항원이 세포 내로 들어가는 걸 막아 준다. 그리고 대식 세포 macrophage를 자극해 항원을 제거하도록 만든다. 대식 세포는 낯선 물질들을 삼킨 후 파괴하며 또한 다른 면역 반응을 유발한다. 적은 양의 리신을 피하 주사기로 주입하면 면역계가 리신에 대한 항원을 형성해 나중에 체내로 치사량이 들어오더라도 빠르게 리신을 비활성화하여 살아남을 수 있다.

지금은 리신에 대한 신체 반응으로 중독 여부를 판단한다.[7] 리신 항체를 분리한 후 변형해 면역 분석법immunoassay이라는 검사를 실시한다. 항리신Anti-ricin에 방사성 동위 원소를 달거나 리신이 결합했을 때 빛을 내뿜도록 변형하면 표본 속에 리신이 들었는지를 알 수 있다. 오늘날에는 다양한 약물에 맞는 항체들이 개발되어 있어 여러 화합물이 뒤섞인 표본도 재빨리 조사할 수 있다. 크로마토그래피 같은 기술로는 피마자 내 다른 화합물들을 확인할 수 있기 때문에 리신 노출 여부를 판단하는 대용물로 사용한다. 그러나 매우 적은 양으로도 중독을 불러일으키는 리신의 특성상 검출의 한계점을 돌파하려는 시도들이 계속되고 있다. 여전히 환경에서든 인체 조직에서든 리신을 검출하는 표준 방법은 없다.

「죽음이 깃든 집」에서 로건 여사는 살인을 저지르기 위해 몇 주, 심지어 몇 달 전부터 무화과 샌드위치에 넣을 독약을 준비했을 것이다. 정원에서 자라는 피마자에서 리신을 추출하는 것은 언제든 가능했고, 추출해낸 리신을 손쉽게 저장, 비축해 두었다. 그리고 면역성을 기르기 위해 스스로에게 적은 양을 규칙적으로 주입했다. 언젠가 차와 먹을 무화과 샌드위치에 리신을 첨가하면 함께 먹은 그녀 또한 아플 테고 따라서 의심을 면할 것이다. 하지만 그녀는 죽지 않을 것이다. 그리고 그날 저녁 데니스의 칵테일 잔에 리신을 첨가한다. 하녀인 에스더는 의도한 희생자가 아니었다. 그저 조용히 샌드위치를 먹는 실수를 저질렀고 그 대가로 죽음을 맞았다.

S is for Strychnine
스트리크닌

스타일스 저택의 괴사건

마지막 발작으로 그녀의 몸이 침대에서
들어 올려지더니 기묘하게 활처럼 휘었다.
몸 전체가 머리와 발뒤꿈치로 지지되고 있는 것처럼 보일 정도였다.
— 애거서 크리스티, 『스타일스 저택의 괴사건』

『스타일스 저택의 괴사건The Mysterious Aff air at Styles』은 애거서 크리스
티의 첫 작품이다. 그녀가 탄생시킨 탐정 소설의 고전적인 양식이 모
두 이 소설에 담겨 있다. 치명적인 독약, 뛰어난 탐정, 갈팡질팡하는
조수, 뭐든지 잘못된 결론에 도달하는 형사, 이 모두가 아름다운 시골
저택을 배경으로 펼쳐진다. 거기에다 범죄의 자취를 혼동하게끔 만

드는 가짜 속임수도 있다. 이 책은 에르퀼 푸아로를 세상에 내놓았으며, 스트리크닌 중독이라는 사악한 사건에서 에밀리 잉글소프 부인이 비극적인 죽음을 맞는 장면을 선보였다. 희생자가 한 명이니 사건이 간단하리라 생각할지도 모른다. 하지만 돈을 보고 접근한 젊은 남편에서부터 유산에 굶주린 자식들, 복수심에 불타는 하인까지, 책에는 용의자가 수없이 등장한다. 살인의 동기와 기회를 놓고 선택지가 너무 많아 범인을 콕 집어내기가 어렵다. 용의자 중에는 독성학 전문가인 의사, 간호사, 병원 조제실에서 근무하는 젊은 여성도 있다. 오직 확실한 한 가지는 희생자가 스트리크닌에 희생되었다는 사실이다. 누가, 어떻게, 그녀를 해치웠는가가 바로 진짜 수수께끼이다. 푸아로는 주위를 흐트러뜨리는 잘못된 단서들로 가득한 충격적인 사건 한가운데에서 우리를 안내한다. 믿음직한 헤이스팅스 대위에 의해 때로는 방해를, 때로는 도움을 받으면서 말이다.

스트리크닌은 크리스티가 애용한 독약이었다. 네 편의 장편과 다섯 편의 단편에서 총 다섯 명의 등장인물을 해치웠다. 크리스티는 『스타일스 저택의 괴사건』에서 이 독약을 가장 잘 활용했으며, 기회가 있을 때마다 자신이 가진 광범위한 화학 지식을 자랑했다.

스트리크닌 이야기

스트리크닌은 식물성 알칼로이드로 매우 쓴맛이 나며 냄새가 없는 고체성 물질이다. 가늘고 길며 색이 없는 결정 구조로 물에 거의 녹지 않는다.[1] 스트리크노스속Strychnos 식물에서 이 화합물을 얻을 수 있다.

스트리크노스속에는 아프리카와 아메리카, 아시아의 따뜻한 지역에서 자라는 다수 종이 포함된다. 그중 몇몇 종이 스트리크닌을 함유하고 있으며, 특히 인도에 자생하는 마전자나무_Strychnos nux-vomica_에 가장 풍부하게 들어 있다. 이 식물의 커다란 원반 모양 씨앗에서 비교적 손쉽게 스트리크닌을 추출할 수 있다.[2]

식물이 자생하는 지역에서는 스트리크닌의 독성이 오래전부터 알려져 그 추출물을 살충제로 이용해 왔다. 인도에서는 지금까지도 독성을 줄이기 위해 씨앗을 물이나 우유에 담근 다음 '후다르_hudar_' 캡슐이라는 형태로 혈압을 높이는 데 사용한다. 스트리크닌을 복용하면 우리 몸이 스트레스를 받아 혈압이 상승할 수 있기 때문이다. 하지만 이것은 화합물이 직접 작용한 결과라기보다는 증상에 가깝다. 마전자나무는 또한 오늘날 동종 요법_homeopathy_으로 각광받고 있다. 물론 동종 요법에서는 고도로 희석한 약물을 사용한다. 이 치료를 받은 사람들은 나중에 동일 약물에 중독될 가능성이 낮다. 스트리크닌을 활용한 전통 치료는 크리스티가 『스타일스 저택의 괴사건』을 쓴 1916년 당시에는 수그러들고 있었다. 그리고 몇 년 후 완전히 자취를 감추었다.

스트리크닌은 호흡기로 들이마시거나 피하 주사기로 주입할 수 있다. 하지만 대개는 입을 통해 직접 섭취한다. 범죄 목적이건, 치료 목적이건 마찬가지다. 물에 녹는 정도를 향상시키기 위해 보통 염으로 탈바꿈시켜 사용한다. 이 경우 투약이 훨씬 쉬워질 뿐 화합물의 독성에는 아무런 영향이 없다. 위장의 산성 환경에서는 스트리크닌 염이 잘 흡수되지 않지만 소장에 다다르면 소장 벽을 통해 쉽게 체내로 침투한다. 일단 혈액 속으로 들어가면 빠르게 온몸으로 퍼져 나간다.

다른 독성 물질들이 대개 그렇듯이 스트리크닌의 표적도 신경계에 있는 수용체다.

스트리크닌 살인법

스트리크닌은 우리 몸 전체를 통틀어 신호를 주고받고 조정하는 신경 세포망인 중추 신경계에 작용한다. 수의 운동을 통제하는 신호는 운동 뉴런을 따라 전달된다. 운동 뉴런은 직경이 몇 마이크로미터에 불과한 가느다란 가닥인 축삭 돌기로 이루어져 있다. 세포의 중심체에서 뻗어 나온 축삭 돌기는 길이가 1미터에 이르며 전기 신호를 운반한다. 척수에서 비롯한 운동 뉴런은 우리 몸 말단까지 이어져 있다. 운동 뉴런 사이 연결 부위는 시냅스로 불리는데 뉴런 끝에서 이곳으로 화학 신호 혹은 신경 전달 물질을 분비한다. 신경 전달 물질이 빈 공간을 가로질러 다음 뉴런에 있는 수용체에 닿으면 전하가 발생하며 다시금 전기적 신호가 전송된다. 근육에 다다르면 신호는 종료되며, 그곳에서 신경 전달 물질이 시냅스를 건너 근육 섬유의 수축을 일으킨다.

휴지 상태에서 신경 세포 안쪽은 음극을 띠는데, 이 극성이 변하면서 축삭 돌기를 따라 전기 신호가 흐른다. 시냅스를 가로질러 다음 신경에서 전기 신호를 유발하는 신경 전달 물질은 아세틸콜린이다. 또 다른 화학 물질 글리신glycine이 아세틸콜린의 효과를 상쇄하는 역할을 한다. 글리신이 신경 수용체에 결합하면 세포 안으로 음전하가 흘러 들어가게 되고 따라서 신경이 신호를 만들어내기가 더욱 어려

282

워진다. 사소한 자극에 신경이 발화되지 않게끔 만드는 (브레이크처럼) 매우 중요한 조치다.

스트리크닌은 글리신보다 세 배 더 효과적으로 글리신 수용체에 달라붙는다. 글리신 수용체를 막아 버림으로써 스트리크닌은 글리신의 완화 효과를 날려 버린다. 즉 아주 작은 자극에도 신경이 반응을 보이게 되면서 마치 브레이크가 고장 나서 통제 불능 상태가 된 자동차나 다름없어진다. 이제 운동 뉴런에 연결된 근육은 사소한 자극에도 완전히, 그것도 오랫동안 수축한다.

우리 몸의 앞쪽에 있는 근육들보다 뒤편에 있는 근육들이 더 힘이

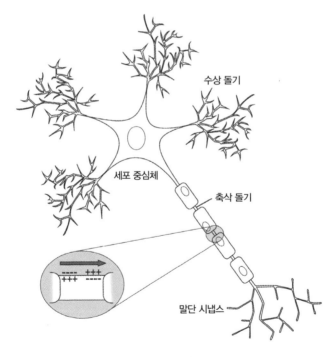

| 운동 뉴런 |
세포 내부의 극성이 변함으로써 축삭 돌기를 따라 전기 신호가 흐른다.

세다. 스트리크닌에 중독된 사람들이 등이 활처럼 휘며 마치 뒷머리와 발뒤꿈치로만 몸을 지탱하는 듯한 모습을 보이는 것은 이 때문이다. 몇몇 경우에 근육에서 발생한 경련이 위장 근육에 영향을 주어 앞으로 웅크린 자세를 유발하기도 한다. 몸 옆면 근육들이 영향을 받으면 좌우로 빠르게 움직인다. 스트리크닌이 온몸에 영향을 끼치면 두 팔은 옆면에 완고하게 붙인 채 얼굴은 조소를 띠고 눈은 앞으로 툭 튀어나온 상태에서 이리저리 바쁘게 움직인다.

스트리크닌이 가장 중요하게 영향을 미치는 곳은 운동 뉴런이지만, 대뇌 피질에 있는 신경 세포 또한 스트리크닌의 영향을 받는다. 스트리크닌을 복용한 사람은 내내 의식이 깨어 있다. 스트리크닌이 신경 말단의 감수성을 높여 자신이 처한 상황에 대한 감각과 자각이 고조된다. 끔찍하기 짝이 없는 독극물들로 목록을 만든다면 스트리크닌은 무조건 상위에 오를 것이다.

스트리크닌을 복용한 후 15분에서 30분이 지나면 증세가 나타난다. 근육이 아리고 땅기는 듯한 느낌이 제일 먼저 찾아온다. 메스꺼움과 구토도 동반될 수 있다. 증상이 진전되면 근육 경련이 더욱 격렬해지고 결국에는 몸 전체로 퍼져 나간다. 경련 중간 중간 비교적 진정되는 시기가 있다. 근육이 고되게 움직이면서 산소를 엄청난 속도로 태우는 바람에 안색이 불거지기도 한다. 희생자들은 이런 과정을 겪으며 기진맥진한 상태가 되어 다섯 차례 이상 경련을 견디지 못한다. 스트리크닌을 투약한 지 1시간에서 3시간 사이, 호흡을 조절하는 근육이 공격을 받아 마침내 질식사한다.

스트리크닌 해독제

스트리크닌이 신체에 미치는 영향은 매우 극적이다. 대개가 빠른 시간 안에 사망에 이르며, 따라서 치료도 신속히 이루어져야 한다. 스트리크닌 중독을 해소하는 해독제는 달리 없다. 다만 몇 가지 증상을 완화시킬 수 있는 방법들이 있을 뿐이다. 모르핀은 주로 두통을 없애거나 진정 작용을 위해 투약하지만 경련을 치료하는 데 가장 중요한 역할을 한다. 근육 이완제도 부작용 없이 스트리크닌을 처리하고 배출하도록 하여 경련을 멈추는 데 도움을 준다.[3] 오늘날에는 항경련제를 쓸 수 있다. 항경련제는 응급 처치뿐만 아니라 수술 과정에서도 쓰인다. 인공호흡으로 호흡을 유지시키며 디아제팜Diazepam(바륨Valium으로 알려져 있다)을 투약하는 것도 좋은 방법이다. 디아제팜은 1963년 이후에 나왔으므로, 1920년에는 사용할 수 있는 방법이 얼마 없었을 것이다. 당시에는 다른 바르비투르barbiturate[4]들이 스트리크닌 중독 시 치료제로 쓰였다.

활성 숯을 써서 스트리크닌이 더는 체내로 흡수되지 않도록 예방할 수도 있다. 지금은 여러 종류의 화합물을 과다 복용한 환자에게 표준 절차로써 활성 숯을 사용한다. 활성 숯이 처음 도입된 것은 1830년대였다. 1831년, 약학자 P. F. 투에리P. F. Touery가 프랑스 의학 학술원French Academy of Medicine 회원들 앞에서 치사량의 열 배에 달하는 스트리크닌을 숯과 함께 삼켰다. 모두가 몇 시간이고 기다렸지만 투에리에게서는 아무런 중독 증상도 나타나지 않았다.[5]

1850년경 근육 이완제로 효과를 발휘하는 화합물 하나가 스트리크닌의 작용을 상쇄한다는 사실이 알려졌다. 흥미롭게도 이 화합물 또한 스트리크노스속 식물에서 발견되었다. 악명 높은 화살 독인 쿠라레는 스트리크노스 톡시페라Strychnos toxifera에서 추출되는 물질로, d-투보쿠라린d-tubocurarin[6]이라는 알칼로이드를 함유하고 있다. d-투보쿠라린은 스트리크닌과 비슷하게 작용하여 운동 뉴런에 있는 신경 전달 물질 수용체를 막는다. 다만 글리신이 아닌 아세틸콜린 수용체에 작용한다. 아세틸콜린이 수용체에 달라붙으면 신경이 점화되는데, d-투보쿠라린이 이 수용체를 막아 버림으로써 신경이 자극을 받지 못하고 근육이 이완된다(스트리크닌이 글리신 수용제를 막는 것과 정확히 반대 효과를 가져온다). 1942년 처음으로 d-투보쿠라린을 마취제로 사용하는 내용을 담은 논문이 출간되었고, 영국에서는 1950년대에 이르러 표준 관행으로 자리 잡았다.

실제 사례

스트리크닌은 독살에 자주 사용되었다. 범죄에 이용된 독약 10가지 중 비소와 청산가리에 이어 세 번째로 목록에 올라 있으며, 맛을 숨기거나 희생자가 한 번에 치사량을 삼킬 수 있게 만드는 교활하고도 고도로 창의적인 방법과 함께 쓰였다.

실제 사례 중 하나는 『스타일스 저택의 괴사건』과 놀랍도록 닮아 있다. 사건이 벌어진 해는 1924년으로 소설이 출간되고 4년 후였다. 무선 교환수 장 피에르 바키에Jean-Pierre Vaquier는 열렬히 사랑하는 마벨 존스Mabel Jones 양을 쫓아 영국으로 건너갔다. 두 사람은 마벨 양이 요양하고 있던 프랑스에서 만나 사랑에 빠졌다. 마벨은 그녀가 건강을 회복하는 동안 영국에서 기다리고 있던 남편 앨프리드Alfred에게로 돌아간 참이었다. 앨프리드는 서리Surrey, 비플리트Byfleet에 있는 블루 앵커 호텔Blue Anchor Hotel 소유주였다.

바키에는 영국에 도착해 블루 앵커 호텔에 묵었다. 앨프리드의 지붕 아래에서 불륜은 계속되었다. 앨프리드는 주량을 살짝 넘는 정도로 술을 마시는 버릇이 있었고, 알코올로 인한 영향을 해소하기 위해 브롬화물bromide 가루를 규칙적으로 복용했다. 브롬화물 가루는 호텔 바 선반 위에 놓인 파란 병 안에 보관돼 있었다. 그는 매일 아침 이 병에서 가루를 꺼내 물에 녹여 먹었다. 어느 아침, 평소처럼 앨프리드는 파란 병에서 가루를 덜어다 물 잔에 첨가했다. 하지만 여느 때와 달리 거품을 발산하며 녹지 않았다. 개의치 않고 혼합액을 들이 마신 앨프리드는 맛이 쓰다며 불평했다.

병 속을 들여다본 마벨 존스는 가루들 사이에서 기다란 결정을 발견했다. 맛을 보자 결정에서는 쓴맛이 났다. 그녀는 남편에게 소금물을 조금 주었다. 그러나 앨프리드는 곧 몸이 아프기 시작했다. 그게 무엇이건 남편이 먹은 것의 효과를 상쇄하기 위해 그녀는 탄산음료에 차를 타서 주기도 했지만 도움은 되지 않았다. 얼마 안 있어 앨프리드는 마비와 오한 증세를 보였다. 앨프리드가 경련으로 고통스러워 하고 있는 와중에 의사가 도착했다. 독약을 마신 후 한 시간 반이 지난 오전 11시 30분, 앨프리드는 사망했다.

정황 증거는 바키에에게 매우 불리했다. 그에게는 확실히 앨프리드를 제거할 동기가 있었고 기회도 있었다. 물론 그가 브롬화물이 들어 있던 파란 병에 스트리크닌을 넣은 광경을 목격한 사람은 없었다.

경찰이 파란 병을 조사했다. 이미 내부가 씻긴 후였지만 남아 있던 물에서 스트리크닌이 검출되었다. 바키에는 무선 통신기를 실험한다는 구실로 스트리크닌과 다른 화합물을 구매한 적이 있었는데, 독약 장부에는 가명으로 기록해 두었다. 사실 확인을 위해 무선 통신업계에서 일하는 다른 전문가가 법정에 불려 나왔다. 그는 무선 통신 분야에서 스트리크닌을 사용하는 일은 없다고 증언했다. 바키에는 유죄를 선고받았고 교수형을 당했다. 바키에가 크리스티의 작품을 읽었는지는 밝혀지지 않았다.

살인자들 사이에서 스트리크닌이 인기를 끌었던 데 대해 크리스티가 책임질 이유는 전혀 없다. 『스타일스 저택의 괴사건』이 출간되기 전에, 이미 살인자나 범죄 추리 소설 작가가 되기로 마음먹은 사람들에게 영감을 준 사건은 많았다. 그중에서 아마도 1892년, 의사인 토머스 닐 크림Thomas Neill Cream이 네 명의 여성을 살해한 사건이 가장 유명할 것이다. 크림은 한 건의 살인으로 형기를 마쳤고, 또 다른 사건을 조사하는 과정에서 용의자 목록에 이름이 올라 있었다. 두 사건모두 미국에서 벌어졌다. 석방된 후 크림은 영국으로 여행을 떠났다. 런던에 도착한 지 일주일도 안 돼 크림은 매춘부들을 독살하기 시작했다. 그는 만난 여성들에게 안색이 좋아질 거라며 알약을 건네주었다. 알약 속에는 사실 스트리크닌이 들어 있었고, 여성들은 고통에 몸부림치다 몇 시간 후 사망했다.

크림은 바로 붙잡혔다. 배심원들이 그에게 유죄를 선고하기까지는 겨우 12분이 걸렸다. 그는 뉴스게이트Newgate 감옥에서 교수형을 당했다. 교수대에서 크림 곁에 서 있던 남자는 마지막 순간에 그가 "내가 바로 잭…"이라고 속삭이는 말을 들었다.[7]

애거서 크리스티와 스트리크닌

『스타일스 저택의 괴사건』은 스트리크닌의 화학적 성질을 상세히 기술한 작품으로, 자세히 들여다볼 가치가 충분하다. 이른 새벽, 스타일스 저택 사람들은 잉글소프 부인의 부름을 받고 달려간다. 침실로 들어서자 노부인이 격렬한 경련으로 고통받고 있는 모습이 눈앞에 펼쳐졌다. 발작으로 몸이 뒤틀리면서 침대 옆에 있는 탁자를 쳐서 넘어뜨렸다. 두 번째 경련이 일자 뒷머리와 발뒤꿈치는 바닥에 닿은 채 배는 하늘로 들려 몸이 활 모양으로 휘었다. 노부인에게 브랜디를 먹였지만(브랜디로 무엇을 얻을 수 있으리라 기대했는지는 분명하지 않다) 아무런 소득이 없었다. 죽기 직전 마지막 숨을 내쉬며 잉글소프 부인은 남편의 이름을 외쳤다. 인공호흡을 시도했지만 달라진 것은 없었다.

스트리크닌 중독의 증세는 특징적이어서, 다소 둔한 헤이스팅스 대위도 즉각 알아차렸다. 크리스티는 다섯 명의 등장인물을 스트리크닌으로 희생시켰으며, 『푸아로 사건집Poirot Investigates』에서는 스트리크닌으로 의심되었지만 다른 원인으로 희생자를 처리했다. 여기서 실제 범인은 파상풍tetanus이었다. 경련을 일으킨다는 점에서 스트리크닌과 파상풍은 비슷하다. 잉글소프 부인의 경련을 설명하며 등장하는 단어인 '강직성 경련tetanic'은 파상풍에서 파생된 것이다. 뇌전증 환자가 보이는 대발작Grand mal seizure 또한 스트리크닌 중독의 증세와 매우 비슷하다. 하지만 잉글소프 부인은 뇌전증을 앓고 있지 않았기 때문에 이 가설은 고려되지 않았다.

잉글소프 부인의 죽음은 확실히 수상쩍었다. 검시가 실시되고 부인이 스트리크닌 중독으로 사망했음이 확인되었다. 위에서 독약 일부가, 다른 신체 조직에서는 더 많은 독약이 나왔다. 복용량은 1그레인 (대략 65밀리그램)에 약간 못 미치는 것으로 추정되었다. 보통 치사량으로 여겨지는 100밀리그램보다는 적었지만, 65밀리그램이면 노령의 희생자를 처리하기에 충분한 양이었다. 게다가 36밀리그램으로도 사망한 예가 있었다.

스트리크닌 중독으로 사망하면 사후 경직이 빠르게 일어난다. 이런 이유로, 모두가 그런 것은 아니지만 마지막 경련을 일으켰을 당시의 자세 그대로 사체가 굳어 버리기도 한다. 스트리크닌을 다량으로 복용한 경우에는 발작 없이 재빨리 사망에 이른다. 사후 경직은 시간이 흐르면서 사라지고, 스트리크닌은 체내에 눈에 띄는 손상을 남기지 않는다. 병리학자나 독성학자는 죽음의 정황으로 위 내용물 속에서 독약을 찾아야 할지 판단하며, 스타스 기법으로 사체에서 스트리크닌을 검출할 수 있다. 1920년에 스트리크닌을 판별하는 믿을 수 있는 화학 검사가 확립되기 전까지는 쓴맛으로 스트리크닌을 구별해 내었다. 스트리크닌을 먹인 동물에게서 나타나는 증상과 확인되지 않은 독약을 먹였을 때의 증상을 비교하면 보다 확실히 알 수 있다.

물론 오늘날에는 독약을 추출하고 확인하는 절차가 간단하며, 다양한 분석 기법으로 독약의 유무를 확정할 수 있다. 현대 기법들이 갖는 가장 큰 한계는 반드시 올바른 검사법이 적절한 독약을 대상으로 실시되어야 한다는 것이다. 적정량을 복용했을 때 사망에 이르게 하는 화합물은 너무나도 많으며, 독성학 검사는 오로지 유력한 용의자만을 찾아낼 뿐이다. 더 이상 특정 독약에 적용하는 특정한 검사법은 없다. 스트리크닌은 사후 검시 과정에서 알칼로이드를 대상으로 한 정규 독성학 검사의 일부로 확인된다.

수출입과 사용에 엄격한 제재를 가한 탓에 다행히도 살인 무기로서 스트리크닌의 전성기는 오래전에 저물었다. 영국에서는 금지 약물로 지정되었지만 미국에서는 여전히 놀라울 정도로 손쉽게, 다량으로 스트리크닌을 구입할 수 있다. 1949년에서 1979년 사이 영국에서 매년 한 명 정도가 스트리크닌 중독으로 사망했다. 대개가 농업용으로 비축해 둔 것에서 빼내 자가 투약한 경우였다. 오늘날에도 간혹 스트리크닌 중독 환자가 병원에 실려 오지만 인도의 전통 치료제 '후다르'를 과다 복용한 사람들이 대부분이다. 땅김과 경기를 일으키는 증세를 보이지만 사망에까지 이르지는 않는다.

잉글소프 부인의 사인은 쉽게 규명되었다. 밝혀내기 어려웠던 것은 어떻게 독약을 투여했는가였다. 첫째, 살인범은 스트리크닌을 손에 넣어야 했다. 오늘날 스트리크닌의 판매와 사용은 신중히 통제된다. 하지만 1920년에는 규제가 보다 느슨했을 것이다. 병원 약제실에서는 스트리크닌을 보관해 두고 각성제로 처방했다. 약제사는 살충제나 강장제로 판매했다. 비록 스트리크닌의 독성이 널리 알려져 있고 판매가 제한적이긴 했지만, 결심을 굳힌 독살자에게는 그리 큰 장애물이 아니었을 것이다.

다른 많은 독성 물질들과 마찬가지로 스트리크닌을 구매하려는 사람은 화학자에게 신분을 밝히고 타당한 구매 목적을 제시해야 했다. 구매자와 판매자 모두 독약 장부에 서명하고 독약의 사용량과 용도를 기록하며, 구매자는 자신의 이름과 주소까지 적어야만 했다. 이론상으로는 독약 장부로 독약의 경로를 추적할 수 있었다. 하지만 일부 살인마들은 가짜 이름을 대고 글씨를 위장했다.

오늘날 집 안에 스트리크닌을 두면 의심을 살 수 있지만, 1920년만 해도 전혀 이상할 것이 없었다. 『스타일스 저택의 괴사건』에서는 병원 조제실에 스트리크닌이 담긴 병이 놓여 있었다. 살인을 계획하는 자가 마음만 먹으면 스트리크닌을 훔쳐낼 기회가 있었다. 저택 안 서랍장에서도 스트리크닌이 발견되었다. 개를 죽이려고 지역 약국에서 구입한 것(독약 장부에 기록이 남아 있었다)이었다. 마지막으로 잉글소프 부인이 활기를 얻기 위해 마시는 강장제 안에 스트리크닌이 들어 있었다. 그중 어느 것도 그 자체로는 의심스럽지 않았다. 하지만 푸아로가 말했듯이, "이 사건에는 스트리크닌이 너무 자주 등장"했다.

스트리크닌은 겉으로 보면 특별할 것이 없다. 얼핏 봐서는 설탕이나 소금과 구분이 되질 않는다. 자세히 들여다보아야만 기다란 결정 구조가 설탕이나 소금의 작은 사각형 덩어리들과 다르다는 사실을 알아차릴 수 있다. 따라서 누군가 주의해서 살펴보지 않는 한, 아무런 의심을 사지 않고도 음식이나 음료 속에 무색 결정을 첨가할 수 있다. 그러나 스트리크닌은 쓴맛을 내기로 유명하며 7만분의 1 비율로 물에 섞어도 그 맛을 감지할 수 있다. 그러니까 치사량인 100밀리그램이 내는 쓴맛을 위장하려면 물이 7리터가 필요하다. 희생자는 비교적 빨리 독약의 존재를 알아채거나, 아니면 너무 많은 양의 음료를 들이켜야 한다는 사실에 의혹을 품을 것이다. 의심을 사지 않기 위해서는 맛을 가리거나, 또는 한 번에 삼키도록 만들어야 한다. 소설에서는 네 가지 가능성이 제시되었다. 저녁 식사 때 나온 음식, 취침 전에 마신 커피, 침대 곁에 놓여 있던 코코아, 노부인의 남편 잉글소프 씨가 구입한 약.

첫 번째, 저녁 식사를 살펴보자. 잉글소프 부인은 다른 사람들과 동일한 음식을 먹은 데다 그리 많이 먹지 않았다. 치사량에 달하는 스트리크닌의 쓴맛을 감추려면 스트리크닌을 음식 전체에 얇게 뿌려야만 했다. 이 방법은 그다지 현실적이지 않아 보인다. 또한 저녁 식사 후 사망하기까지 여러 시간이 걸렸다. 대개 독약은 복용 후 30분 이내에 효과를 발휘한다. 음식을 많은 양으로 섭취했다면 증상이 지연될 수도 있지만, 잉글소프 부인의 경우에는 해당되지 않는다.

두 번째, 커피. 커피는 꽤 그럴듯한 후보이다. 커피가 지닌 강하고 쓴맛이 스트리크닌의 쓴맛을 가려 줄 수 있다. 하지만 저녁 식사 직후 커피가 나왔고 이튿날 이른 아침까지 증상이 발현되지 않았다는 점은 설명하기 어렵다. 증상을 지연시키기 위해 다른 약물이 첨가되었을 수도 있다. 그러나 끝에 가서 푸아로가 카펫에서 커피 자국을 발견하고, 잉글소프 부인이 잔을 떨어뜨려 실제로는 커피를 마시지 않았다는 사실을 밝히면서 커피는 제외된다.

세 번째, 코코아. 코코아는 거의 즉시 묵살되었다. 스트리크닌의 쓴맛을 없애지 못하므로 누구든 코코아에 스트리크닌이 들어 있다면 한 모금 이상 마시지 않을 것이기 때문이다. 하지만 푸아로는 코코아에 다른 물질이 섞여 있음을 확인한다. 바로 '마약narcotic'이었다. 'narcotic'은 그리스어로 '감각이 없어짐'을 뜻하는 단어에서 유래했다. 법조계에 종사하느냐, 의학계에서 일하느냐, 일반인이냐에 따라 '마약'은 각기 다른 의미를 띤다. 책에서 '마약'이 정확히 무얼 뜻하는지, 크리스티가 나타내고자 한 물질이 무엇이었는지는 알 수 없지만, 희생자에게 미친 영향으로 보아 모르핀 같은 물질이 아니었을까 짐작된다.

널리 알려진 통증 완화 효과와 더불어 모르핀은 수면을 유도하는 데에도 뛰어나다. 모르핀은 강직성 발작을 일으키지 않으므로 잉글소프 부인이 모르핀 과다 복용으로 사망한 것은 아니다. 하지만 그녀의 죽음에 관련은 있다.

모르핀은 위에서 소장으로 수 미터에 이르는 소화관을 따라 음식물들이 내려가게 만드는 근육 수축에 손상을 입힌다. 이런 이유로 오랫동안 설사 치료제로 사용되었다. 모르핀에 의존하는 많은 사람들이 변비를 호소하는 이유도 여기에 있다. 모르핀은 위에서 소장까지 음식물이 내려가는 시간을 12시간 가까이 지연시킨다. 산성 환경 때문에 스트리그닌은 위에서는 제대로 흡수되지 않고 소장에 이르러서야 흡수된다. 잉글소프 부인에게서 스트리크닌이 늦게 증상을 나타낸 것은 모르핀의 지연 효과 때문일지도 모른다.

마지막으로, 잉글소프 부인의 약장을 들여다보자. 여기에는 두 가지 가능성이 있다. 진정제 가루와 강장제. 자그마한 진정제 가루 통에는 브롬화칼륨이 들어 있었다. 하얀 브롬화물 가루는 복용량별로 몇 그램씩 개별 종이에 싼 후 상자째 약국에서 판매했다. 가루는 물에다 녹여 마셨다. 브롬화칼륨은 발작을 가라앉히는 효과가 있어 뇌전증 환자에게 진정제로 널리 쓰였다. 보다 광범위하게 일반 진정제로 처방되기도 했다. 제2차 세계대전 동안 병사들의 성욕을 줄이려는 목적에서 차에 브롬화물을 타서 마시게 했다는 이야기가 있다. 하지만 브롬화물은 진정 작용뿐만 아니라 전시 군인에게는 절대 바람직하지 않은, 경각심을 감소시키는 효과까지 있는 탓에 실제로 병사들에게 브롬화물을 먹였을 것 같지는 않다.

브롬화물 가루는 전적으로 무해하다. 물론 많은 양을 복용하면 건강상 문제를 일으킬 수 있다. 브롬화물은 체내에서 오래 머물러 반감기가 9일에서 12일에 이른다. 오랜 기간 규칙적으로 복용했다면 몸 밖으로 배출되기보다는 소화되기 쉽다. 잉글소프 부인이 그날 밤 보인 증상들은 브롬 중독 때문이었을까?

브롬 중독 환자들은 무기력, 발음 장애, 두통, 우울증과 착란 같은 정신질환 등 다양한 증상을 나타낸다. 몇몇 사례에서 발작이 관찰되기도 했지만 스트리크닌 중독 시 보이는 발작과는 달랐다. 브롬 중독으로 사망하는 경우는 드물다. 만일 잉글소프 부인이 브롬화물에 중독되었다면 그 전부터 위의 증상들을 나타냈을 것이다. 따라서 브롬화물 가루도 제외된다. 물론 가루약에 손을 대 스트리크닌을 첨가했을 가능성도 있지만 잉글소프 부인은 사건 발생 이틀 전에 마지막 가루약을 복용했다.

잉글소프 부인은 또한 매일 밤 강장제를 마셨다. 20세기 초반에는 기운을 차리게 하거나 각성을 일으키려는 목적으로 흔히 강장제를 처방했다. 주요 성분은 스트리크닌이었다. 소화를 촉진하고 기분을 밝게, 정신이 깨어 있게 하는 데 강장제가 효과가 있는 것으로 여겨졌다. 매우 드문 사례로 1904년, 세인트루이스 올림픽 마라톤 우승자인 토머스 힉스Thomas Hick에게 일어난 일이 있다. 무척 힘든 경기를 치르는 동안 힉스는 스트리크닌 60분의 1그레인(약 1밀리그램) 두 병과 브랜디 작은 병을 트레이너에게 받아 마셨다. 기운을 얻으리라 믿으면서 말이다. 하지만 힉스는 경기를 간신히 마쳤다. 들것에 실려 나왔으며 메달을 거머쥘 힘도 없었다. 만일 트레이너가 더 헌신적이었다면 힉스는 죽었을지도 모른다.

그 후 연구자들이 스트리크닌이 각성제로 작용한다는 주장이 틀렸음을 입증했다. 스트리크닌의 효험은 1950년대 들어서며 의혹을 사기 시작해 1972년에 이르자 치료제로서 완전히 신뢰를 잃었다. 물론 1920년에는 적은 양이 '안전한' 정도까지 희석된 후 처방전 없이 계산대에서 판매되었다. 잉글소프 부인이 침대 곁에 스트리크닌이 든 강장제 병을 두고 마시는 일은 전혀 특별하지 않았다. 강장제가 살인 도구라고 가정했을 때 유일한 문제라면 잉글소프 부인이 죽던 날 밤, 마지막 남은 복용량을 마셨다는 것이다. 만일 그 전에 강장제를 마시는 내내 아무런 증상도 없었다면, 강장제를 조제하는 과정에서 스트리크닌을 많이 넣거나 하는 실수도 없었을 게 분명했다.

사후 검시에서 만성 스트리크닌 중독이 아닐까 하는 의혹이 대두되었다. 며칠에 걸쳐 체내에 차곡차곡 쌓인 스트리크닌이 마침내 마지막 복용량이 들어오자 잉글소프 부인을 저세상으로 보낸 것일까? 그러나 스트리크닌에 만성 중독되는 경우는 드물다. 스트리크닌은 반감기가 10시간으로 비교적 빨리 몸 밖으로 배출된다. 간에 있는 효소의 작용으로 형태가 변하건 그렇지 않건 마찬가지다. 간염이나 만성 알코올 의존증 같은 간 질환을 앓는 사람이면 간이 제 역할을 하지 못해 약물이 장기 내에 축적될 수도 있다. 잉글소프 부인은 건강한 편이었다. 그리고 간 질환을 앓는 데다 스트리크닌에 만성으로 중독된 환자는 경련이나 떨림 같은 증상을 보인다. 강장제를 만드는 과정에서 실수로 용액을 더 세게 만들었다면 어느 날 갑자기 사망하기보다는 확실한 증세를 내보였을 것이다.

잉글소프 부인을 처리한 것은 한 가지 약물이 아니었다. 치밀한 계획하에 세 가지 약물이 사용되었다. 저택에서 발견된 모든 스트리크닌 가운데 그녀를 죽음으로 몰고 간 것은 강장제였다. 강장제 한 병에는 목숨을 앗아 가기 충분한 양의 스트리크닌이 담겨 있지만 마지막 일격을 가하기 위해서는 한 곳에 모여야만 했다. 이 일은 실제로 어렵지 않았다.

스트리크닌은 물에 잘 녹지 않기 때문에 대개 용해도를 높이고자 염의 형태로 변환한다. 이때 어떤 염을 선택하느냐가 중요한데 모든 스트리크닌 염이 물에 잘 녹는 것은 아니기 때문이다. 강장제를 만드는 데에는 스트리크닌 황산염Strychnine sulfate이 쓰였다. 스트리크닌 황산염은 물에 완전히, 골고루 녹아 무색의 깨끗한 용액을 만들어낸다. 다른 염이 여기에 첨가되면 문제가 발생한다. 사용된 염에 따라 스트리크닌 염이 물에 녹지 않는 형태로 다시 전환될 수도 있다. 브롬화칼륨을 스트리크닌 황산염에 섞으면 몇 시간에 걸쳐 무색의 브롬화 스트리크닌strychnine bromide 결정이 형성, 바닥에 가라앉는다.

스트리크닌을 침전시키는 데 필요한 브롬화칼륨은 잉글소프 부인의 브롬화물 가루약에서 가져왔다. 강장제를 구입하자마자 가루약 한두 봉지를 첨가했을 것이다. 이 정도면 원하는 만큼의 브롬화 스트리크닌을 얻기에 충분했다. 강장제에 가루약을 섞어도 겉모습이나 맛은 변하지 않았다. 브롬화칼륨은 물에 쉽게 녹아 약간 단맛을 내는 무색 용액을 만들었다. 병을 흔들어 내용물을 섞지 않고 매번 복용하다 마지막 남은 복용량을 마신 노부인은 한 번에 한 병 분량의 스트리크닌을 모조리 삼켰을 것이다. 코코아에다 모르핀이나 다른 마약을 섞어 넣음으로써 살인자는 스트리크닌 증상이 발현되는 시간을 지연시켰다. 또한 잉글소프 부인이 잠들기 전 마신 강장제로부터 주의를 분산시키는 효과까지 얻었다.

살인자가 쓴 교활한 방법을 설명하기 위해 푸아로는 헤이스팅스에게 병원 조제실에서 발견한 책의 한 구절을 읽어 준다.

다음 처방은 대부분의 교과서에 흔히 소개되어 있다.

스트리크닌 황산염	1그레인
브롬화칼륨	6그레인
물	8그레인

혼합한다.

한두 시간이 지나면 이 용액에서 대부분의 스트리크닌 염은 투명한 결정의 불용해성 브롬화물로 침전된다. 영국에서 한 여성이 이와 비슷한 혼합물을 먹고 목숨을 잃었다. 응결된 스트리크닌이 바닥에 괴어 있었는데, 마지막 복용 분을 들이킴으로써 그녀는 거의 한 병 전체 분량의 스트리크닌을 마셨던 것이다!

위 문구는 『조제의 기술』에서 인용한 것이다. 크리스티는 약제사 시험을 준비하며 이 책을 공부했다.

크리스티는 스트리크닌을 사용한 모든 작품에서 스트리크닌과 그 독성 효과를 매우 정확하게 기술했다. 『스타일스 저택의 괴사건』과 같은 범죄 추리물을 구성하는 데에는 화학 지식이 상당한 정도로 필요하다. 앞서 이야기했듯이, 당시 학술지인 「약학 저널과 약사」에서도 『스타일스 저택의 괴사건』을 다루며 이 부분을 언급했다. 「약학 저널과 약사」는 그녀의 소설이 보이는 과학적 정확성에 찬사를 보냈다. 당연하게도 크리스티는 이 찬사를 매우 자랑스러워 했다.

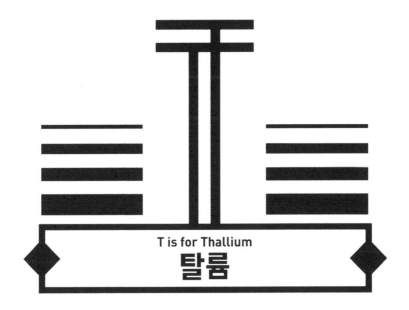

T is for Thallium
탈륨

창백한 말

내가 보매 창백한 말이 나타나더라!
말 위에 탄 자의 이름은 죽음이니, 지옥이 그 뒤를 따르더라.
—「요한 계시록」6장 8절

애거서 크리스티의 작품에서 '창백한 말Pale Horse'은 원하면 언제든
지 사람을 처리해 주는 단체이다. '창백한 말'이라는 이름의 한 여관
에서는 마녀 집회를 빌려 청부 살인을 하는 듯이 보인다. 그러나 마
녀라 불리는 인물들 중 누구도 희생자들을 직접 만나지 않았으며, 희
생자들은 모두 자연적인 원인으로 사망했다고 여겨졌다. 초자연적인

가설들이 난무했지만, 보다 현실적인 설명이 존재함이 분명했다.

역사학자이자 작가인 마크 이스터브룩은 카페에서 젊은 두 여성이 싸우는 광경을 목격한 후 수수께끼에 빠져든다. 두 여성 중 한 명은 싸우던 도중 머리카락이 한 뭉텅이나 뽑혔다. 일주일 후 이스터브룩은 그 여성이 사망했으며, 그녀가 예기치 못하게 죽음을 맞이한 사람들 중 한 명이란 사실을 알게 된다. 일련의 기이한 사건들로 이스터브룩은 범죄를 의심하게 되고, 어딘가에 있는 누군가가 이들의 죽음에 연관돼 있음을 입증하려 시도한다. 마지막에 이르러 희생자들이 적은 양의 탈륨thallium을 규칙적으로 복용했음이 드러난다. 탈륨은 몸속에 차곡차곡 쌓이면서 며칠, 심지어 몇 주간이나 희생자들을 고통에 휩싸이게 만든 후 마침내 저세상으로 보냈다.

탈륨은 때로 '독살자의 독약'으로 통한다. 『창백한 말』이 출간되던 해인 1961년 이전에는 이 사실이 알려지지 않았기 때문에, 사후 검시에서 탈륨을 찾으려는 시도는 거의 없었다. 탈륨을 살인 도구로 사용하는 구상은 미국인 의사가 처음 크리스티에게 제안했다. 크리스티는 잘 사용하지 않는 이 독약을 상세히 알기 위해 홀로 오랜 시간 동안 연구했다. 탈륨 중독은 광범위한 증상을 불러일으키는 탓에 쉽게 자연사로 오인되었다. 추리 소설에 사용하기에 정말 좋은 소재임에도 크리스티는 오직 한 작품에서만 탈륨을 사용했다. 대신 한 작품, 바로 『창백한 말』에서 10명을 탈륨으로 희생시켰다. 더 많은 살인이 있었을지도 모른다는 암시와 함께.

이 작품은 현실의 살인마들에게 영감을 제공했다는 이유로 혹평을 받았다. 하지만 다른 시각에서 보면, 크리스티가 정확하고 확실하게 탈륨 중독의 증상을 묘사함으로써 탈륨에 대한 경각심을 높이고,

결과적으로 여러 사람의 목숨을 구하는 데 이바지했는지도 모른다.

탈륨 이야기

탈륨(Tl)은 원자 번호 81번으로, 순수한 상태에서는 회색 빛깔의 부드러운 금속 형태를 띤다. 1861년 윌리엄 크룩스William Crookes(1832~1919)와 클로드 오귀스트 라미(1820~1878)가 간접적으로 (그리고 독립적으로) 탈륨을 발견했다. 두 사람은 물질을 불에 태웠을 때 나오는 불꽃의 색상을 관찰하여 서로 다른 물질들을 분석하는 중이었다. 그들이 사용한 기술은 불꽃 분광법frame spectroscopy이라는 신기술로 빛을 구성하고 있는 색상들로 분리해 주었다. 주기율표에 있는 원소들은 불에 타면 각기 특징적인 색을 나타내고, 따라서 분광계spectrometer를 이용하면 표본 속에 들어 있는 원소를 확인할 수 있다. 불꽃 분광법은 오늘날에도 쓰이고 있다. 이 기술을 변형한 원자 흡수 분광법atomic absorption spectroscopy은 사후 검시에서 비소와 수은, 탈륨 같은 독성 물질을 확인하기 위해 사체에서 떼어낸 조직과 체액을 분석하는 데 사용된다.

크룩스와 라미는 표본을 분석하는 과정에서 그때까지 한 번도 관찰된 적이 없는 초록색 불꽃을 확인했다. 뭔가 미확인 원소가 있는 것이 분명했다. 크룩스는 초록색에서 착안해 '초록색 새싹 혹은 잔가지'를 뜻하는 그리스어 '탈로스thalos'를 본떠 '탈륨thallium'이라는 이름을 붙였다. 크룩스는 새 원소를 가지고 실험을 계속했다. 그리고 1861년 3월, 「화학 뉴스Chemical News」에 새 원소를 공표했다. 라미는 같은 달

조금 늦게 발표했고, 이윽고 누가 먼저 발견했느냐를 두고 공방이 이어졌다. 학계의 평화를 위해 결국에는 두 사람 다 공적을 갖는 것으로 결론이 내려졌다. 하지만 크룩스와 라미가 발견한 것은 실제로는 순수 원소가 아니라 탈륨 화합물이었다. 라미가 원소를 분리하고 아주 작은 순수 탈륨 덩어리를 얻기까지는 몇 년이 더 걸렸다.

탈륨은 비교적 자연에 풍부하지만 쉽사리 화합물을 형성해 물에 녹아 버리는 탓에 바위나 흙에 얇게 분포할 뿐이다. 물이 탈륨 염을 부식해 어디서건 끝없이 재분배가 일어나는 과정 속으로 밀어 넣는다. 인간이나 가축, 농작물이 위험한 징도로까지 탈륨에 노출될 가능성은 낮기 때문에, 독성에도 불구하고 탈륨은 환경 오염 물질로 여겨지지 않는다. 탈륨 염은 향이 없고 맛도 거의 없지만 독성이 매우 강하다. 그에 반해 탈륨 금속은 물에 녹지 않아 체내로 운반될 수 없기 때문에 중독될 염려가 없다.[1]

중독 가능성에도 불구하고 몇몇 경우에 탈륨 염이 사용된다. 물론 주의 깊은 감시 관찰 아래서 말이다. 산화탈륨Thallium oxide을 비롯한 탈륨 화합물들이 굴절률(빛이 서로 다른 물질을 통과할 때 굴절되는 정도)을 높이려는 목적에서 전문화된 유리 제품에 첨가된다. 카메라 렌즈처럼 광학 산업에서 사용되는 유리도 그 한 예다. 일단 유리 속에 고착되면 밖으로 절대 빠져나오지 않기 때문에, 완벽하게 안전하다. 탈륨 화합물은 전자 산업에서도 구성 성분으로 쓰이고 있다.

탈륨 염은 독성이 알려지기 전까지 한때 치료제로 쓰였다. 1890년대에 우연히 탈륨 염을 인체에 주입했을 때의 효과가 드러났다. 식은땀을 줄여 주리라는 바람에서 결핵 환자에게 아세트산탈륨($TlC_2H_3O_2$)

을 투약했는데, 식은땀은 전혀 개선되지 않았고 대신 환자의 머리카락이 빠지기 시작했다. 머리카락이 빠지는 것은 이상 징후일 수 있으나 당시에는 이 증상을 이용해 백선증ringworm을 치료하는 데 집중했다.

백선증은 피부가 곰팡이에 감염되면서 나타나는 피부병으로, 치료를 위해서는 먼저 감염 부위 머리카락을 제거해야만 한다. 1920년대까지는 머리카락을 제거하는 데 아세트산탈륨을 사용했다. 킬로그램당 8밀리그램의 아세트산탈륨을 몸무게로 환산해 한 번에 복용한 후 15일쯤 지나 머리카락이 모두 빠지면 곰팡이를 치료하기 위해 매일 황을 투약했다. 탈륨 염을 다량으로 복용하면 독성 효과가 있다는 사실이 점차 알려지고 있었지만, 이 치료법은 여전히 안전한 것으로 간주되고 있었다. 치료를 받은 환자 중 40퍼센트가 가벼운 부작용을 호소했고, 25퍼센트는 속이 뒤집어지고 다리에 통증을 느끼는 등 심각한 문제를 겪었다. 머리카락이 빠지게 만드는 다른 방법으로는 X-레이를 쬐는 것이 있었지만 X-레이는 탈륨보다 문제가 더 많았다.

감염 부위에 아세트산탈륨을 연고 형태로 바르게 되면서 환자들이 직접 약을 삼킬 필요가 없어졌다. 탈륨은 피부를 통해 체내로 흡수되어 동일한 효과를 발휘했다. 다만 이번에는 전체 머리카락이 아니라 국소 부위 머리카락만 빠졌다. 1930년대까지 아세트산탈륨은 셀리오Celio나 코렘루Koremlou라는 연고 제품으로 처방전 없이도 판매되었다. 10그램짜리 용기 하나에 대개 아세트산탈륨 700밀리그램이 들어 있었다.[2]

이와 더불어 1930년대 약국에서는 탈륨 염이 든 또 다른 제품, 살충제를 판매했다. 웬일인지 다른 동물에게는 치명적인 탈륨 화합물이 인간에게만은 안전하리라 여기는 것을 이상하게 생각하는 사람은 없었다. 황산탈륨Thallium sulfate을 첨가한 설탕 용액은 쥐, 바퀴, 개미를 유인하는 데 효과가 탁월했다. 탈륨이 든 살충제로 사고사, 자살, 심지어 독살까지 일어나자, 미국에서는 1972년 탈륨 살충제를 금지했다. 다른 나라들도 재빨리 그 뒤를 따랐다.

백선증을 치료하는 대안이 등장하고, 인간보다는 표적 동물에 더한 독성을 드러내는 살충제가 개발되면서 약국에서는 탈륨 염이 사라졌다. 오늘날 탈륨은 의학계에서 단 한 가지 목적으로만 이용되고 있는데, 바로 스트레스 검사이다. 탈륨의 방사성 동위 원소인 탈륨-201을 치사량에 못 미치는 양으로 주입한 후, 환자가 적정한 운동을 하고 있는 가운데 탈륨-201이 방출하는 방사능을 몸 밖에서 탐지하여 심장 상태를 관찰한다. 심장 근육이 건강한 부위, 즉 혈액이 원활하게 흐르는 부위만이 탈륨-201을 받아들이기 때문에, 관상 동맥 질환을 앓고 있는 환자의 혈액 흐름을 살펴보기에 좋다.

탈륨 살인법

정확히 탈륨이 인체와 어떻게 반응하는지는 완벽히 알려지지 않았다. 체내에서 아무런 생물학적 역할을 하지 않지만, 칼륨과의 유사성 때문에 탈륨은 손쉽게 우리 몸속으로 흡수된다. 칼륨은 인체에 풍부하게 존재하며 다양한 역할을 수행한다. 몸무게 70킬로그램일 경우 체내에 대략 120그램의 칼륨이 들어 있다. 탈륨은 우리 몸 곳곳에 있는 칼륨을 대체할 수 있지만 칼륨이 하던 일을 그대로 맡아 하지는 않는다. 그 결과, 칼륨이 연루된 모든 과정이 망가진다. 탈륨 중독 증상은 칼륨이 제 기능을 하지 못함으로써 나타나는 결과이다.

우리 몸속에서 칼륨이 수행하는 가장 중요한 역할은 신경 작용이다. 전기 신호를 만들어내기 위해서는 칼륨이 필요하고, 그 때문에 신경 세포에는 칼륨이 풍부하게 존재한다. 탈륨의 신경 세포 내 흡수율은 매우 높다. 게다가 일단 세포 안으로 들어가면 매우 심각한 손상을 (특히 세포의 긴 부위인 축삭 돌기에) 초래한다.

칼륨은 우리 몸의 에너지 원천인 ATP 방출과도 관련돼 있다. 따라서 평소 많은 양의 에너지를 필요로 하는 신경이나 심장, 모공(빠른 속도로 털이 새로 자라기 때문) 등이 칼륨을 대체한 탈륨으로 악영향을 받는다. 세포 내부에서는 문제가 더욱 심각하다. 칼륨이 단백질을 만드는 리보솜의 구조를 안정화시키는 데 중요한 역할을 하기 때문이다. 단백질 덕분에 우리 몸은 자라고 스스로 수선하며 화학 작용들을 수행할 수 있다. 또한 칼륨은 비타민 B, 티아민 생성에도 관여한다. 탈륨에 중독되면 티아민 부족으로 나타나는 증상과 비슷한 증상이 나타난다.

탈륨은 단백질에 흔히 존재하는 메르캅토기(-SH)에 친화도affinity를 보여 메르캅토기에 달라붙은 후 단백질의 기능을 망가뜨린다. 탈륨이 특별히 하나의 단백질이나 효소를 표적으로 삼지 않기 때문에 중독 시 다양한 증상이 나타날 수 있다. 게다가 탈륨을 영구히 붙잡아 둘 만큼 탈륨과 메르캅토기 사이 결합이 강력하지 않기 때문에 탈륨은 곧잘 기존 결합을 끊고 나와 체내 다른 단백질이나 구조물에 가서 새롭게 결합한다. 재앙이 여기서 비롯되는 것이다.

일단 탈륨이 몸 밖으로 배출되면 이 같은 효과들 대부분은 원래대로 돌아간다. 탈륨은 대소변과 침, 땀, 눈물이나 모유로도 배출된다.

탈륨이 완전히 배출되기까지 얼마나 걸리는가에 대해서는 의견이 다양하지만, 초기 복용량이 중요하게 작용한다. 양이 적으면 반감기가 하루에서 사흘 정도 걸리며, 양이 많은 경우 몸속에 있는 탈륨 중 절반이 빠져나가기까지 한 달 혹은 그 이상이 걸릴 수도 있다. 비록 이온 크기가 칼륨과 비슷하고 전하도 같지만 정확히 동일한 화학 작용을 수행하지는 않기 때문에, 세포는 둘의 차이를 인식하고 탈륨을 소화관을 통해 몸 밖으로 내보내려 시도한다. 문제는 탈륨이 기나긴 소화관을 통과하는 동안 칼륨과 비슷하다는 이유로 다시 흡수된다는 점이다. 이 같은 방식으로 배출과 새흡수가 반복되면서 최초 복용량과 같은 양의 탈륨에 다시 중독되고 우리 몸은 손상을 입는다.

반감기가 긴 탓에 적은 양일지라도 규칙적으로 몸속으로 들어오면 체내에서 빠르게 축적되어 치사량에까지 이른다. 기간이 오래되면 만성 중독 증상이 나타난다. 24시간까지는 아무런 증상이 관찰되지 않다가 이내 약한 감기와 비슷한 증상이 나타난다. 탈륨 염은 자극적이기 때문에 초기에는 구역과 구토, 설사 등이 관찰되다가 심각한 복부 통증으로 발전한다. 시간이 지날수록 탈륨이 축적되며 점차 증상이 악화된다. 근육이 약해지고 위축되며 말단 부위에서 얼얼함과 저림이 느껴진다. 말초 신경계가 손상되며 다리가 아프고 마치 불이 붙은 것처럼 발이 따끔거린다. 온몸이 자극에 매우 민감해진다. 심리적인 영향 또한 발생하여, 기분이 이랬다저랬다 하며, 잠을 잘 못 이루고, 착란에 빠졌다가 심지어 환각까지 나타난다.

탈륨 염을 복용한 지 대략 2주가 지나면 (탈륨 중독의 전형적인 증상인) 탈모가 시작되면서 대머리가 된다. 땀샘이 탈륨의 영향을 받으면서 특히 모근을 중심으로 피부색이 변하고 염증이 생긴다. 몇 주가 더 흐르면 손발톱을 가로지르는 특징적인 하얀 선, '미스라인'이 나타난다. 미스라인은 비소 중독 환자에게서도 확인되지만 탈륨 중독 시 더 뚜렷하게 보인다. 비소와 달리, 탈륨은 (머리카락과 손톱에 많이 있는) 메르캅토기와 결합함에도 불구하고 머리카락에 저장되지 않는다.[3]

천천히 희생자를 독살하는 것 말고 한 방에 제거하는 방법도 있다. 킬로그램당 12에서 15밀리그램, 그러니까 일반 성인의 경우 탈륨 1그램 정도면 사망할 수 있다. 급성 중독은 증상이 재빨리 나타난다. 몇 시간 이내에 구토와 설사 증세를 보이며, 이틀에서 닷새 후면 심각한 신경 증세까지 동반한다. 복부 통증, 메스꺼움, 구토, 설사, 급격한 몸무게 감소,[4] 섬망, 호흡 약화, 그리고 단 기간의 발작에 뒤를 이어 혼수상태에 빠진다. 복용량이 얼마냐, 어떤 치료를 받았느냐에 따라 최초 탈륨 복용 후 몇 시간에서 몇 주가 지난 시점에 사망에 이른다.

탈륨 해독제

애거서 크리스티가 『창백한 말』을 집필한 1961년에만 해도 탈륨 중독을 해결할 수 있는 표준 치료법이 없었다. 환자의 몸에서 독약이 다 빠져나갈 때까지 지지 요법을 해 줄 뿐이었다. 매우 드물지만 탈륨 중독이 의심되면 환자에게 다음과 같은 처치를 해 주었다. 첫째, 위를 압박해 속에 든 탈륨을 제거한 후 활성 숯으로 치료한다. 둘째, 물을 많이 섭취하게 하여 소변 배출을 늘린 후 염화칼륨을 처방한다. 만일 탈륨이 피부를 통해 흡수되었다면 두 번째 방법만이 가능했다.

『창백한 말』이 출간되고 몇 년 후 연구자들이 탈륨 중독의 해독제를 찾기 시작했다. 처음에는 항루이사이트 제제인 디메르카프롤로 시도해 보았다. 디메르카프롤은 제1차 세계대전 동안 비소 기반 독약인 루이사이트의 해독제로 개발되었다. 디메르카프롤에는 메르캅토기가 들어 있어 일부 금속, 특히 비소와 높은 친화도를 보였다. 이 화합물이 비소 및 다른 독성 금속에 달라붙어 독약이 몸 밖으로 안전하게 배출되도록 도왔다. 하지만 불행히도 디메르카프롤은 탈륨에는 거의 아무런 효과가 없었다. 탈륨과 결합을 하긴 했지만 탈륨 중독의 치료제로 활약할 만큼 결합 강도가 충분하지 못했다.

디티존dithizone은 보다 성공적이었다. 디티존은 소변을 통해 배출되는 탈륨의 양을 엄청나게 증가시켰다. 하지만 문제가 전혀 없는 것은 아니었다. 디메르카프롤보다는 나았지만 몸속으로 탈륨이 다시 흡수되는 현상을 막을 만큼 탈륨과 강력히 결합하지는 않았다. 이 같은 방식으로 작용하는 디티존과 다른 화학 물질들(킬레이트제라고 불린다)은 체내에서 격리된 부위에 있던 탈륨을 다시 흡수하여 활발히 활동하는 위험 지역으로 들여보내는 문제를 불러왔다. 다시 말해, 킬레이트제는 중독 증상을 악화시킬 수 있었다. 심지어 환자가 치료를 받고 있는 와중에도 말이다.

혈액에서 세포막을 통해 물질을 확산시키는 투석을 이용해 탈륨을 제거할 수도 있다. 조직과 장기에서 혈액 속으로 탈륨이 점차 더 많이 걸러질 때까지 이 과정은 반복되어야 한다. 염화칼륨을 함께 투약하면 투석 작용이 더 빨라지며 체내에서 탈륨을 몰아내는 데 도움이 된다. 요즘에는 프러시안 블루가 탈륨 중독 치료제로 널리 쓰이고 있다. 다른 물질들보다 금속과 더 잘 결합하며 프러시안 블루 자체에 위험성이 없기 때문이다. 탈륨 흡수를 막기 위해 킬로그램당 250밀리그램을 몸무게로 환산해 구강 복용한다. 탈륨과 결합한 프러시안 블루는 종종 파란색 대변의 형태로 장을 통해 배출된다. 이 치료법은 1970년대 초반에 확립되었기에 『창백한 말』의 희생자들은 그 혜택을 보지 못했다.

실제 사례

영국에서 탈륨으로 살인을 저지른 사례는 1962년에 처음 등장했다. 『창백한 말』이 출간되고 몇 개월이 지나지 않은 시점이었다. 우연의 일치였을까? 많은 이들이 단순한 우연의 일치는 아닐 거라고 생각했다. 나중에 시간이 흐른 뒤에야 이 부분은 확실해졌다. 문제의 사건은 열다섯 살 난 그레이엄 영Graham Young이 자신의 의붓어머니 몰리 영Molly Young을 독살한 사건이었다.

그레이엄은 어린 시절부터 죽음에 연관된 것들, 그중에서도 특히 독약에 집착했다. 열한 살 되던 해 학교 시험을 통과한 상으로 아버지가 화학 실험 도구를 사다 준 것이 그레이엄이 연쇄 살인범으로 거듭나는 전환점이 되었다. 열세 살이 되자 그레이엄은 동네 약국에서 타르타르산 나트륨 안티몬sodium antimony tartrate 25그램이 든 독약 한 병을 구입한다. 17세 이하에게는 독약 판매가 금지되어 있었지만, 약제사는 그레이엄이 가진 해박한 화학 지식에 속아 그의 나이를 착각했다. 독약을 둘러싼 화학 이론들을 홀로 파고들던 그레이엄은 1961년 초가 되자 자신의 이론을 실행에 옮기기로 결심한다. 희생자는 그레이엄의 아버지 프레드Fred, 누나 위니프레드Winifred, 친구 크리스 윌리엄스Chris Williams, 그리고 의붓어머니 몰리였다. 의붓어머니를 특히나 싫어해서, 그녀를 제거하는 데 특별히 주의를 기울였다.

그레이엄은 특별한 원한이 있었다기보다는 단지 독살하기 쉽다는 이유로 희생자들을 선별했다. 차와 커피, 때로는 소스나 처트니chutney가 든 단지 속에 안티몬 화합물을 떨어뜨렸다. 효과는 극적이었다. 오랫동안 구토제로 사용된 안티몬 화합물을 삼키면 엄청난 양을 격렬하게 게워냈다. 이런 점에 있어 안티몬은 자기 자신의 해독제이기도 했다. 복용 후 짧은 시간 내에 대부분의 독약이 도로 몸 밖으로 배출되는 것이다. 하지만 적은 양이 체내에 남는다 해도, 오랜 기간 반복해서 안티몬 염을 복용하면 문제가 생긴다. 성인의 경우 1그램 정도가 체내에 축적되면 사망한다.

안티몬 기반 독약은 여러 달에 걸쳐 투약되었다. 그 기간 동안 희생자들이 여러 명의 의사와 전문가를 만났음에도 누구도 독약을, 그리고 그레이엄을 의심하지 않았다. 어느 날 아침, 그레이엄의 누나 위니프레드는 평소처럼 차를 마셨다. 그녀는 곧 쓴맛을 느꼈고 차를 남긴 채 출근했다. 직장으로 가는 길에 위니프레드는 어지럼증을 느꼈다. 버스에서 내릴 때에는 부축을 받아야만 했다. 어렵게 직장에 도착했지만 눈에 초점이 잘 맞지 않았다. 그녀를 염려한 동료가 근처 병원에 데려다 주었다. 병원에서는 위니프레드가 아트로핀에 중독되었다고 진단하고, 그에 따른 치료를 했다. 즉각 동생 그레이엄이 용의선상에 올랐다. 위니프레드가 집에 도착하자 집 앞에 엄청난 인파가 몰려 있었다. 그레이엄은 단호하게 독약을 탄 사실을 부인했고 자신이 의심받는 데 대해 불같이 화를 냈다. 결국 위니프레드가 그레이엄에게 사과하는 것으로 일단락되었다. 나중에 그레이엄은 찻잔에 아트로핀 50밀리그램(치사량은 100밀리그램 정도)을 탔다고 자백했다.

그 와중에 몰리의 증상은 점점 더 악화되고 있었다. 몰리는 병원에 입원해 치료를 받기도 했다. 하지만 반복 투약한 안티몬 화합물은 기대하던 효과를 나타내지 않았고 그레이엄은 몰리의 몸속에서 독약에 대한 내성이 생긴 게 아닐까 의심했다. 결국 전략을 수정하기로 결심했다. 1962년 4월 20일, 그레이엄은 몰리의 저녁 식사에 탈륨 염 1,300밀리그램을 섞어 넣었다. 이튿날 아침 몰리는 목이 뻣뻣해진 상태로 일어났다. 머리와 발에서 바늘로 찌르는 듯한 통증이 느껴졌다. 상태는 더욱 나빠졌다. 점심시간에 집으로 돌아온 프레드는 정원에서 고통으로 몸부림치고 있는 몰리를 발견했다. 그레이엄은 부엌의 창을 통해 이 광경을 보고 있었다. 긴급히 병원으로 이송되었지만 이날 늦은 시각 몰리는 사망했다. 몰리의 죽음은 자연사로 처리되었고, 사인 규명은 불필요하다고 여겨졌다. 그레이엄은 그녀의 사체를 화장하자고 제안했다.

범죄 행각을 들키지 않았다는 생각에 그레이엄은 이번에는 아버지 프레드에게로 관심을 돌렸다. 일요일 저녁, 그레이엄은 아버지를 따라 술집에 갔다. 그리고 아버지가 화장실에 간 사이 맥주잔에다 안티몬을 섞었다. 프레드는 곧 앓기 시작했고 결국 병원으로 실려 갔다. 병원에서는 비소나 안티몬, 둘 중 하나에 중독된 것으로 진단했다. 이제 열다섯 살이 된 그레이엄은 의사에게 두 독약을 어떻게 구분하는지 상세히 알려 주었다. 드디어 가족들이 그레이엄을 의심하기 시작했다. 그레이엄이 아버지 침상 곁에 가까이 가지 못하도록 막았다.

학교에서 그레이엄은 엄청난 화학 지식으로 교사들의 이목을 끌었다. 무척 똑똑한 학생이었지만, 유독 화학 과목에서 두각을 나타내었다. 그레이엄의 독약에 대한 열정, 그리고 친구인 크리스 윌리엄스가 장기간 질환을 앓고 있다는 사실은 의혹을 불러일으켰다. 학교를 방문한 정신과 의사가 직업 면담을 구실로 그레이엄과 이야기를 나눴다. 정신과 의사는 그레이엄이 정신병을 지닌 살인자라 확신했고, 이튿날 경찰을 불렀다. 그레이엄의 방에서 독약과 관련 서적들이 발견되었다. 심문 과정에서 그레이엄은 집에서 멀지 않은 자신만 아는 장소에 더 많은 화학 물질을 숨겨 두었다고 자백했다.

그레이엄 영은 크리스 윌리엄스와 프레드 영, 위니프레드 영을 독살한 혐의로 기소되었다.[5] 그는 브로드무어 특수정신병원Broadmoor high-security psychiatric hospital에 수감되었고, 내무 장관의 분명한 승인 없이는 15년간 밖으로 나갈 수 없었다. 브로드무어 병원이 세워진 이래 세 번째로 어린 환자였다. 병원에 있는 동안 그레이엄은 교화된 듯 보였고 모범수가 되었다. 우연이었는지 그가 입원해 있는 동안 몇 건의 중독 사건이 발생했다. 그레이엄이 도착한 지 채 한 달이 못 돼 존 베리지John Berridge가 청산가리로 자살했다. 그레이엄은 베리지의 죽음에 아무런 관련이 없었지만, 동료 환자들은 그가 병원 주위에 널린 월계수 잎을 증류해 청산가리를 만들었다고 믿었다. 청산가리가 실제로 월계수 잎에서 나왔는지는 알 수 없었지만, 월계수 관목이 모두 동일한 방식으로 잘려져 있기는 했다. 간호사들이 마시는 커피에서는 변기용 세제가, 그리고 차 주전자에서는 흑설탕 비누(세재용으로 뛰어난 알칼리)가 섞여 있기도 했다. 다행히 사람들이 커피나 차를 마시기 전에 불순한 물질이 섞여 있음이 발견되어, 누구도 해를 입지는 않았다.

그레이엄의 감화된 듯한 행동은 일찍 석방되기 위해 벌인 속임수였다. 그레이엄의 연기에 속은 정신과 의사는 더 이상 그에게 치료가 필요치 않다는 소견을 제시했다. 석방되기 직전 그레이엄은 간호사에게 이렇게 말했다. "밖에 나가면 이곳에서 보낸 햇수만큼 매년 한 명씩 죽일 거야." 브로드무어 병원에서 8년을 보낸 후 그레이엄은 세상 밖으로 나왔다. 그리고 한 달이 지나기도 전에 계획을 실행에 옮기기 시작했다.

그레이엄은 카메라와 사진 관련 장비를 생산하는 회사인 하들랜드Hadland에서 일자리를 얻었다. 면접에서 그레이엄은 정신적인 문제로 8년간 사회생활을 하지 못했지만 지금은 완전히 회복되었다고 설명했다. 면접관은 그레이엄 담당 정신과 의사로부터 그가 완벽히 건강한 상태임을 확인받았다.

공교롭게도 탈륨은 카메라 렌즈를 만드는 유리에 들어가는 핵심 성분이었다. 그러나 회사 내에는 탈륨이 보관돼 있지 않았다. 그레이엄은 탈륨을 구입하러 런던으로 갔다. 직장에서 그레이엄은 복도에 놓인 차를 나르는 카트에서 동료들의 차를 수거하는 일을 맡았다. 직원들은 모두 자신의 찻잔을 가지고 있었다. 런던에서 돌아온 후 잠시 동안 그레이엄은 카트 근처에서 보이지 않았다. 그는 항상 독약을 지니고 다녔다.

그레이엄은 자신의 다짐대로 브로드무어 병원을 나온 후 여덟 명에게 독약을 먹였다. 그중 두 명, 밥 이글Bob Egle과 프레드 비그스Fred Biggs가 사망했다. 여덟 명 모두가 시름시름 앓는 동안 총 43명의 의사에게 진찰을 받았지만 그 어느 의사도 독약을 의심하지 않았다. 그레이엄은 안티몬과 탈륨을 사용했다. 희생자들은 구토, 위통, 발에서 시작해 온몸으로 퍼지는 통증 등의 증세를 나타냈다. 통증이 얼마나 심했는지, 이불이 누르는 무게마저 견딜 수 없을 정도였다. 마비가 와서 말을 하지 못했고 환각과 착란으로 공포에 휩싸였다. 프레드 비그스는 눈까지 멀었다.

밥 이글은 독약이 든 차를 마신 후 8일간을 고통 속에서 보내다가 저세상으로 갔다. 사인은 길랑-바레 증후군Guillan-Barre syndrome에 따른 기관지 폐렴으로 결론내려졌다. 이글은 화장되었다. 다만, 길랑-바레 증후군은 매우 희귀한 신경성 질환인 탓에 신장 한쪽은 추후 연구를 위해 보존되었다. 나중에 이글의 뼛가루와 보존된 신장으로 검시가 이루어졌다. 목숨을 앗아 가기에 충분한 양의 탈륨이 검출되었다. 프레드 비그스는 독약 앞에 무릎을 꿇기까지 20일을 버텼다. 독살당했으리라는 심증에 따라 사후 검시가 이루어졌지만, 처음에는 사체에서 아무런 독약도 발견되지 않았다. 그러나 조직 표본으로 추가 검사를 하자 마침내 탈륨이 확인되었다.

하들랜드 공장에서 환자가 속출하자 공장 인근 마을 이름을 딴 '보빙던 벌레Bovingdon Bug'라는 말이 유행했다. 비그스 사망 후 공장 관리자는 걱정이 된 나머지 의사들을 불러 조사를 시작했다. 이들은 몇 가지 가설을 제시했지만, 어디서 유래했는지 알 수 없는 바이러스가 공장 사람들을 전염시키고 있다는 설명이 가장 그럴듯할 정도였다. 어느 날 '벌레'에 대해 논의하기 위해 직원들이 모두 모인 자리에서 그레이엄은 탈륨과 탈륨 중독 증상에 대해 길게 이야기했다. 바이러스가 신경을 공격했다는 의사의 가설보다는 환자들의 증상으로 보건대 탈륨 중독이 더 맞아떨어진다는 의견이었다. 그레이엄의 행동은 의심을 낳기에 충분했다. 그는 저장실 근무자들 중 '벌레'에 감염되지 않은 몇 안 되는 사람이었다.

그레이엄을 면담한 의사는 그의 의학 지식이 오로지 독성학에만 뻗쳐 있음을 발견했다. 추가 조사로 그가 과거 브로드무어 병원에서 수감 생활을 했다는 사실이 밝혀졌다. 이내 그레이엄은 체포되었다. 경찰에 수감된 동안 그레이엄은 1962년에 자신이 벌인 완전 범죄, 즉 의붓어머니를 독살한 사건에 대해 자랑스레 떠벌였다. 이튿날 그는 모든 범죄를 자백했다. 심지어 자신이 독약을 먹인 또 다른 희생자 제스로 배트Jethro Batt에게 병원에서 잘못된 치료를 하고 있다고 비난하기까지 했다. 해독제로 디메카프롤과 염화칼륨을 투약해야 한다며 말이다.

그레이엄의 집을 수색하자 옷장과 창틀 아래 선반에서 독약 병이 나왔다. 독약과 독살자, 독성학에 관한 방대한 서적들도 발견되었다. 가장 강력한 증거는 침대 아래에서 나왔다. 그레이엄은 언제, 누구에게, 어떤 독약을 사용했는지를 그 결과와 함께 일기장에 상세히 기록해 두고 있었다. 법정에서 그레이엄은 그 일기장에 적힌 내용들이 자신이 쓰고 있던 소설이라고 주장했다. 한 시간 정도 심리 후에 배심원단은 그레이엄에게 유죄를 선고했다. 배심원단은 대부분의 시간을 그레이엄에게 씌워진 수많은 혐의들을 정리하는 데 보냈다. 그레이엄은 종신형을 선고받았고, 1990년 감옥에서 사망했다.

그레이엄이 재판을 받던 당시, 애거서 크리스티는 탈륨을 살인 도구로 사용한 소설을 출판한 데 대해 비판을 받았다. 「데일리 메일 The Daily Mail」은 『창백한 말』과 그레이엄 사건의 유사성을 나열하는 기사를 썼다. 그레이엄 영은 『창백한 말』을 읽지 않았다고 주장했다.

그레이엄이 모르는 전혀 새로운 내용이 책 속에 담겨 있지는 않았다. 그레이엄의 희생자 중 한 명을 검시한 병리학자가 탈륨 중독이 얼마나 드물게 일어나는 일인가를 이야기하며 『창백한 말』을 언급하기도 했다. 책에서 탈륨 중독을 크리스티가 정말 상세히 기술했다는 말도 함께. 공정하게 말하면, 크리스티가 추리 소설에서 탈륨 중독을 돋보이게 사용한 첫 번째 작가는 아니었다. 이미 나이오 마시Ngaio Marsh가 1947년에 쓴 소설 『마지막 커튼Final Curtain』에서 탈륨을 사용했고, 탈륨을 태웠을 때 나는 초록색 불꽃으로 독약을 검출할 수 있다는 사실도 언급했다. 여러 면에서 마시가 정확하게 묘사하기는 했지만, 그녀의 소설 속 희생자들은 너무 빨리 죽음에 이르렀다.

「데일리 메일」은 크리스티를 비판했지만, 몇 년 후 크리스티의 작품은 정당성을 인정받았다. 1975년, 크리스티는 남아메리카에 사는 한 여성으로부터 편지를 받았다. 편지에는 한 남성이 젊은 아내에 의해 천천히 독약에 중독되는 장면을 목격했다는 내용이 적혀 있었다. 편지를 쓴 여성은 『창백한 말』을 읽었기에 탈륨 중독 증상을 이미 알고 있었다. 편지는 이렇게 끝을 맺었다. "저는 완전히, 완전히 확신합니다. 만일 내가 『창백한 말』을 읽지 않았더라면, 그래서 탈륨 중독의 영향을 알지 못했다면, 그는 살아남지 못했을 겁니다. 즉각적인 처치만이 그를 살릴 수 있었습니다. 심지어 병원에 갔더라도 의사들은 당시 문제가 무엇인지 알지 못했을 겁니다."

또 다른 사건은 크리스티가 사망한 지 1년이 지난 시점에 발생했다. 1977년 카타르에서 19개월 된 아이가 시름시름 앓기 시작했다. 아이를 진찰한 모든 의사들이 아이의 증상에 당황했다. 상태는 더욱 나빠졌다. 부모는 거의 의식을 잃은 아이를 데리고 전문의를 찾아 런던으로 갔다. 하지만 여전히 아이가 무슨 이유로 앓고 있는지는 알수 없었다. 그때, 『창백한 말』을 읽어 내용을 알고 있던 간호사 마사메이틀랜드Marsha Maitland가 탈륨 중독이 아닐까 하는 의구심을 제기했다. 소변 표본을 런던 경시청 법의학 연구실에 보내 분석한 결과, 탈륨이 확인되었다. 해독 치료가 시작되었고 2주가 지나자 아이의 상태는 안정되었다. 3주째가 되면서 눈에 띄게 상태가 호전되었고 4개월 후에는 거의 완전히 회복했다. 원인 물질은 아이의 부모가 쥐와바퀴를 없애려고 집 배수관과 오물통에 탄 살충제였다. 부모 몰래 아이가 살충제를 일부 섭취했던 것이다. 아이를 치료한 의사는 「영국병원 의학 저널The British Journal of Hospital Medicine」에 탈륨 중독의 증상과 진단, 치료를 다룬 논문을 게재했다. 논문 마지막에는 신세를 진사람들에게 감사의 말을 남겼다.

고故 애거서 크리스티에게, 탁월하며 통찰력 있는 임상적 기술을 전해 준데 대해, 간호사 마사 메이틀랜드에게, 최신 문학 작품으로 우리를 안내해준 데 대해 감사를 표한다.

애거서 크리스티와 탈륨

『창백한 말』의 데이비스 부인은 소비자 조사업체에 근무했다. 그리고자신이 방문하여 조사했던 여러 사람들이 최근 사망한 사실을 알게된다. 수수께끼 같은 치명적인 질환으로 죽기 직전, 데이비스 부인은신부에게 고해성사를 하며 사망자들의 명단을 넘긴다. 신부가 쥐고 있던 이 명단이 사건을 풀어 가는 주요 단서로 작용한다. 명단에 올라 있는 사람들 모두가 최근에 사망했으며, 자연사한 것으로 여겨졌다. 폐렴, 뇌종양, 독성 다발성 신경염(신경 손상), 뇌염, 대뇌 출혈 등 원인은 다양했고 사망자들 간에 연관관계도 없었다. 두 명의 희생자, 진저 코리건과 데이비스 부인의 증상은 비교적 상세히 묘사되었다. 데이비스 부인의 증상은 감기에서 시작했다. 며칠 휴식을 취하자 회복하는 듯했고, 데이비스 부인은 일터로 돌아갔다. 하지만 이틀 후 계단을 겨우 올라갈 정도로 상태가 악화되었고, 고열과 호흡 곤란이 시작됐다. 그날 부인은 사망했다.

살인마를 붙잡기 위해, 아니면 적어도 살인 방법이라도 알아낼 목적으로, 마크 이스터브룩은 '창백한 말'에 사건을 의뢰하는 고객으로 가장해 접근한다. 친구인 진저 코리건이 자진해서 이스터브룩이 없애 버리고 싶어 하는 아내 역할을 맡는다. 아무런 일이 일어나지 않길 바라며, 진저는 런던에 있는 한 아파트에 틀어박혀 사건이 해결될 때까지 숨죽여 기다린다. 한편, 이스터브룩은 런던에서 떨어진 머치 디핑에 위치한 '창백한 말' 여관에서 열리는 의식에 참석한다. 몇 가지 과장된 속임수들이 있었지만 진저를 위험에 빠뜨릴 만한 것은 없었다. 마녀들은 의식이 진행되는 동안 희생자의 이름을 묻지도 않았으며 심지어 마을을 떠나지도 않았다. 과연 어떻게 진저를 해칠 수 있을 것인가? 그러나 어찌된 일인지 얼마 안 가 정말로 진저는 타격을 입는다. 증상은 '목이 아픈 것'으로 시작했다. 아마도 감기에 걸린 것 같았지만 곧 온몸이 욱신거리며 아팠다. 의사는 감기로 진단을 내리고 진저를 다시 침대로 돌려보낸다. 몸이 쑤시고 아픈 증상은 더 악화되었다. 안 아픈 데가 없을 정도였다. 진저는 몸에 닿는 어떤 것도 견딜 수 없는 지경이 되었다. 상황이 심각해지자 진저는 요양원으로 보내진다. 몇몇 특이한 증상이 있기는 했지만, 병원에서는 독감에 뒤따른 기관지 폐렴으로 진단했다. 그러던 중 마침내 진저의 머리카락이 빠지기 시작했다.

우연한 관찰이 사건을 풀 실마리를 제공해 주었다. 이스터브룩은 사촌 로다가 피부병에 걸린 개를 치료하는 장면을 목격한다. 로다는 털이 빠지게 만들어 준다는 약을 개의 감염 부위에 바르고 있었다. 머리카락이 빠지는 것은 '창백한 말'과 관련된 모든 사망 사건에서 유일하게 나타나는 공통점이었다. 운 좋게 이스터브룩은 미국에서 발생한 탈륨 중독에 관한 논문을 읽은 적도 있었다. 공장 근로자들이 차례차례 죽어 나갔는데, 병명은 파라티푸스paratyphoid(장티푸스랑 비슷하지만 다른 세균이 유발하는 질병)에서 뇌졸중, 알코올성 신경염, 연수마비bulbar paralysis(성대를 조절하는 혀와 근육의 마비), 뇌전증, 위장염 등으로 다양했다. 소설에서 언급한 공장 사건은 허구이긴 해도 1930년대에 네덜란드에서 실제로 벌어진 사건과 유사했다. 크리스티는 이스터브룩의 입을 통해, 탈륨을 기반으로 한 살인 사건(이번에도 미국이다)을 예로 들며 탈륨 중독의 증상이 얼마나 광범위한지를 집중 조명한다. 이 사건 또한 크리스티가 만들어낸 것이지만 1950년대 오스트레일리아에서 탈륨 중독 사건이 빈발했기에 크리스티가 알고 있었을지도 모를 일이다.

마크 이스터브룩이 의사와 경찰에 알리면서 탈륨 중독이 확인되었다. 1961년에는 영국에서 살인을 목적으로 탈륨을 사용한 선례가 없었다. 살인 사건 조사 시에 탈륨을 검출할 표준 검사법 또한 없는 실정이었다. 탈륨에 대한 이해도가 낮았기 때문에 사인으로 탈륨을 의심하는 일은 거의 없었고, 심지어 사건이 동일한 양상을 띤다 해도 관계 당국은 원인 물질로 탈륨을 지목하지 않았다. 희생자가 아직 살아 있다면 소변을 받아낸 다음 불꽃 분광법으로 탈륨을 검출할 수 있었다. 중독으로 확정짓기 위해서는 일정 정도 이상 탈륨이 나와야 했지만 워낙 자연 상태에서 흔한 물질이라 신체 어디서건 탈륨의 흔적이 남아 있었다. 물론 이처럼 자연적으로 존재하는 탈륨은 결코 위험한 수준으로까지 축적되지는 않는다.

사후 검시에서 탈륨을 범인으로 지목하기는 쉽지 않다. 머리카락이 빠지는 것과 함께 몇 가지 믿을 만한 공통된 증상은 있지만, 금속의 존재를 나타내는 흔적이 체내에는 전혀 남지 않는다. 탈륨이 일으킨 손상들은 곧잘 자연적인 질환에 의한 것으로 여겨진다. 조직 세포를 떼어내 분석해도 검출하기 어렵기는 마찬가지다. 탈륨은 온몸에 퍼져 존재하는 경향이 있으므로 특정 장기에서는 오직 작은 양만 발견될 뿐이다. 분석 기법이 향상됨에 따라, 점점 더 작은 양의 탈륨을 검출하는 것이 가능해지기는 했다.[6]

『창백한 말』에서 수많은 사람을 죽인 방법은 의외로 간단했다. 책이 출간되기 전에 실제 이 방법으로 살인을 저지른 사건이 전혀 없었다는 점이 놀라울 정도이다. '창백한 말'은 살인을 대신 해 주는 조직이었다. 유산을 상속받으려는 사람, 혹은 야비한 친척을 제거하려는 사람들이 '창백한 말'과 계약을 맺고 표적에 대한 상세한 정보를 넘겨주었다. 머치 디핑에 있는 창백한 말 여관에서는 초자연적인 힘이 작용하고 있다는 인상을 심어 주고자 엉터리 마녀 집회가 열렸다. 한편, 희생자들은 소비자 조사라는 명목하에, 사용하고 있는 가정용품의 회사와 종류 등을 묻는 질문을 받았다. 나중에 가스나 전기 검침원을 가장한 방문객이 그들을 다시 찾았고, 희생자들이 사용하고 있는 제품들을 겉으로 봐서는 똑같지만 탈륨 염이 첨가된 제품으로 바꿔치기했다. 차나 화장품, 의약품, 비누, 심지어 샴푸까지 포함되었다. 한 번에 치사량을 투약하지는 않았지만 희생자들은 규칙적으로 탈륨을 몸에 바르거나 먹음으로써 체내에 탈륨이 차곡차곡 쌓여 마침내 서서히, 고통스러운 죽음을 맞았다.

V is f or Veronal
베로날

에지웨어 경의 죽음

죽는 것은 자는 것. 자는 건 꿈꾸는 것일지도. 아, 그것이 걸림돌이다.
왜냐하면 죽음의 잠 속에서 무슨 꿈이, 우리가 이 삶의 뒤엉킴을 떨쳤을 때
찾아올지 생각하면, 우린 멈출 수밖에.
— 윌리엄 셰익스피어, 『햄릿』

애거서 크리스티의 작품에서 독약으로 바르비투르barbiturate가 등장한다면, 우리는 이 소설이 언제 쓰였는지를 짐작할 수 있다. 소설에 나오는 다른 옷이나 자동차와 마찬가지로 말이다. 바르비투르는 1920년대에서 1970년대까지 짧은 기간이지만 꽤 높은 악명을 떨쳤다. 처음에는 안전하고 효과적인 진정제로 여겨졌다. 그러다 1960년대 들어

약물의 위험성이 알려지고 보다 안전한 대체 약물들이 개발되면서 바르비투르 약물은 천천히 사라지게 되었다. 베로날Veronal은 1900년대 초반 시장에서 유통되기 시작한 첫 바르비투르 약물의 상표명이었다. 『에지웨어 경의 죽음Lord Edgware Dies』에서 의사는 이렇게 말한다. "베로날은 굉장히 불안정한 약물입니다. 엄청난 양을 복용해도 죽지 않을 수 있고, 아주 소량만 섭취해도 죽을 수 있습니다. 그렇기 때문에 매우 위험합니다."

크리스티는 몇 편의 이야기 속에서 바르비투르를 언급했지만, 그중 오직 네 차례만 살인 도구로 바르비투르를 사용했다. 등장인물 둘은 스스로 목숨을 끊는 데 바르비투르의 힘을 빌렸다. 크리스티가 글을 쓰던 당시에는 바르비투르 과다 복용이 흔한 자살 수단이었다.

1933년에 출간된 『에지웨어 경의 죽음』은 베로날을 가장 상세하게 기술하고 있는 작품이다. 이야기는 제목에 등장하는 인물 에지웨어 경의 죽음을 중심으로 돌아간다. 에지웨어 경은 칼에 찔려 사망한 채 발견된다. 이튿날, 언론은 에지웨어 경의 사망을 일제히 보도한다. 그를 마지막으로 방문한 사람은 그와 사이가 좋지 않던 아내 제인 윌킨슨이었다. 윌킨슨은 배우이자 떠오르는 스타였다. 하지만 에지웨어 경이 죽던 날 밤, 윌킨슨은 중요한 저녁 식사 모임에 참석했었기에 그녀의 알리바이는 완벽해 보였다.

이 책은 미국에서 『13인의 만찬Thirteen at Dinner』이라는 제목으로 출간되었는데, 이는 저녁 식사 자리에 13명이 있다면 그중 제일 먼저 자리를 뜨는 사람이 죽는다는 미신을 암시하고 있다. 윌킨슨이 참석했던 저녁 모임에는 손님이 13명 있었고 처음으로 자리에서 일어난 사람은 윌킨슨이었다. 하지만 행운은 그녀의 편인 듯했다. 젊은 미국

배우이자 흉내 내기의 달인 칼로타 애덤스가 곧이어 사망한 채 발견된 것이다. 칼로타는 인물 중심의 독백을 무대에서 선보인 미국 배우 루스 드레이터Ruth Draper에 영감을 받은 인물이다. 그러나 죽음에 이르는 과정은 또 다른 실제 인물인 배우 빌리 칼턴Billie Carleton의 사망과 많은 면에서 닮아 있다.

빌리 칼턴의 이야기는 『에지웨어 경의 죽음』과 평행을 이룬다. 그리고 애거서 크리스티의 단편 「빅토리 무도회 사건The Affair of the Victory Ball」은 빌리 칼턴에게서 영감을 받았음에 틀림없다. 1918년에 사망한 젊은 배우이자 가수 빌리 칼턴은 연예계 최초의 약물 및 섹스 스캔들을 일으킨 주인공이었다. 1918년 11월의 어느 밤, 빌리 칼턴은 런던 로열 앨버트 홀Royal Albert Hall에서 열린 '빅토리 무도회Victory Ball'에 참석한다. 파티는 칼턴의 아파트로 자리를 옮겨 이튿날 아침까지 계속되었다. 오전 10시, 마지막 손님이 떠나고 칼턴은 어디론가 전화를 건다. 이 전화 통화가 칼턴이 나눈 마지막 대화였다. 오전 11시 반, 집에 도착한 하녀는 칼턴이 코 고는 소리를 듣는다. 오후 3시 반, 코 고는 소리가 멈추자 하녀는 의사를 부른다. 의사는 브랜디와 스트리크닌을 투약해 칼턴을 소생하려 애썼지만 실패하고 만다. 당시 칼턴의 사인은 코카인 과다 복용으로 결론내려졌다. 하지만 코카인 '숙취'를 해소하기 위해 복용한 바르비투르가 원인이 아니었을까 하는 의혹이 제기되기도 했다.

『에지웨어 경의 죽음』에서 칼로타 애덤스는 바르비투르 제제인 '베로날' 과다 복용으로 사망했다. 칼로타의 가방에서 보석으로 장식된 상자가 발견되었고, 그 속에 베로날 가루가 들어 있었다. 평소에도 베로날을 복용하던 그가 그날 특히 많은 양을 투약한 탓에 사망한 것으로 추정되었다. 한 건의 살인, 한 건의 우연한 죽음, 그리고 동일한 시각 서로 다른 장소에 나타난 여배우, 수수께끼를 풀기 위해서는 전설적인 명탐정 푸아로가 나서야 했다.

바르비투르 이야기

바르비투르는 바르비투르산barbituric acid의 유도체로, 바르비두르산은 1864년 아돌프 폰 바이어Adolf von Baeyer(1794~1885)가 처음으로 조제했다. 바르비투르산 이름의 유래에 대해서는 두 가지 설이 있다. 하나는 바이어가 바르바라Barbara라는 이름을 가진 여인에게 집착해 그녀의 이름에서 땄다는 설이고, 다른 하나는 성 바르바라 축일St Barbara's Day에 이 화합물을 발견했다는 설이다. 1900년까지 바르비투르산 변이체 2,000개가량이 제조되었고, 이 중 몇몇은 인간에게 이로운 효과를 가져다 주는 것으로 알려졌다. 이 변이체들은 바르비투르산이 두 개의 질소 원자와 네 개의 탄소 원자로 고리 구조를 형성할 때 나오는 화합물들이었다. 탄소 원자나 질소 원자 중 하나에 무엇이 결합하느냐에 따라 이 기본 구조도 달라졌다. 따라서 실로 다양한 변이체가 가능했다.

1900년대 초 첫 바르비투르가 조제된 후로 점점 더 많은 바르비투르가 합성되고 시장에서 판매되었다. 이내 바르비투르는 우울증과 불면증의 표준 치료제로 자리를 잡았다.

구조상의 변화는 물이나 기름에서 화합물이 녹는 정도를 변화시켜, 결과적으로 얼마나 쉽게 약물이 혈액 속으로 흡수되고 뇌혈관 벽을 통과하는지에 영향을 끼쳤다. 거기에 더해 화합물이 신경계의 표적 부위에 결합하는 세기에도 영향을 주었다. 즉, 약효가 나타나기까지 걸리는 시간이 달라졌다. 우리 몸속에서 약물이 제거되거나 활성을 잃는 속도 또한 진정 작용이 지속되는 시간에 영향을 미쳤다. 바르비투르가 등장하기 전에는 브롬화물이 유일한 진정제였다. 브롬화물은 맛이 불쾌하고 적당한 정도로만 효과가 있었다. 부작용도 바르비투르보다 훨씬 많았다.

바르비투르는 하얀 분말로, 정제약이나 물에 녹여 먹는 가루약으로 판매되었다. 약간 쓴맛이 나긴 했지만, 재빨리 목구멍으로 넘기는 정제약의 경우에는 별 문제가 되지 않았다.[1] 바르비투르는 다양한 상품명으로 판매되었는데, 대개 정형화된 이름을 띠고 있었다. 미국에서는 통상 끝에다 'al'을, 다른 나라들에서는 'one'을 붙였다. 예를 들면, 바르비탈barbital과 바르비톤barbitone은 같은 물질이다. 그리고 이들 화합물이 미국에서 베로날이라는 이름으로 유통되었다. 베로날은 적은 양을 복용하면 진정 작용을, 많은 양을 복용하면 수면과 비슷한 상태로 유도하는 최면 작용을 일으키는 탓에 수면제로 널리 처방되었다.[2]

바르비투르 약제가 신경계를 약화시키는 데 효과를 보인다는 사실은 곧 다른 부위들에도 이 약물을 써먹을 수 있음을 의미했다. 1911년 독일 의사 알프레드 하우프트만Alfred Hauptmann(1881~1948)은 뇌전증 환자들을 치료하는 병동에서 일하고 있었다. 매일 밤 발작으로 고통받는 환자들이 내지르는 신음 소리에 잠을 설쳐야 했던 환자들을 진정시키고자 페노바르비톤phenobarbitone을 투약하기로 결심한다. 예상대로 페노바르비톤을 처방받은 환자들에게서 진정 효과가 나타났다. 그뿐만이 아니었다. 환자들은 발작까지 줄어들었다. 심지어는 진정 작용이 사라진 후에도 이 효과는 지속되었다. 오늘날에도 페노바르비톤은 뇌전증을 치료하는 항경련제로 사용되고 있다.

다른 바르비투르 제제로, '자백약'으로 악명을 떨친 펜토탈Pentothal[3]이 있다. 거짓을 말하는 것은 진실을 말하는 것보다 더 복잡한 과정으로 생각되었다. 따라서 이 이론에 따르면, 대뇌피질의 신경 작용을 떨어뜨리는 약물을 투여하면 사람들은 보다 쉽게 진실을 말할 것이었다. 펜토탈은 바르비투르가 갖고 있는 치명적인 성질을 매우 잘 드러내는 예이기도 하다. 미국에서 범죄자들을 처형하는 데 펜토탈을 사용하기도 했다. 다른 바르비투르 약물과 마찬가지로 펜토탈을 다량 투약하면 깊은 혼수상태에 빠져든다. 그리고 다른 화합물들을 투입해 마침내 심장을 정지시킨다.

처음 바르비투르가 시장에 나왔을 때에는 다들 치료량과 치사량 사이에 안전지대가 있다고 생각했다. 그러나 1938년에서 1952년에 이르는 기간 동안 바르비투르로 인한 자살이 12배나 증가하자 얘기가 달라졌다. 치료 목적으로 처방되는 베로날은 5에서 15그레인(0.3에서 1.0그램)이었다. 치사량은 고작 60그레인(4그램 정도)이었다. 애거서 크리스티가 시험을 준비하며 참고한 『조제의 기술』을 보면 남성에게는 7.5그레인(0.5그램), 여성에게는 5그레인(0.3그램)이 권장량으로 제시돼 있다. 장기간 복용하다 보면 약물에 대한 내성이 발달할 수 있고 그 결과 동일한 진정 효과를 얻기 위해서는 더 많은 양의 약물이 필요하므로, 치료량과 치사량 사이의 간극이 실질적으로는 상당히 좁을 수 있었다. 또한 이들 약물은 알코올과 비슷한 방식으로 중독성을 내포하고 있어서, 종종 사람들이 남용의 길로 들어서고는 했다. 반응을 느리게 만들고 졸음을 증가시키는 탓에 사람들이 졸린 상태에서 의식하지 못한 채 추가로 (치명적인 수준으로까지) 약을 복용하는 일도 발생했다.

1948년 한 해 동안 바르비투르 전 세계 생산량은 300톤이 넘었다. 1950년대 들어서 점점 더 많은 사람들이 바르비투르에 의존하고 과다 복용으로 사망하면서 약물의 위험성이 알려지기 시작했다. 1960년대에는 벤조디아제핀benzodiazepine이 상당 부분 바르비투르를 대체했다. 벤조디아제핀은 바르비투르와 비슷한 효능을 보였지만 (그리고 마찬가지로 중독성을 띠었지만) 우발적인 과다 복용으로 이어지는 경향은 덜했다. 오늘날 바르비투르는 의료계에서는 유일하게 수술 시에만 사용되고 있다. 단기간 빠르게 진정 작용을 일으키는 이 약물을 수술 직전 투약함으로써 환자를 무의식 상태로 유도한다.

바르비투르 살인법

모든 바르비투르가 비슷한 약리 작용을 보인다. 그러나 효능을 발휘하거나 약효가 지속되는 시간 면에서는 제각기 차이가 있다. 바르비투르는 신경계와 작용하여 신경 세포가 활성화되는 것을 어렵게 만듦으로써 신경 활동을 억제하는 결과를 가져온다.

바르비투르는 신경 세포에 있는 감마 아미노부티르산gamma aminobutyric acid, GABA 수용체를 활성화시킨다. GABA는 신경 세포들 간에 활동하는 수많은 화학 전달자 혹은 신경 전달 물질 중 하나로, 근육의 긴장을 유지하는 등 다른 기능도 담당하고 있지만 가장 중요한 역할은 신경 활성을 억제하는 것이다. 바르비투르는 주로 뇌 신경 세포에 있는 GABA 수용체와 상호 작용한다. GABA 수용체는 중심부 구멍 주위를 5개의 하부 구조가 둘러싸고 있는 형태로, 이 중심부 구멍에서 신경 세포 속으로 염소 이온(Cl^-)이 흘러 들어간다. 하부 구조로는 15종류가 존재하는데, 그중 5개를 어떻게 조합하느냐에 따라 서로 다른 수용체가 만들어진다. 즉, GABA 수용체는 구성 면에서 엄청나게 다양한 물질이다. 이 덕분에 뇌와 같이 섬세하고 복잡한 기관을 작동시키는 데 필요한 복잡성과 다양성이 가능해진다.

앞서 보았듯이 신경 세포 안팎으로 칼륨 이온과 나트륨 이온이 이동하면서 신호가 만들어진다. 이들 이온의 이동으로 미세한 전류가 발생하고 이 전류가 신경을 따라 흐르다가 신경 말단에 도착하면 신경 전달 물질이 방출, 인접한 신경이나 근육 세포로 신호를 넘겨준다. 휴지 상태에서는 신경 세포 안쪽이 약한 음전하를 띠고 있다. 신경이 자극을 받아 발화하면 이온이 이동하면서 내부의 음전하가 1,000분의 1초 동안 0으로 바뀌고 그 후 약한 양전하로 바뀐다. 분자 펌프가 이온들을 다시 제자리로 돌려보내면 신경 세포 안쪽이 음전하를 회복하면서 다음 자극을 기다린다. 바르비투르는 휴지 상태에서 신경 세포 내부에 음전하를 축적시키는 역할을 한다. 신경이 자극에 반응하는 것을 어렵게 만듦으로써 결과적으로 신경 작용을 억제한다.

GABA 수용체는 알코올과도 반응한다. 바르비투르와 알코올을 함께 복용하면 서로의 효과를 향상시켜 각각이 낼 수 있는 진정 작용을 합한 것보다 훨씬 더한 진정 효과를 발휘한다. 벤조디아제핀 또한 GABA 수용체에 달라붙는다. 바르비투르와 알코올, 벤조디아제핀 중 어느 하나가 GABA 수용체에 결합하면 다른 나머지 약물들도 더 잘 달라붙게 된다. 결국 이들 약물의 혼합으로 위험한 상황이 초래될 수 있다.

중추 신경계의 활성을 억제함으로써 바르비투르는 졸음을 유도하고 생체 반응을 느리게 만든다. 술에 취한 것과 비슷하게 묘사되는데 특히 약 복용 후 잠에 들기까지 시간 간극이 있을 때 더욱 그렇다. 마지막에는 잠자는 듯한 무의식 상태에 도달한다. 잠은 세 가지 단계로 구분된다. 일반적으로 밤잠을 자는 동안 세 단계 모두를 거치는데, 20퍼센트는 '깊은 잠', 20퍼센트는 '꿈꾸는 잠', 나머지 60퍼센트는 '옅은 잠'을 자며 보낸다. 바르비투르는 잠자는 양식을 변화시켜 꿈꾸는 잠과 깊은 잠을 줄이고 옅은 잠을 (대략 80퍼센트까지) 늘린다. 수면제를 복용하는 사람들은 종종 수면제로 유도된 잠을 잔 다음 날에는 푹 쉰 것 같은 느낌이 들지 않는다고 보고한다. 잠에서 깨는 데 문제가 있어 이튿날 아침 정신이 혼미한 상태로 지내게 될 수도 있다. 바르비투르의 경우 때때로 이런 증상이 '숙취'로 묘사된다.

복용하던 수면제를 끊게 되면 수면 양식이 또다시 변화하면서 잠이 방해받는다. 약을 중단한 후에는 꿈꾸는 단계가 (40퍼센트까지) 증가하며 깊은 잠을 자는 단계는 (10퍼센트까지) 감소한다. 악몽이나 현실처럼 느껴지는 생생한 꿈을 흔히 꾼다. 특히 바르비투르를 오랜 기간 복용하다 갑자기 끊으면 증상이 보다 심각해 살인까지 저지를 수 있다. 약물에 의존도가 높은 사람들은 극도의 불안감과 환각을 경험하고 경련을 일으키기도 한다. 속이 메스껍거나 구토를 하고 극단적인 경우, 섬망과 발열, 혼수상태에 빠지기도 한다.

많은 양의 바르비투르를 복용하면 중추 신경계의 활동이 억제되어 호흡이 멈추는 지경까지 이를 수 있다. 그러나 죽음은 다른 원인들로 초래된다. 바르비투르는 근육과 폐, 뇌에 체액을 축적하여 부종과 폐렴을 유발한다. 호흡이 느려지며 폐에서 효율적으로 이산화탄소가 배출되지 못하는 탓에 몸속에 이산화탄소가 고농도로 쌓인다. 혈액 내에서 이산화탄소는 탄산을 형성하며 산성도를 높인다. 산소가 부족해지면서 청색증이 나타날 수도 있다. '기침' 반사가 억제되어 폐와 목구멍에서 체액을 내보내는 데 어려움을 겪게 되는데, 바르비투르가 구토를 유발했을 때 이런 증상이 나타나면 특히 위험하다.

  바르비투르는 또한 약물을 대사하는 간 효소와 상호 작용을 한다. 장기간 바르비투르를 복용하면 약물이 (몸 밖으로 배출되는) 비활성 형태로 더 빨리 대사된다. 그 결과로 약물에 대한 내성이 발달한다. 간에서 약물이 분해되는 속도에 맞춰, 신경에 작용할 만큼 여전히 많은 양의 약물이 체내에 남아 있음에도 불구하고 복용량도 늘어난다. 바르비투르를 다른 약물과 함께 복용하면 위험한 이유가 바로 여기에 있다. 대사 속도가 빨라지면서 다른 약물들이 체내에서 영향력을 덜 발휘하게 되는 것이다. 바르비투르는 매우 위험한 약물이다. 몸속에서 내성을 발달시키는 것과 함께, 바르비투르가 내는 진정 효과는 환자를 정신적으로 둔하게 만들어, 어느 순간 우발적으로 약물을 과다 복용하게 만들 수 있다. 『에지웨어 경의 죽음』에서 칼로타 애덤스의 사례가 이 같은 경로를 따른 것처럼 보였다.

바르비투르 해독제

바르비투르를 과다 복용했을 때 특별한 해독제는 없다. 하지만 지지 요법을 받은 환자 중 95퍼센트 이상이 완전한 회복을 보였다. 심각한 경우 환자가 의식을 다시 찾기까지 닷새 정도가 걸리기도 한다. 환자가 산소를 충분히 흡입하고 이산화탄소를 배출할 수 있도록 호흡을 돕고 폐로부터 점액질을 깨끗이 청소해 주면 충분히 생존할 수 있다.

실제 사례

많은 유명인들이 바르비투르 과다 복용으로 사망했다. 주디 갈랜드 Judy Garland와 지미 핸드릭스Jimi Hendrix도 그랬다. 보통은 사고사나 자살로 여겨졌다. 바르비투르 희생자 중 가장 유명한 사람은 마릴린 먼로 Marilyn Monroe일 것이다. 먼로를 부검한 병리학자는 그녀의 사체에서 넴부탈Nembutal(펜토바르비탈)과 수화 클로랄chloral hydrate을 발견했다. 열 사람을 죽일 만큼의 양이었다. 하지만 어떻게 해서 이 물질들이 그녀의 몸속으로 들어갔는지에 대해서는 여전히 논쟁 중이다.

바르비투르를 이용한 첫 살인 사건은 1955년에 발생했다. 애거서 크리스티가 『에지웨어 경의 죽음』을 출간하고 한참이 지난 뒤였다. 하지만 피도 눈물도 없는 살인마가 벌인 이 사건으로 특별히 크리스티에게 비난이 쏟아지지는 않았다. 많은 이들이 바르비투르로 자살을 했고, 1950년대에 이르러서는 이미 바르비투르의 치명적인 성질이 널리 알려져 있었기 때문이다.

1955년 7월 21일 오후 1시 반, 존 암스트롱John Armstrong은 버나드 존슨Bernard Johnson 박사에게 전화를 걸어 5개월 된 자신의 아들 터렌스Terence가 아프다고 말한다. 전날 저녁, 존슨 박사의 동료인 뷰캐넌 Buchanan 박사 또한 같은 전화를 받았다. 하지만 암스트롱은 그리 심하게 걱정하지 않는 듯했고 뷰캐넌 박사는 다음 날 아침 9시까지 기다려 보기로 했다. 이튿날 아침 암스트롱이 존슨 박사에게 전화를 걸기 전까지 아기는 괜찮아 보였다. 암스트롱에게는 아내 자넷Janet과 터렌스, 그리고 두 아이가 더 있었다. 햄프셔Hampshire 고스포트Gosport 에 살고 있던 암스트롱 가족은 경제적인 어려움에 처해 있있다. 선해에 첫째 아들 스티븐Stephen을 잃는 비극을 겪기도 했다. 딸 퍼멜라 Pamela마저 심각한 질병에 걸려 병원에서 치료를 받아야 했다. 당시에는 병인에 대해 알지 못했지만 어쨌거나 퍼멜라는 완전히 회복해서 집으로 돌아왔다.

7월 22일, 존슨 박사에게 두 번째 전화가 걸려왔다. 이번에는 상태가 더욱 심각한 듯했고 존슨 박사는 곧장 암스트롱의 집으로 달려갔다. 존슨 박사가 집에 도착했을 때 아이는 이미 죽어 있었다. 존슨 박사는 처음에는 이상한 점을 눈치채지 못했다. 하지만 암스트롱 부부가 전혀 슬퍼하는 기색이 없다는 것이 마음에 걸렸다.[4] 터렌스의 사인도 명확하지 않았다. 부검이 진행되었다. 오늘날 유행하는 영아 돌연사 증후군일 수도 있었다. 존슨 박사는 주의해서 아이가 쓰던 우유병과 전날 토를 한 베개를 챙겨 갔다.

사후 검시로도 명백한 사인은 드러나지 않았다. 아이의 후두에서 빨간색 껍데기처럼 생긴 무언가가 쪼글쪼글해진 상태로 발견되었다. 위 내용물 속에는 더 많았다. 병리학자는 빨간 껍데기가 서향나무 열매 껍질 같다고 생각했다. 서향나무 열매는 독성이 매우 강한데, 암스트롱의 집 정원에 열매를 맺은 서향나무가 자라고 있었다. 죽기 전날 터렌스가 서향나무 아래에서 유모차를 타고 있는 게 목격되었다.

병리학자는 자세한 조사를 위해 후두에서 꺼낸 물질과 위 내용물 속에서 건진 물질 각각을 포름알데히드에 담근 후 냉장 보관했다. 이튿날 병 속을 들여다보자 빨간 껍데기는 온데간데없이 사라지고 붉은색 액체만이 남아 있었다.

용액을 분석한 결과, 옥수수 녹말과 에오신eosin, 빨간 염색약이 검출되었다. 서향 열매나 다른 독성 물질, 독약은 없었다. 터렌스의 사인은 여전히 수수께끼였다. 만일 수사관이 암스트롱에게서 나쁜 인상을 받지 않았더라면 아마도 이 사건은 영원히 수수께끼로 남았을 것이다. 사건 담당 형사는 암스트롱이 일하는 곳을 찾아가 추가 질문을 한 후 병리학자를 찾아갔다.

와중에 병리학자는 사라진 껍데기를 놓고 고심하고 있었다. 껍데기의 붉은 색상이 세코날Seconal[5]을 담는 데 쓰는 젤라틴 용기를 연상시켰다. 1950년대에는 세코날이 아무런 제약 없이 처방되었다. 1934년 처음 시장에 출시된 이래 세코날은 1960년대까지 널리 남용되었다. 빨간 캡슐은 '세시seccy', '붉은 악마red devils', '붉은 심장red hearts' 등으로 흔히 불렸다. 세코날은 오늘날에도 제조되고 있다. 뇌전증과 일시적인 불면증을 치료하는 데, 시간이 적게 걸리는 수술 전에 100밀리그램 정제약으로 처방된다. 그러나 지역 병원에서 간호사로 근무하고 있던 암스트롱에게는 처방전이 필요 없었다. 그는 스스로 약을 구할 수 있었다. 병원에서 조사를 벌인 결과 최근 세코날 몇 상자가 사라졌다는 사실이 밝혀졌다.

병리학자는 캡슐을 구해다 위액에 녹여 보았다. 터렌스의 사체에서 검출된 물질이 그랬듯이 용액이 붉은색으로 물들었다. 그 전까지 세코날이 살인에 쓰인 적은 없었지만, 아기라면 아주 적은 양으로도 죽일 수 있을 것이었다. 이 단계에서 런던 경시청의 과학 전문가가 투입되었다. 일단 터렌스의 베개에 묻어 있던 토사물에서 검출한 세코날을 (바르비투르 중에서도) 고유한 녹는점(섭씨 95도)을 이용해 확정 지었다.

암스트롱이 범죄를 저질렀음을 암시하는 정황 증거가 차츰 쌓여 가자 큰아들인 스티븐의 사망과 딸 퍼멜라기 앓았던 질병에 대해서도 조사가 이루어졌다. 아이들이 보인 증상은 놀랍도록 비슷했다. 얼굴색이 변했으며 호흡을 힘들어 하고 늘 졸려 했다. 스티븐의 유해를 발굴했지만 부패가 상당히 진행돼 세코날을 검출하기는 어려웠다. 그러나 경찰과 병리학자들은 스티븐과 터렌스 모두 바르비투르에 의해 살해되었다고 확신했다. 문제는 터렌스가 죽던 날 암스트롱이 세코날을 가지고 있었다는 사실을 입증할 수 없다는 것이었다. 이에 대한 증거는 훗날 다소 이상한 방향에서 흘러나왔다.

1년 후인 1956년 암스트롱의 아내 자넷은 상습적으로 자신을 때린다며 남편 암스트롱을 고소하고 이혼을 청구했다. 하지만 법원은 자넷의 이혼 요청을 기각했고 화가 난 자넷은 경찰서를 찾아갔다. 자넷은 터렌스가 사망한 지 사흘째 되던 날 남편이 집 안에 있는 빨간 캡슐을 모두 없애 버리라고 명령했고 그 말을 따랐다고 털어놓았다. 나중에 터렌스의 사인이 밝혀지자 그제서야 남편을 의심했지만 또다시 매를 맞을까 두려워 경찰에 알릴 수 없었다고 했다. 존 암스트롱은 유죄를 선고받았다.[6] 재판 당시 살인 사건에서 바르비투르 약물을 탐지하는 데 대해 우려하는 목소리가 높았음에도 불구하고 말이다. 만일 아이의 부모가 사건을 조사하는 수사관들에게 나쁜 인상을 주지 않았다면, 터렌스의 죽음은 결국 이유를 알 수 없는 자연사로 처리되었을 것이다.[7]

애거서 크리스티와 베로날

『에지웨어 경의 죽음』에서 칼로타 애덤스의 죽음은 우발적인 약물 과다 복용으로 보이게끔 매우 신중하게 계획되었다. 그녀는 사망하기 몇 시간 전 살인자와 함께 베로날이 든 축배를 들었다. 범인은 아마도 쓴맛이 나는 음료로 바르비투르의 약한 쓴맛을 감추었을 것이다. 베로날은 섭취 후 한 시간 내에 효능을 발휘하기 시작하므로, 칼로타는 몸에 이상을 느끼기 전에 이미 자신의 집으로 돌아왔을 것이다. 집에 도착한 그녀는 어딘가로 전화 통화를 시도하지만, 베로날의 약효로 피곤함을 느낀 나머지 전화 거는 걸 포기하고 하녀인 앨리스 베넷이 준비해 둔 따뜻한 우유를 마신 후 침대에 들었다. 집에 도착해서 칼로타가 스스로 약물을 먹었을 것 같지는 않다. 만일 그랬다면 전화 통화를 시도한 후에야 나른한 느낌에 사로잡혔을 것이다. 수화기를 들었을 때 이미 졸리기 시작했으므로 굳이 그 뒤에 베로날을 먹을 이유도 없었다. 비슷한 이유로 우유 속에 베로날이 들었을 가능성도 제외할 수 있다. 게다가 이튿날 아침 하녀 앨리스가 칼로타가 마신 것과 동일한 우유를 마셨지만 아무런 증상도 나타나지 않았다.

칼로타는 잠자는 도중 사망했다. 앨리스가 다음 날 아침 차갑게 식은 칼로타의 시신을 발견했으므로 그보다 몇 시간 전에 사망했음이 틀림없다. 집으로 불려온 의사는 신속히 사인을 베로날 과다 복용으로 결론내렸다. 시신의 상태와 칼로타의 가방 속에서 발견된, 보석이 새겨진 상자 속에 든 베로날 가루로 종합적으로 판단한 결과였다. 몸에서 피하 주사기 자국은 보이지 않았으므로, 의사는 칼로타가 약물 의존증 환자는 아니라고 생각했다. 하지만 가루약이 든 상자는 그녀가 평소에 베로날을 복용하고 있었음을 암시했다. 따라서 칼로타는 우발적으로 약물을 과다 복용하여 사망에 이른 것으로 추정되었다. 늦게 집에 들어온 피곤함과 최근 무대에서 선보인 공언으로 긴장 상태에 있었던 그녀는 잠드는 데 도움을 얻고자 베로날을 먹으려다 실수로 너무 많이 먹었던 듯했다. 하지만 앨리스의 하녀와 칼로타의 동생 루시 애덤스 모두 칼로타가 평소 수면제를 먹지 않았다고 주장했다. "언니는 그런 종류의 것들을 몹시 싫어했다"고 루시가 말했다.

칼로타가 삼킨 바르비투르의 양은 목숨을 앗아 가기에 충분한 양이었다. 문제는 그렇게까지 많이 먹을 필요는 없었다는 것이다. 만일 하녀와 여동생의 말대로 칼로타가 평소 바르비투르를 복용하지 않았다면 약물에 대한 내성도 발달하지 않았을 것이다. 알코올 음료에 베로날을 첨가함으로써 살인마는 베로날의 효과를 증가시켰다. 그저 몇 그램을 추가하는 것만으로도 칼로타를 영원히 잠들게 만들 수 있었다.

부검은 언급되지 않았다. 의사와 경찰은 우발적인 과다 복용이라는 결론에 만족하는 듯했다. 만일 칼로타의 소지품에서 베로날(혹은 다른 비슷한 약물)이 나오지 않았더라면 사후 검시가 이루어졌을 것이다. 바르비투르 중독은 사체에 뚜렷한 흔적을 남기지 않는다. 부종이나 폐렴, 물뇌증 등이 발견되기도 하지만 이들은 자연적인 질병으로 간주될 수 있다. 하지만 혈액과 간, 위 내용물을 채취해 독성 분석을 실시하면 바르비투르의 존재를 밝혀낼 수 있다. 심지어 1930년대 기술로도 가능하다. 특히 토사물이 분석에 도움이 되는데, 약물을 내복했을 경우 많은 양이 토사물에 농축되어 있기 때문이다.『에지웨어 경의 죽음』에서 칼로타는 사망하기 전 토하지는 않았던 것 같다. 만일 그랬다면 하녀인 앨리스가 뭔가 문제가 발생했음을 더 빨리 알아차렸을 것이다.

　여러 종류의 바르비투르 가운데 정확히 하나를 집어내는 것은 매우 어렵다. 바르비투르들 간에 녹는점이 서로 다르다고 할지라도 겨우 몇 도 정도 차이를 보이기 때문에, 독성학자들 입장에서는 매우 정교하고 조심스레 실험을 진행해야만 한다. 오늘날에는 크로마토그래피 기법이 발달한 덕분에 검출과 확인이 수월해졌다. 인체 조직에서 바르비투르를 추출하는 데에는 개선된 스타스 기법이 효과적이다. 최후의 수단으로 사체를 파먹고 자란 구더기를 분석할 수도 있다. 구더기에서 약물의 흔적을 찾아내는 것도 가능하다.

『에지웨어 경의 죽음』에서 칼로타 애덤스가 어떻게 죽음에 이르렀는지는 확실했다. 그러나 푸아로는 그녀가 자살을 감행했다는 가설에 의구심을 품었다. 그리고 물론, 푸아로가 옳았다. 칼로타는 살해되었다. 범인이 궁금하다면 꼭 책을 읽어 보기를 바란다.

　독약으로 애거서 크리스티가 바르비투르를 고른 것은 탁월한 선택이었다. 특히나 실제 여배우인 빌리 칼턴의 비극적인 죽음을 익히 알고 있던 많은 독자들에게는 더더욱 그랬다. 크리스티는 작품에서 희생자들을 처리하는 데 잘 알려지지 않았거나 이국적인 약물에 기댈 필요가 전혀 없었다. 당시 바르비투르는 널리 처방되는 약물이었고 독자들은 당연히 그와 같은 진정제에 대해 직접적인 경험으로 잘 알고 있었다. 약물에 대한 상세 설명은 극도로 정확했다. 심지어 미국 출신의 희생자를 죽이는 데 미국에서 유통되는 상품명을 사용했다. 『에지웨어 경의 죽음』은 완벽했고, '범죄의 여왕'이 탄생시킨 탐정 소설의 고전 양식에 필요한 핵심 요소들을 모두 담고 있다.

감사의 글

먼저 이 책을 쓸 기회를 마련해 준 짐 마틴Jim Martin에게 감사 인사를 하고 싶다. 멋진 그림과 표지를 만들어 준 닐 스티븐스Neil Stevens에게 도 감사한다. 줄리아 퍼시벌Julia Percival은 굉장한 그림을 그려 주었을 뿐 아니라 기꺼이 초기 몇몇 장들을 읽고 의견을 건네주었다. 정말 감사한다.

영국 국립도서관British Library 직원들, 특히 과학 문서실에 계신 분들은 정말 훌륭하기 짝이 없었다. 모호하거나 어리석은 나의 질문들에 열정과 인내심을 가지고 최선을 다해 답해 주었다. 저스틴 브라우어 Justin Brower에게 막대한 빚을 졌다. 법의 독성학과 미국 내에서의 독약 입수 가능성에 대한 자료들을 함께 찾아 주고 훌륭한 의견을 주었다.

여기에서 말로 다 표현할 수 없을 만큼 부모님께 감사한다. 이 책을 쓰는 내내 감정적으로 지원해 주셨으며, 문법상의 문제도 점검해 주셨다. 한 단어, 한 단어를 여러 번에 걸쳐 읽으면서도 절대 불평하는 법이 없으셨다. 두 분 모두에게 무한한 감사를 드린다.

많은 사람들이 넓은 아량으로 시간을 들여 원고를 읽고 의견을 주었다. 헤더 백Heather Back과 피터 백Peter Back, 마틴 벨우드Martin Bellwood, 매슈 케이시Matthew Casey와 새뮤얼 케이시Samuel Casey, 데이비드 하컵Harkup과 샤론 하컵Sharon Harkup, 헬렌 존스턴Helen Johnston, 앤지 롱Angi Long, 샐리 앤 로Sally Anne Lowe, 매슈 메이Matthew May, 앨런 팩우드Alan Packwood, 애슐리 피어슨Ashley Pearson, 아인 라이언Áine Ryan, 스티브 슈나이더Steve Schncider, 헬렌 스키너Helen Skinner, 리처드 스터틀리Richard Stutely와 바이올렛 스터틀리Violet Stutely, 그리고 마크 위팅Mark Whiting. 이들이 이 책에 기여한 바는 가치를 매길 수 없을 정도다. 모두에게 감사한다. 특히 빌 백하우스Bill Backhouse에게, 무한히 차를 제공하고 (부)도덕한 지원을 해 준 데 대해 감사한다.

사실을 확인하고 거듭 확인했음에도 실수들이 있을 것이다. 오롯이 나의 잘못이다. 혹시 이 책에서 잘못된 점을 발견한다면 출판사를 통해 기꺼이 내게 알려 주기를 바란다.

부록 1

애거서 크리스티의 작품들과 사인

다음 표는 장편과 단편을 비롯한 애거서 크리스티의 작품 모두를 연대별로 정리하고 각 작품 속 희생자들의 사인을 정리한 것이다. 희곡이나 메리 웨스트매컷Mary Westmacott의 이름으로 출간된 작품들은 포함하지 않았다. 영국에서 출간된 크리스티 책 모두가 미국에서 출간된 것은 아니다(반대의 경우도 마찬가지다). 특히 단편집은 때때로 포함된 작품들 구성이 다른 경우도 있다. 흥미롭게도, 지금까지도 무대 위에서 공연되고 있는 「쥐덫Three Blind Mice」은 영국에서는 단 한 번도 책으로 출간된 적이 없다. 책이 나오면 범인이 노출되기 때문일 것이다.

아래 경우들은 표식을 따로 달아 두었다.

*자살, **살해 기도, ***의학적 치료 보류, ****크리스티가 만들어낸 약물

또한 영국과 미국에서 출간된 제목이 다르거나, 영국 또는 미국 중 한 곳에서만 출간된 경우, '(영)', '(미)'와 같이 표기하였다.

제목	살해 방법
스타일스 저택의 괴사건The Mysterious Affair at Styles	스트리크닌
비밀 결사The Secret Adversary	수화 클로랄, 청산가리*, 모르핀**
골프장 살인 사건The Murder on the Links	자상, 모르핀**
갈색 양복의 사나이The Man in the Brown Suit	감전, 교살
푸아로 사건집Poirot Investigates • '서방의 별'의 모험The Adventure of the 'Western Star' • 마스던 장원의 비극The Tragedy at Marsdon Manor • 싸구려 아파트의 모험The Adventure of the Cheap Flat • 사냥꾼 오두막의 미스터리The Mystery of Hunter's Lodge • 백만 달러 채권 도난 사건The Million Dollar Bond Robbery • 이집트 무덤의 모험 　The Adventure of the Egyptian Tomb • 그랜드 메트로폴리탄 호텔 보석 도난 사건 　The Jewel Robbery at the Grand Metropolitan • 납치된 총리The Kidnapped Prime Minister • 대번하임 씨의 실종The Disappearance of Mr Davenheim • 이탈리아 귀족의 모험 　The Adventure of the Italian Nobleman • 사라진 유언장 사건The Case of the Missing Will • (미) 초콜릿 상자The Chocolate Box • (미) 베일을 쓴 여인The Veiled Lady • (미) 사라진 광산The Lost Mine	총상 총상 독약 주사, 스트리크닌, 총상* 두부 타격 트리니트린
침니스의 비밀The Secret of Chimneys	총상
애크로이드 살인 사건The Murder of Roger Ackroyd	비소, 베로날*, 자상
빅포The Big Four	청산가리, 목을 땀, 캐롤라이나재스민, 감전, 차에 치임, 자상
블루트레인의 수수께끼The Mystery of the Blue Train	교살
세븐 다이얼스 미스터리The Seven Dials Mystery	수화 클로랄, 총상
부부 탐정Partners in Crime	

• 아파트의 요정A Fairy in the Flat	
• 차 한 잔A Pot of Tea	
• 사라진 분홍 진주The Affair of the Pink Pearl	
• 불길한 고객The Adventure of the Sinister Stranger	
• 킹을 조심할 것Finessing the King	자상
• 신문지 옷을 입은 신사 The Gentleman Dressed in Newspaper	
• 사라진 여자The Case of the Missing Lady	
• 장님 놀이Blindman's Buff	감전
• 안개 속의 남자The Man in the Mist	두부 타격
• 지폐 위조단을 검거하라The Crackler	
• 서닝데일 사건The Sunningdale Mystery	자상
• 죽음이 깃든 집The House of Lurking Death	비소**, 리신
• 완벽한 알리바이The Unbreakable Alibi	
• 목사의 딸The Clergyman's Daughter	
• 레드 하우스The Red House	
• 대사의 구두The Ambassador's Boots	
• 16호였던 사나이The Man Who Was No. 16	
신비의 사나이 할리퀸The Mysterious Mr Quin	
• 퀸의 방문The Coming of Mr Quin	스트리크닌
• 유리창에 비친 그림자The Shadow on the Glass	총상
• 어릿광대 여관At the 'Bells and Motley'	
• 하늘에 그려진 형상The Sign in the Sky	총상
• 카지노 딜러The Soul of the Croupier	
• 바다에서 온 사나이The Man from the Sea	익사
• 어둠 속의 목소리The Voice in the Dark	익사
• 헬렌의 얼굴The Face of Helen	
• 죽은 할리퀸The Dead Harlequin	총상
• 날개 부러진 새The Bird with the Broken Wing	교살
• 세상의 끝The World's End	
• 할리퀸의 오솔길Harlequin's Lane	
목사관의 살인The Murder at the Vicarage	총상, 진정제**
(영) 시태퍼드 미스터리The Sittaford Mystery (미) 헤이즐무어 살인 사건The Murdet at Hazelmoor	두부 타격

엔드하우스의 비극*Peril at End House*	총상, 코카인*
열세 가지 수수께끼*The Thirteen Problems*	
• 화요일 밤 모임The Tuesday Night Club	비소
• 금괴Ingots of Gold	
• 피로 물든 보도The Blood-Stained Pavement	두부 타격
• 아스타르테의 신당The Idol House of Astarte	자상
• 동기 vs 기회Motive v. Opportunity	
• 성 베드로의 엄지손가락The Thumb Mark of St. Peter	아트로핀
• 파란색 제라늄The Blue Geranium	청산가리
• 동행The Companion	익사, 계단에서 밀침, 폭행
• 네 명의 용의자The Four Suspects	디기탈리스
• 크리스마스의 비극A Christmas Tragedy	
• 독초The Herb of Death	익사
• 방갈로에서 생긴 일The Affair at the Bungalow	
• 익사Death by Drowning	
(영) 에지웨어 경의 죽음Lord Edgware Dies (미) 13인의 만찬Thirteen at Dinner	자상, 베로날
(영) 죽음의 사냥개*The Hound of Death*	
• 죽음의 사냥개The Hound of Death	건물 붕괴, 번개
• 붉은 신호등The Red Signal	총상
• 네 번째 남자The Fourth Man	교살
• 집시The Gypsy	독살
• 등불The Lamp	굶어 죽음, 자연사
• 유언장의 행방Wireless	심장마비
• 검찰 측의 증인The Witness for the Prosecution	쇠지렛대
• 청자의 비밀The Mystery of the Blue Jar	
• 아서 카마이클 경의 기묘한 사건 The Strange Case of Sir Arthur Carmichael	청산가리**
• 날개가 부르는 소리The Call of Wings	버스에 치임, 지하철에 치임
• 마지막 심령술 모임The Last Seance	초자연적 힘
• SOS	
(영) 오리엔트 특급 살인*Murder on the Orient Express* (미) 칼레 열차 살인 사건*Murder in the calais coach*	자상

(영) 리스터데일 미스터리*The Listerdale Mystery*	
• 리스터데일 미스터리	심장마비
• 필로멜 코티지Philomel Cottage	
• 기차를 탄 여자The Girl in the Train	두부 타격
• 6펜스의 노래Sing a Song of Sixpence	청산가리
• 진짜 사나이, 에드워드 로빈슨 The Manhood of Edward Robinson	
• 사고Accident	
• 제인은 구직 중Jane in Search of a Job	
• 일요일의 열매A Fruitful Sunday	
• 이스트우드 씨의 어드벤처Mr. Eastwood's Adventure	
• 황금 공The Golden Ball	
• 라자의 에메랄드The Rajah's Emerald	자상
• 백조의 노래Swan Song	
(영) 왜 에번스를 부르지 않았지? *Why Didn't They Ask Evans?* (미) 부머랭 살인 사건*The Boomerang Clue*	절벽에서 추락, 모르핀, 총상
파커 파인 사건집 (영) *Parker Pyne Investigates* (미) *Mr. Parker Pyne, Detective*	
• 중년 부인The Case of the Middle-aged Wife	
• 불만스러운 군인The Case of the Discontented Soldier	
• 괴로워하는 여인The Case of the Distressed Lady	
• 불행한 남편The Case of the Discontented Husband	
• 회사원The Case of the City Clerk	
• 부유한 미망인The Case of the Rich Woman	
• 원하는 것을 다 가졌습니까? Have You Got Everything You Want?	
• 바그다드의 문The Gate of Baghdad	자상, 청산가리*
• 시라즈의 집The House of Shiraz	발코니 추락
• 값비싼 진주The Pearl of Price	
• 나일 강 살인 사건Death on the Nile	스트리크닌
• 델포이의 식탁The Oracle at Delphi	
(영) 3막의 비극*Three Act Tragedy* (미) *Murder in Three Acts*	니코틴
구름 속의 죽음*Death in the Clouds*	뱀독, 청산가리

ABC 살인 사건 The A.B.C. Murders	두부 타격, 교살, 자상
메소포타미아의 살인 Murder in Mesopotamia	두부 타격, 염산
테이블 위의 카드 Cards on the Table	자상, 탄저병, 패혈증, 익사, 총상, 베로날, 모자 염색약
벙어리 목격자 (영) Dumb Witness (미) Poirot Loses a Client	인, 수화 클로랄*
나일 강의 죽음 Death on the Nile	총상, 자상
뮤스가의 살인 Murder in the Mews • 뮤스가의 살인 Murder in the Mews • 미궁에 빠진 절도 The Incredible Theft • 죽은 자의 거울 Dead Man's Mirror • 로도스 섬의 삼각형 Triangle at Rhodes	총상* 총상 스트로판틴
죽음과의 약속 Appointment with Death	디기탈리스, 총상*
푸아로의 크리스마스 Hercule Poirot's Christmas	칼로 목을 벰
살인은 쉽다 (영) Murder is Easy (미) Easy to Kill	모자 염색약, 창에서 추락, 수로에서 밈, 폐혈증, 차에 치임, 비소, 두부 타격
그리고 아무도 없었다 (영) And Then There Were None/Ten Little Niggers (미) And Then There Were None / Ten Little Indians	익사, 청산가리, 두부 타격, 목매닮*, 총상, 차에 치임, 도끼, 수화 클로랄, 아질산아밀***, 독약, 굶어 죽음, 체온 저하, 의료 과실

(미) 리가타 미스터리 The Regatta Mystery
 • 리가타 미스터리
 • 바그다드 궤짝의 수수께끼
  The Mystery of the Baghdad Chest
 • 당신은 정원을 어떻게 가꾸시나요?
  How Does Your Garden Grow?
 • 폴렌사 만의 사건 Problem at Pollensa Bay
	
	자상
	
	스트리크닌

• 노란 아이리스Yellow Iris	청산가리
• 마플 양의 이야기Miss Marple Tells a Story	자상, 총상
• 꿈The Dream	
• 희미한 거울 속In a Glass Darkly	
• 해상에서 일어난 사건Problem at Sea	자상
슬픈 사이프러스Sad Cypress	모르핀
하나, 둘, 내 구두에 버클을 달아라 (영) One, Two, Buckle My Shoe (미) The Patriotic Murder/An Overdose of Death	총상, 메디날, 프로카인과 아드레날린
백주의 악마Evil Under the Sun	교살, 비소
N 또는 MN or M?	총상
서재의 시체The Body in the Library	교살, 디기탈린**
다섯 마리 아기 돼지 (영) Five Little Pigs (미) Murder in Retrospect	코닌
움직이는 손가락The Moving Finger	청산가리, 두부 타격
0시를 향하여Towards Zero	두부 타격, 심장마비, 화살
마지막으로 죽음이 오다Death Comes as the End	낭떠러지에서 밈, 독약, 화살
빛나는 청산가리 (영) Sparkling Cyanide (미) Remembered Death	청산가리, 천연가스**
할로 저택의 비극 (영) The Hollow (미) The Hollow/Murder After Hours	총상, 청산가리*
헤라클레스의 모험The Labours of Hercules	
• 네메아의 사자The Nemean Lion	스트리크닌**
• 레르네의 히드라The Lernaean Hydra	비소
• 아르카디아의 사슴The Arcadian Deer	
• 에리만토스의 멧돼지The Erymanthian Boar	자상
• 아우게이아스 왕의 외양간The Augean Stables	
• 스팀팔로스의 새The Stymphalean Birds	두부 타격

• 크레타의 황소The Cretan Bull	아트로핀
• 디오메데스의 말The Horses of Diomedes	총상
• 히폴리테의 띠The Girdle of Hyppolita	
• 게리온의 무리들The Flock of Geryon	독감/장티푸스/ 위궤양/결핵**
• 헤스페리데스의 사과The Apples of Hesperides	추락
• 케르베로스를 잡아라The Capture of Cerberus	
밀물을 타고 (영) *Taken at the Flood* (미) *There is a Tide* …	두부 타격, 모르핀, 총상
(미) 검찰 측의 증인 *The Witness for the Prosecution and Other Stories*	
• 우연한 사고Accident	청산가리
• 네 번째 남자The Fourth Man	교살
• 청자의 비밀The Mystery of the Blue Jar	
• 이스트우드 씨의 어드벤처The Mystery of the Spanish Shawl (aka Mr. Eastwood's Adventure)	
• 나이팅게일 커티지 별장Philomel Cottage	심장마비
• 붉은 신호등The Red Signal	총상
• 두 번째 종소리The Second Gong	총상
• 6펜스의 노래Sing a Song of Sixpence	두부 타격
• SOSSOS	
• 유언장의 행방Where There's a Will(aka Wireless)	심장마비
• 검찰 측의 증인The Witness for the Prosecution	쇠지렛대
비뚤어진 집*Crooked House*	에세린, 디기탈리스, 자동차 사고
(미) 쥐덫*Three Blind Mice and Other Stories*	
• 쥐덫Three Blind Mice	방치, 교살
• 괴상한 장난Strange Jest	
• 줄자 살인 사건The Tape-Measure Murder	교살
• 완벽한 하녀 사건The Case of the Perfect Maid	
• 관리인 사건The Case of the Caretaker	스트로판틴
• 공동주택 4층The Third Floor Flat	총상
• 조니 웨이벌리 사건The Adventure of Johnny Waverly	
• 검은 딸기로 만든 '스물네 마리 검은 새' Four-and-Twenty Blackbirds	계단에서 밈

• 사랑의 탐정The Love Detectives	두부 타격
살인을 예고합니다A Murder is Announced	총상, 마취제, 교살
그들은 바그다드로 갔다They Came to Baghdad	자상
(미) 패배한 개The Under Dog and Other Stories	
• 패배한 개The Under Dog	두부 타격
• 플리머스 급행열차The Plymouth Express	자상
• 빅토리 무도회 사건The Affair at the Victory Ball	자상, 코카인
• 마켓 베이싱의 미스터리The Market Basing Mystery	
• 르미서리어 가문의 상속The Lemesurier Inheritance	포름산
• 콘월의 수수께끼The Cornish Mystery	비소
• 클로버 킹The King of Clubs	두부 타격
• 잠수함 설계도The Submarine Plans	
• 클래펌 요리사의 모험The Adventure of the Clapham Cook	
맥긴티 부인의 죽음Mrs McGinty's Dead/ Blood Will Tell	두부 타격, 독약, 교살
마술 살인 (영) They Do It with Mirrors (미) Murder With Mirrors	총상, 압사, 익사
장례식을 마치고 (영) After the Funeral/Murder at the Gallop (미) Funerals are Fatal	손도끼, 비소**
주머니 속의 죽음A Pocket Full of Rye	탁신, 청산가리, 교살
목적지 불명 (영) Destination Unknown (미) So Many Steps to Death	독약
히코리 디코리 살인Hickory Dickory Dock	모르핀, 독약, 두부 타격, 메디날
죽은 자의 어리석음Dead Man's Folly	교살, 익사
패딩턴발 4시 50분 (영) 4.50 from Paddington (미) What Mrs McGillicuddy Saw	교살, 비소, 아코니틴
누명Ordeal by Innocence	두부 타격, 자상

비둘기 속의 고양이 Cat Among the Pigeons	총상, 두부 타격
(영) 크리스마스 푸딩의 모험 The Adventure of the Christmas Pudding • 크리스마스 푸딩의 모험 • 스페인 궤짝의 비밀 The Mystery of the Spanish Chest • 패배한 개 The Under Dog • 검은 딸기로 만든 '스물네 마리 검은 새' Four and Twenty Blackbirds • 꿈 The Dream • 그린쇼의 저택 Greenshaw's Folly	자상 두부 타격 계단에서 밈 총상 화살
(미) 이중 범죄 Double Sin and Other Stories • 이중 범죄 Double Sin • 말벌 둥지 Wasps' Nest • 크리스마스 푸딩의 모험 The Theft of the Royal Ruby (aka The Adventure of the Christmas Pudding) • 재봉사의 인형 The Dressmaker's Doll • 그린쇼의 저택 Greenshaw's Folly • 이중 단서 The Double Clue • 마지막 심령술 모임 The Last Seance • 성역 Sanctuary	화살 초자연적 힘 총상
창백한 말 The Pale Horse	탈륨, 두부 타격
깨어진 거울 (영) The Mirror Crack'd from Side to Side (미) The Mirror Crack'd	칼모****, 청산가리, 총상, 수면제
시계들 The Clocks	교살, 자상
카리브 해의 미스터리 A Caribbean Mystery	억제제, 자상, 익사
버트램 호텔에서 At Bertram's Hotel	총상, 자동차 충돌
세 번째 여자 Third Girl	창밖으로 밈, 자상
끝없는 밤 Endless Night	청산가리, 익사, 자상, 교살
엄지손가락의 아픔 By the Pricking of My Thumbs	모르핀
핼러윈 파티 Hallowe'en Party	익사, 자상, 청산가리

프랑크푸르트행 승객Passenger to Frankfurt	총상, 스트리크닌**
(미) 골든 볼The Golden Ball and Other Stories • 리스터데일 미스터리The Listerdale Mystery • 기차를 탄 여자The Girl in The Train • 진짜 사나이, 에드워드 로빈슨 　The Manhood of Edward obinson • 제인은 구직 중Jane in Search of a Job • 일요일의 열매A Fruitful Sunday • 황금 공The Golden Ball • 라자의 에메랄드The Rajah's Emerald • 백조의 노래Swan Song • 죽음의 사냥개The Hound of Death • 집시The Gypsy • 등불The Lamp • 아서 카마이클 경의 기묘한 사건 　The Strange Case of Sir Arthur Carmichael • 날개가 부르는 소리The Call of Wings • 활짝 핀 목련 꽃Magnolia Blossom • 강아지와 함께Next to a Dog	 건물 붕괴 독살 굶어 죽음, 자연사 청산가리** 버스에 치임, 지하철에 치임
복수의 여신Nemesis	독약, 압사, 교살
코끼리는 기억한다Elephants Can Remember	총상, 두부 타격
운명의 문Postern of Fate	디기탈리스, 두부 타격
푸아로 초기 사건집 (영) Poirot's Early Cases (미) Hercule Poirot's Early Cases • 빅토리 무도회 사건The Affair at the Victory Ball • 클래펌 요리사의 모험The Adventure of the Clapham Cook • 콘월의 수수께끼The Cornish Mystery • 조니 웨이벌리 사건The Adventure of Johnny Waverly • 이중 단서The Double Clue • 클로버 킹The King of Clubs • 르미서리어 가문의 상속The Lemesurier Inheritance • 사라진 광산The Lost Mine	 자상, 코카인 비소 두부 타격

• 플리머스 급행열차The Plymouth Express	자상
• 초콜릿 상자The Chocolate Box	트리니트린
• 잠수함 설계도The Submarine Plans	
• 공동주택 4층The Third Floor Flat	총상
• 이중 범죄Double Sin	
• 마켓 베이싱의 미스터리The Market Basing Mystery	
• 말벌 둥지Wasps' Nest	청산가리**
• 베일을 쓴 여인The Veiled Lady	
• 해상에서 일어난 사건Problem at Sea	자상
• 당신은 정원을 어떻게 가꾸시나요? How Does Your Garden Grow?	스트리크닌
커튼Curtain: Poirot's Last Case	비소, 모르핀, 총상, 청산가리, 두부 타격, 피소스티그민, 아질산아밀***
잠자는 살인Sleeping Murder	교살, 수면제
(영) 마플 양의 마지막 사건Miss Marple's Final Cases	
• 성역Sanctuary	총상
• 괴상한 장난Strange Jest	
• 줄자 살인 사건Tape-Measure Murder	교살
• 관리인 사건The Case of the Caretaker	스트로판틴
• 완벽한 하녀 사건The Case of the Perfect Maid	
• 마플 양의 이야기Miss Marple Tells a Story	자상
• 재봉사의 인형The Dressmaker's Doll	
• 희미한 거울 속In a Glass Darkly	
(영) 폴렌사 만의 사건Problem at Pollensa Bay	
• 폴렌사 만의 사건Problem at Pollensa Bay	
• 두 번째 종소리The Second Gong	총상
• 노란 아이리스Yellow Iris	청산가리
• 할리퀸의 티 세트The Harlequin Tea Set	독약**
• 리가타 미스터리The Regatta Mystery	
• 사랑의 탐정The Love Detectives	두부 타격
• 강아지와 함께Next to a Dog	
• 활짝 핀 목련 꽃Magnolia Blossom	

(미) 할리퀸의 티 세트*The Harlequin Tea Set*	
· 칼날The Edge	절벽에서 추락
· 여배우The Actress	
· 빛이 있는 동안While the Light Lasts	총상*
· 꿈의 집The House of Dreams	
· 외로운 신The Lonely God	
· 맨 섬의 황금Manx Gold	
· 벽 속에서Within a Wall	
· 스페인 궤짝의 비밀The Mystery of the Spanish Chest	자상, 독약**
· 할리퀸 티 세트The Harlequin Tea Set	
(영) 빛이 있는 동안*While the Light Lasts*	
· 꿈의 집The House of Dreams	
· 여배우The Actress	
· 칼날The Edge	절벽에서 추락
· 크리스마스 모험Christmas Adventure	
· 외로운 신The Lonely God	
· 맨 섬의 황금Manx Gold	
· 벽 속에서Within a Wall	
· 바그다드 궤짝의 수수께끼 The Mystery of the Baghdad Chest	자상
· 빛이 있는 동안While the Light Lasts	총상*

독약과 화학 물질의 구조

B 벨라도나: 헤라클레스의 모험

트로판

스코플라민

l-히오시아민

d-히오시아민

C 청산가리: 빛나는 청산가리

아미그달린

리나마린

로타우스트랄린

D 디기탈리스: 죽음과의 약속

디기톡신

358

디곡신

H 독미나리: 다섯 마리 아기 돼지

피페리딘

코닌

r-코닌

N 니코틴: 3막의 비극

니코틴

코데인

헤로인

모르핀

모르핀 6 글루쿠로니드

V 베로날: 에지웨어 경의 죽음

페놀바르비톤

바르비투르산

세코날

베로날

바르비투르 단위

이 책에서 다룬 주제들과 관련하여 흥미롭게 읽어 볼 만한 책들을 모았다. 인용한 전체 책 목록(학술 논문 등 보다 상세한 참고 문헌을 포함하여)은 내 웹사이트 www.harkup. co.uk에서 찾아볼 수 있다. 또한 웹사이트에는 이 책에서 이야기한 모든 물질의 화학 구조도 올려놓았다. 한번 둘러보시길 바란다.

Bereanu, V. & Todorov, K. 1994. *The Umbrella Murder*. Pendragon Press, Cambridge.

Blum, D. 2011. *The Poisoner's Handbook: Murder and the Birth of Forensic Medicine in Jazz Age New York*. Penguin, New York.

Christie, A. 1977. *An Autobiography*. William Collins Sons & Co. Ltd., London.

Curran, J. 2010. *Agatha Christie's Secret Notebooks*. HarperCollins, London.

Curran, J. 2011. *Agatha Christie's Murder in the Making*. HarperCollins, London.

Duff us, J. H. & Worth, H. G. J. 1996. *Fundamental Toxicology for Chemists*. The Royal Society of Chemistry, Cambridge.

Emsley, J. 2001. *The Shocking History of Phosphorus*. Pan Books, London.

Emsley, J. 2005. *The Elements of Murder*. Oxford University Press, Oxford.

Emsley, J. 2008. *Molecules of Murder: Criminal Molecules and Classic Cases*. Royal Society of Chemistry, Cambridge.

Farrell, M. 1994. *Poisons and Poisoners: An Encyclopaedia of Homicidal Poisonings*. Bantam

Books, London.

Gerald, M. C. 1993. *The Poisonous Pen of Agatha Christie*. University of Texas Press, Austin.

Glaister, J. 1954. *The Power of Poison*. Christopher Johnson, London.

Hodge, J. H. (ed). 1955. *Famous Trials* 5. Penguin Books, London.

Holden, A. 1995. *The St Albans Poisoner*. Corgi Books, London.

Holgate, M. 2010. *Agatha Christie's True Crime Inspirations*. The History Press, Stroud.

Klaassen, C. D. (ed). 2013. *Casarett & Doull's Toxicology: The Basic Science of Poisons*. McGraw-Hill Education, New York.

Levy, J. 2011. *Poison: A Social History*. The History Press, Stroud.

Macinnis, P. 2011. *Poisons: From Hemlock to Botox and the Killer Bean of Calabar*. Arcade Publishing, New York.

McDermid, V. 2015. *Forensics: The Anatomy of Crime*. Profile Books, London.

McLaughlin, T. 1980. *The Coward's Weapon*. Robert Hale Ltd, London.

Paul, P. 1990. *Murder Under the Microscope*. Futura Publications, London.

Rowland, J. 1960. *Poisoner in the Dock*. Arco Publications, London.

Smyth, F. 1982. *Cause of Death: A History of Forensic Science*. Pan Books Ltd, London.

Stone, T. & Darlington, G. 2000. *Pills, Potions and Poisons*. Oxford University Press, Oxford.

Thompson, C. J. S. 1935. *Poisons and Poisoners*. Barnes & Noble, New York.

Thorwald, J. 1969. *Proof of Poison*. Pan Books Ltd, London.

Trestrail, J. H. 2000. *Criminal Poisoning: Investigation Guide for Law Enforcement, Toxicologists, Forensic Scientists, and Attorneys*. Humana Press Inc., New Jersey.

Waring, R. H., Steventon, G. B. & Mitchell, S. C. (eds). 2002. *Molecules of Death*. Imperial College Press, London.

Wharton, J. C. 2010. *The Arsenic Century: How Victorian Britain was Poisoned at Home, Work, and Play*. Oxford University Press, Oxford.

주

애거서 크리스티의 독약 조제실

1 (옮긴이) 영국 왕실이 국익에 공헌한 사람에게 내리는 기사 작위로 남성은 Sir, 여성은 Dame이라는 호칭으로 불린다. 애거서 크리스티는 1971년에 엘리자베스 여왕으로부터 기사 작위를 받았다.
2 화학자나 약사, 그리고 그와 비슷한 전문성을 지닌 사람들은 어쩌면 소설 초반에서 특정 가능성을 제외할 수도 있을 것이다. 하지만 살인범이 밝혀지고 나면 그들 또한 다른 사람들과 마찬가지로 깜짝 놀란다.
3 (옮긴이) 처방 약을 만드는 의료 전문가로 약사와 비슷하다.
4 (옮긴이) 『애거서 크리스티 자서전』이라는 제목으로 국내에도 번역되어 있다.
5 (옮긴이) 런던 약사협회Worshipful Society of Apothecaries가 위치한 건물. 'apothecary'는 과거 약제상을 뜻하는 말이었으며, 런던 약사협회는 약물을 조제하거나 거래할 수 있는 자격을 부여하는 시험을 주관했다.
6 전체 100에서 약물이 차지하는 분량이 1이라는 의미이다.
7 (옮긴이) 야드파운드법과 달리 미터법은 십진법에 근거하고 있다.
8 크리스티는 책에서 그레인을 사용했다. 나는 이 책에서 그에 상응하는 그램과 밀리그램을 쓸 것이다. 1그레인은 65.79891밀리그램과 같다.
9 (옮긴이) 전 세계에서 임상적으로 사용되고 있는 약물과 치료제에 대한 정보를 담은 참고서이다. 지금은 『마틴데일 약물 완벽 참고서Martindale: The Complete Drug Reference』라는 제목으로 바뀌어 출간되고 있다.

10 크리스티는 전쟁 기간 동안 12편의 소설을 완성했다.

11 (옮긴이) 케이크나 과자 같은 제과 표면에 주로 장식 효과를 위해 바르는 것으로, 계란의 흰자위와 설탕으로 만든다. 당의糖衣라고도 한다.

12 녹스는 성직자, 신학자이면서 「BBC」 방송 진행자이자 추리 소설 작가였다. 그의 책들에는 마일스 브레든Miles Bredon이라는 탐정이 주인공으로 등장했다.

13 덧붙이자면, 크리스티는 줄거리를 짜는 대부분의 시간 동안 피살자에게 독약을 주입할 계획을 세웠다. 물론 최종적으로 소설에서 그 효과가 어떻게 나타날지 상상하기는 어려웠다.

A 비소: 살인은 쉽다

1 금속과 비금속의 경계에 있는 것으로 둘의 특징을 모두 갖고 있다.

2 물론 크리스티는 작품에서 비소 원소나 화합물을 언급할 때마다 영국식 철자 표기인 'sulphur(황)'를 사용했다. 1990년 이후로 과학계에서는 'sulfur'를 유일한 표기로 인정하고 있으므로 나는 이 책에서 'sulfur'를 사용할 것이다. 미국인들에게는 익숙하겠지만 영국인들에게는 다소 어색할 것이다. 그 부분에 대해서는 양해를 구한다. 『옥스퍼드 영어 사전Oxford English Dictionary』은 영국식 표기로 여전히 'sulphur'를 싣고 있으므로 둘 다 사용해도 괜찮다.

3 이 장에서 특별히 언급하지 않는 한 비소는 삼산화비소를 뜻한다.

4 이 역시 고통 없는 죽음과는 거리가 먼 방법이었다. 또한 사망 후 어느 정도는 다시 꾸밈을 받아야 했다.

5 실제로는 스페인에서 기원한 가문이었다.

6 (옮긴이) 아르신arsine은 비소의 수소화물로 무색의 악취를 풍기는 매우 유독한 기체이다. 수소화비소라고도 한다.

7 이 사건이 크리스티의 작품 『장례식을 마치고After the Funeral』에 영감을 주었는지도 모른다. 소설에서 비소로 장식된 웨딩 케이크 조각이 살인 사건의 용의자에게 건네진다. 용의자는 케이크를 조금 먹고 나머지는 베개 밑에 두었다. 그렇게 하면 꿈속에서 미래의 남편을 만나게 된다는 관습을 따른 것이었다. 용의자는 다소 앓았지만 케이크를 다 먹지 않았기에 살아남았다.

8 크리스티는 『그들은 바그다드로 갔다They Came to Baghdad』에서 셸레그린과 벽지에 셸레그린이 사용된다는 사실을 언급했다. 등장인물 하나가 '심각한 위장염'을 앓자 비소 중독이 의심되었다. 루퍼트 경은 '어쩌면 셸레그린일지도 모르겠다는 생각이 드는군요'라고 말했다.

9 g/m^2는 제곱미터당 그램 수를 뜻한다.

10 당시 권장하는 안전 기준은 $0.001g/m^2$에서 $0.005g/m^2$까지였다.

11 찰스 다윈Charles Darwin도 파울러 용액을 복용한 것으로 알려졌다. 다윈은 대학

생 시절 습진을 치료하기 위해 파울러 용액을 처음 사용했고, 그 후로도 오랫동안 투약했다. 어쩌면 성인 이후로 그의 건강 상태가 나빴던 이유를 여기에서 찾을 수 있을지도 모르겠다.

12 미국에서 비소 법안과 동등한 법안이 통과된 적은 없는 것 같다. 오늘날에는 상황이 다소 다르겠지만, 미국에서는 1877년만 해도 독약이 아무런 규제 없이 판매되고 있었다.

13 (옮긴이) 오스트리아 남동부에 위치한 산악 지대.

14 심기증은 자신의 건강을 지나치게 염려하는 병이다.

15 크리스티는 메이브릭 사건을 잘 알고 있었다. 『스타일스 저택의 괴사건』에서 독약을 얻기 위해 물에다 파리잡이 끈끈이를 담그는 장면을 묘사했다.

16 황은 종종 수소 원자와 결합한 메르캅토기sulfydryl group, —SH 형태로 존재한다.

17 드라마나 영화에서는 종종 독살의 희생자들이 입안 가득 독이 든 음식을 삼킨 다음 잠깐의 질식 후 몇 초도 안 돼 바닥으로 쓰러지는 장면을 연출한다. 실제와는 너무 거리가 먼 장면이라 종종 나는 화면을 보다 불만에 차 크게 소리를 내지른다. 아직까지 내가 사는 지역의 극장들에서 입장 금지를 당하지 않은 게 놀라울 정도다.

18 1960년대 초까지도 독극물 치료 센터에 근무하는 사람들은 태운 빵을 준비하는 것으로 하루를 시작했다. 그날 사용할 숯을 준비하기 위해서였다.

19 (옮긴이) 웨일스에 위치한 소도시.

20 마시 검사는 살아 있는 사람들에게서 채취한 오줌 등을 분석하는 데에도 마찬가지로 효과가 있다. 오늘날 비소를 검출할 때에는 원자 흡수 분광법atomic absorption spectroscopy을 포함한 검사법을 사용한다. 검사 대상물을 불꽃 속에 두면 대상물에 들어 있는 물질의 특징적인 색깔이 빛을 발한다.

B 벨라도나: 헤라클레스의 모험

1 크레타의 왕 미노스Minos의 아내이다.

2 황소가 변장한 제우스며, 그가 자신의 연인인 유로파와 함께 파시파에를 유혹했다는 이야기도 있다.

3 정확하게는 'nightshade'는 가지과科를 뜻한다. 토마토, 가지, 고추 등이 가지과에 속한다.

4 촛불로도 동일한 효과를 볼 수 있다. 촛불 아래에선 빛의 양이 적기 때문에 더 많은 빛을 받아들이도록 동공이 확장된다. 촛불이 있는 저녁 식사가 낭만적인 이유가 바로 여기에 있다.

5 키랄 화합물들은 왼쪽을 뜻하는 라틴어 'laevo'에서 딴 'l'과 오른쪽을 뜻하는 'dextro'에서 딴 'd'로 구분한다.

6 산을 알칼리성 아트로핀에 첨가하면 소금에 상응하는 물질을 만들 수 있다. 예를

들어, 염산hydrochloric acid을 넣으면 염화아트로핀atropine chloride이 형성된다.

7 자율 신경계는 의식의 통제 밖에 있는 무의식적 작용, 예를 들어, 심장 박동이나 타액 분비, 반사 작용 등을 조절하는 역할을 한다.

8 (옮긴이) 상자 겉면에 돌아가며 네모, 세모, 동그라미, 별 모양 등으로 구멍이 나 있고 그 구멍에 딱 맞는 모양을 찾아서 구멍 속으로 밀어 넣는 유아용 장난감을 말한다.

9 아트로핀의 두 가지 형태 중 부작용이 적은 l-히오시아민이 점차 더 많이 사용되고 있다.

10 몇 가지 의학적 조건들로 인해 동공이 과도하게 축소되는 문제가 야기될 수 있다.

11 『열세 가지 수수께끼The Thirteen Problems』라는 소설집에 실린 단편이다. 미국에서는 『화요일 클럽의 살인The Tuesday Club Murders』이라는 제목으로 출간되었다.

12 병리학자가 중독되는 사태를 막기 위해 적은 양을 신중하게 맛보았다. 오늘날에는 더 이상 이 방법을 사용하지 않는다.

13 히틀러는 연합국이 자신들과 비슷한 무기를 더 많이 비축해 두지 않았으리라 확신할 수 없었다. 실제로 연합국 또한 유기인 화합물에 기반한 화학 무기를 가지고 있었다. 하지만 나치와 마찬가지로 전쟁 내내 한 번도 사용하지 않았다.

C 청산가리: 빛나는 청산가리

1 (옮긴이) 과거에 의식을 잃은 사람의 코밑에다 대서 정신이 들도록 하는 데 사용하던 화학 물질을 말한다.

2 그럼에도 물론 마시거나 몸에 닿는 것은 좋지 않다.

3 독약과 독성학을 다룬 책들은 종종 고대 이집트에서 독약으로 복숭아씨에서 추출한 시안화물을 사용했다고 진술한다. 1938년의 한 논문은 이러한 주장의 근거로 뒤테이유Duteil가 번역한 '루브르에 보관된 고대 파피루스'의 한 문장을 짚었다. "복숭아나무의 벌을 받는 조건으로 IAO(유대인들이 신을 약칭할 때 이르는 말)의 이름을 말하지 말라Ne prononcez pas le nom de IAO, sous la peine du pecher." 후퍼F. Hoefer가 쓴 화학의 역사를 기술한 1842년의 책에서 처음으로 등장했다. 후퍼는 뒤테이유를 인용했다고 주장했지만, 뒤테이유가 쓴 글 어디에서도 이 문장은 발견되지 않았다. 1938년, 루브르는 인용구가 담겼을 것으로 추측되는 네 개의 문서, '민중의 매혹적인 파피루스demotic magical papyrus'와 세 개의 '그리스의 매혹적인 파피루스Greek magical papyri'를 찾았지만 복숭아 형벌에 대한 언급은 없었다. 인용구의 출처는 여전히 수수께끼다.

4 타웰은 런던에 살았지만 자신의 연인은 버크셔의 슬라우 인근에 있는 솔트 힐의 한 시골집에 감금해 두었다.

5   '시아노제닉Cyanogenic'은 시안화수소를 만들어낼 수 있음을 뜻한다.
6   씨앗을 두른 두꺼운 껍데기가 독약이 방출되는 것을 막아 주기도 한다.
7   (옮긴이) 병뚜껑을 딸 때 기화된 액체가 밖으로 나오면서 '뻥pop' 하는 소리를 내기 때문에 붙은 별명이다.
8   따라서 디옥시헤모글로빈이 다시 산소와 결합하기 위해 폐로 되돌아가는 동안에는 피부 아래 혈관이 푸르게 보이는 것이다.

D 디기탈리스: 죽음과의 약속

1   임상 심리학자와 정신과 의사들은 의료 현장에서 훈련을 받아야만 했다. 이 책에서 그 훈련이 매우 유용하게 사용된다.
2   'physic'은 'medicine', 즉 의술, 의료를 뜻하는 옛말이다. 의사, 즉 'doctor'를 간혹 'physician'이라 부르는 이유가 여기에 있다.
3   예를 들어, 디기톡신은 1875년에 알려졌지만 화학 구조는 1962년에야 밝혀졌다.
4   디기탈리스 화합물은 이름이나 화학 구조로 서로를 구별하는데, 마치 틀린 그림 찾기 게임을 하는 것과 비슷하다. 어떻게 그런 작은 차이가 효능 면에서 극적인 차이를 불러오는지 놀라울 따름이다.
5   이 경우 이온은 하나 혹은 그 이상의 전자를 잃은 원자를 의미한다.
6   Na^+/K^+-ATP아제는 조금 복잡한 효소다. 나트륨(Na^+)과 칼륨(K^+)의 세포막 이동을 조절하는 역할을 하는데, 이들의 이동으로 신경에서 전기 자극이 유발된다. 근육에서 수축을 일으키는 칼슘(Ca^{2+}) 같은 다른 이온들의 이동 또한 촉발한다.
7   500~700나노미터(적색), 450~630나노미터(녹색), 400~500나노미터(청색).
8   cGMP Cyclic guanosine monophosphate를 말한다.

E 에세린: 비뚤어진 집

1   출판사는 결말을 바꾸자고 강하게 요구했지만 크리스티는 거절했다고 한다.
2   칼라바르 지역에서는 에세레eséré라는 이름으로 통용되었다.
3   오늘날에는 주로 피소스티그민이라는 명칭을 사용하지만, 크리스티가 『비뚤어진 집』을 쓰던 당시에는 에세린이 더 흔했다. 따라서 편의상 이 책에서는 피소스티그민 대신 에세린이란 이름을 계속해서 사용하겠다.
4   물론 결투의 결과로 대부분 둘 모두 죽었다.
5   이 소설에서는 피소스티그민이라는 이름을 사용했다.
6   아세틸콜린은 교감 신경계와 중추 신경계에서도 발견된다.
7   아세틸콜린의 작용을 흉내내는 물질을 뜻한다.

8 예방 접종이 일반화되기 전까지 몇몇 파상풍 사례에서 에세린은 매우 효과적인
   치료제로 쓰였다.
9 콩으로 만든 메탄올 추출물에는 에세린과 게네세린(에세린의 35퍼센트), 다른
   알칼로이드들, 노르피소스티그민norphysostigmine(에세린의 12퍼센트)이 들어 있다.
10 1리터당 2.5그램 처방되는 것과 같다.

H 독미나리: 다섯 마리 아기 돼지

1 어쨌든 나는 단 한 건도 찾지 못했다.
2 γ-코니세인, 코닌, N-메틸-코닌, 콘히드린, 슈도콘히드린pseudoconhydrine, 콘히
   드리논conhydrinone, N-메틸-슈도콘히드리논.
3 1956년부터 탈리도마이드를 함유한 수면제가 보급되면서 이를 복용한 임산부가
   기형아를 출산하고, 5,000~6,000명이 사망한 사건.

M 바꽃: 패딩턴발 4시 50분

1 (옮긴이) 250종 이상이 포함된 아코니툼속Aconitum을 이르는 여러 별명 중의 하
   나다. 우리나라에서는 바꽃(옛 명칭 바곳)이라고 하며, 미나리아재비과Ranunculaceae
   에 속한다. 투구꽃, 백부자, 지리바꽃, 한라투구꽃, 진돌쩌귀 등 여러 종이 우리나
   라에 자생한다.
2 1857년 영국 동인도회사에 고용된 세포이 용병들이 일으킨 봉기.
3 (옮긴이) 고추냉이와 비슷하게 톡 쏘는 맛을 가지고 있다. 육류나 연어 등을 먹을
   때 생으로 갈아서 함께 먹는다.
4 C. J. S. 톰슨C. J. S. Thompson의 『독약과 독살자Poisons and Poisoners』에 나오는 문
   구이다.
5 『패딩턴발 4시 50분』에 비슷하게 유산 상속이 재분배되는 얘기가 등장한다.
6 영국 신화폐로 14펜스(대략 미국 화폐로 20센트) 정도며, 오늘날로 치면 12.50파
   운드(19달러)에 해당한다.
7 (옮긴이) 스페인에서 양조되는 백포도주.
8 (옮긴이) 스코틀랜드 전통 케이크로 속에 과일과 견과류가 듬뿍 들어 있다.

N 니코틴: 3막의 비극

1 이 식물 어디에나 니코틴이 들어 있지만 가장 많이 들어 있는 부위가 잎이다.

2   여전히 네오니코티노이드neonicotinoid라는 형태로 살아 있기는 하다. 네오니코티노이드는 니코틴과 매우 유사한 화학 물질로 동일하게 곤충을 죽이지만 척추동물에게는 부작용을 덜 나타낸다. 애초에 해충에 작용하도록 만들어졌지만 벌처럼 식물에게 이로운 곤충들 또한 없애 버리는 문제점을 지니고 있다.

3   TV 드라마 「셜록Sherlock」 팬들은 셜록 홈스가 특별히 어려운 문제에 봉착했을 때 도움을 얻고자 니코틴 패치를 몸에다 부착하던 장면을 기억할 것이다. 하지만 별로 추천할 만한 방법은 아니다.

4   다리 절단 후 회복하고 있는 중이었다.

5   피크르산은 또한 트리니트로페놀trinitrophenol이라는 이름으로도 알려져 있다. 트리니트로톨루엔trinitrotoluene(TNT)과 화학적으로 매우 비슷하다. 결국 피크르산 또한 폭발성 물질이다.

6   사례가 하나 있긴 하다. 분별없이 조직된 담배 피우기 대회에서 사망한 사건이 있었다.

O 아편: 슬픈 사이프러스

1   이집트인들의 의학 지식이 담긴 자료 곳곳에서 씨앗과 낱알, 줄기 등 양귀비와 관련한 내용들이 등장한다. 병에 걸린 발가락을 치료하는 데 양귀비를 쓰기도 했다. 습포제에다 양귀비를 섞어 상처 부위에 나흘간 붙여 두었다. 통증을 완화하는 데, 그리고 아이들 울음을 멈추게 하는 데에는 꼬투리가 추천되었다. 이집트인들은 양귀비의 진통 작용과 마약 효과를 매우 잘 알았던 것 같다.

2   (옮긴이) 대표적인 진통제의 성분으로, 해열 및 진통 작용을 한다.

3   (옮긴이) 동물이나 식물에서 얻은 화학 물질을 에탄올 또는 에탄올과 물의 혼합액으로 우려낸 것을 말한다.

4   스폰기아 솜니페라는 수술 시 통증을 없애는 데 효과가 있었다. 하지만 독미나리를 비롯 여러 식물을 섞어 넣는다는 것은 대단히 위험한 방법일 수 있었다.

5   예전에는 나르코틴narcotine으로 불렸다.

6   아편 팅크는 또한 『미국 약전United States Pharmacopeia』에 언급되고 있다.

7   코데인이 모르핀으로 바뀌는 과정은 속도가 느리다. 그렇기 때문에 모르핀이나 헤로인보다 중독성이 덜하며 통증 완화 효과도 적당한 수준이다. 하지만 규칙적으로 복용한다면 여전히 중독될 수 있다.

8   한 번에 판매되는 마약의 양은 천양지차며, 거의 대부분 순수한 상태가 아니다. 거리에서 거래되는 헤로인 한 회 분량에는 대개 헤로인이 10에서 40퍼센트 들어 있다. 나머지는 제조 과정에서 나오는 부산물이거나, 의도적으로 헤로인을 희석하고 수익성을 늘리기 위해 첨가된 물질들이다.

9   그 결과 소름이 돋는다. '단칼에 끊는다going cold turkey'는 문장이 여기서 기원했다.

10 헤로인이나 다른 아편류의 경우에도 비슷하다.

11 시장에서는 나르칸Narcan, 날론Nalone, 나르칸티Narcanti라는 이름으로 거래되고 있다.

12 루이자 베이글리와 에이다 베이글리는 모녀지간이다.

13 오늘날의 화폐 가치로 환산하면 주당 180파운드(270달러) 정도이다.

14 존 롤랜드John Rowland의 『피고석에 선 독살자』에 나오는 내용이다.

15 시프먼의 살인을 둘러싼 조사가 진행되며 디아모르핀과 모르핀 같은 특정 처방 약물에 대한 규제와 통제에 큰 변화가 일어났다.

16 엘리너는 웰먼 부인의 친정 쪽 친척이고, 로디는 시댁 쪽 친척이었다.

17 디아모르핀Diamorphine 또한 모르핀이 소문자 m으로 시작하지만 소설 속에서는 고려되지 않았다. 디아모르핀이 메리 제라드를 독살하는 데 쓰일 수도 있었다. 체내에서는 헤로인이 모르핀으로 바뀌는 탓에 독성학적 분석 결과는 비슷했을 것이다.

18 혐오 요법은 특정 행동과 연관된 뇌 부위에 불쾌한 자극을 주어 환자들이 그 행동을 떨쳐 버리게끔 만드는 것이다. 예를 들면, 알코올 혐오 치료의 경우, 알코올을 구토제와 함께 주입하여 구토를 유발한다. 그러면 환자는 알코올과 관련해 불쾌한 경험을 갖게 된다. 1930년대 이후로 수많은 알코올 중독자들이 이와 같은 처치를 받았고 치료에 성공했다고 전문가들은 주장했다. 1960년대 이후로는 동성애 혐오 치료가 등장했다. 1960년대 영국에서는 동성애가 범죄였고 이 때문에 많은 이들이 법정에 회부되었다. 동성애자들에게는 아포모르핀을 주입해 메스꺼움과 구토를 유발했다. 그런 다음 옷을 입지 않은 남성의 사진을 보여 주었다. 하지만 이 치료는 전혀 성공하지 못했다. 입원 과정도 필요했다. 환자들이 탈수증을 보이는지 관찰하고 치료하기 위해서였다. 아포모르핀 치료의 부작용은 의심할 여지없이 사망이었다.

P 인: 벙어리 목격자

1 1630년에서 1692년 혹은 1710년까지 살았다. 사망 년도는 확실하지 않다.

2 신비로운 철학자의 돌(최근에는 소년 마법사 덕분에 더 유명해졌다)은 비금속을 금으로 만드는 데 주요한 역할을 한다고 여겨졌다. 만병통치약, 보편 용매와 함께 모든 연금술사들이 찾아 헤매던 것이었다.

3 인이 내는 냄새는 정말 강력하고 불쾌하기로 독보적이었다. 종종 '마늘 향'으로 묘사되지만 실제로는 지구상 그 무엇과도 다른 냄새였다.

4 마틸다는 오스트리아 공주로, 장차 왕이 될 이탈리아의 움베르토 1세Umberto I와 약혼한 사이였다. 창가에 기대 지인과 이야기를 나누는 와중에 그녀는 성냥을 밟았다. 무슨 일이 벌어졌는지를 깨닫기도 전에 그녀의 드레스는 화염에 휩싸였다.

마틸다는 그 뒤 부상으로 사망했다.

5   한때 성냥 머리를 먹는 게 자살 수단으로 인기를 누렸다. 성냥갑에는 사망을 유
    도할 만큼 흰인이 충분히 들어 있었다. 오늘날에는 독성이 없는 붉은인을 사용하
    므로 성냥갑을 심지어 몇 박스를 핥는대도 사망에 이르지는 않는다.

6   병리학자의 보고에서 따온 문장이다.

7   극장에 있는 출구 표지판을 생각하면 된다.

8   다른 예로 암컷 반딧불이 꽁무니에서 나오는 빛, 나이트클럽에서 춤추는 사람들
    이 흔들어 대는 야광봉 등이 있다.

R 리신: 부부 탐정

1   암탉이나 오리 같은 새들은 피마자 씨앗 독에 면역성을 보인다.

2   이황화물 이성질화 효소disulfide isomerase라는 세포 내 단백질이 이 과정을 촉진
    한다. 우리 몸은 정기적으로 이황화물 결합을 끊어내는데, 이는 정상적인 과정이
    다. 따라서 효소가 리신을 분리하는 것은 전혀 놀라운 일이 아니다.

3   (옮긴이) '고이 잠드소서'라는 뜻의 'Rest In Peace'를 줄여서 'RIP'라고 쓴다. 묘
    비에 적는 관용구를 뜻하기도 한다. 리보솜을 망가뜨리고 나아가 생명까지 앗아
    가는 리신의 기능으로 봤을 때 이런 의미에서의 'RIP'로도 적절하다는 뜻이다.

4   리신을 구성하는 두 개의 단백질 사슬은 다른 많은 식물에서도 나타난다. 하지만
    둘이 함께 있지는 않다. 예를 들어, A 사슬만을 가지고 있는 보리는 리신 단백질
    에서 독성을 띤 부분을 갖고 있지만 먹을 수 있을 만큼 충분히 안전하다. B 사슬
    없이는 세포 내로 들어갈 수조차 없어 해를 끼치지 못하기 때문이다.

5   피마자 씨앗이 가진 치명적인 성질을 알지 못하는 아이들은 때때로 얼룩덜룩 반
    점이 있는 콩을 집어먹는다. 씨앗은 언뜻 헤이즐넛 맛이 난다. 직접 맛을 확인해
    볼 것을 권하지는 않겠다.

6   손을 살균 세정하는 데 알코올 젤을 사용하는 이유가 여기에 있다. 70퍼센트 농
    도에서 알코올은 세균의 세포막을 침투해 세포 내 단백질을 변성하고 세균을 죽
    인다.

7   이 방법은 물론 애거서 크리스티가 책을 쓴 이후에 확립되었다.

S 스트리크닌: 스타일스 저택의 괴사건

1   6.5리터당 겨우 1밀리그램이 녹는다.

2   또 다른 독약인 브루신이 나무껍질에서 발견된다.

3   환자를 어둡고 조용한 방안에서 가만히 쉬게 하는 것도 한 방법이다. 자극이 없으

면 신경이 신호를 보내지 않기 때문에 스트리크닌이 몸 밖으로 빠져나갈 때까지 시간을 벌 수 있다.

4 (옮긴이) 진정제와 마취제, 수면제로 쓰이는 약품으로 1903년에 개발되었다. 30여 종이 있다.

5 거의 동일한 실험이 이보다 앞선 다른 날짜에, 다른 독약으로, 다른 프랑스인에 의해 실시된 적이 있다. 비소였다. 프랑스 의학 학술원은 활성 숯의 장점에 관해 확신을 갖길 원했다.

6 화살 독을 관tube에 담아 두는 데서 이름을 땄다.

7 아마도 그의 목에 감긴 올가미가 문장 뒷부분을 잘라먹었을 것이다. 하지만 아쉽게도 그는 잭 더 리퍼Jack the Ripper(토막 살인자 잭)가 아니었다. 크림이 감옥에 있는 동안 한 건의 살인이 더 발생했기 때문이다. 그저 그가 사람들의 이목을 끌고 싶어서 내뱉은 말일 수도 있다. 크림은 악명을 떨치고 싶어 했다. 나중에 이야기가 가공된 것일 수도 있다. 이쪽이 가능성이 더 높다. 악명 높은 살인마를 목매달았음을 자랑하고자 교수형 집행인이 만들어낸 이야기일지도 모른다.

T 탈륨: 창백한 말

1 탈륨 이온에는 Tl⁺와 Tl3⁺, 두 가지가 있는데 Tl⁺가 가장 흔하다. 주기율표상에서 1족 알칼리 금속 이온들, 그중에서도 특히 칼륨(K⁺)과 화학적으로 유사하다. Tl⁺는 음전하를 띤 원자나 원자단과 강하게 결합해 염화탈륨thallium chloride(TlCl) 같은 염을 형성한다.

2 자살 시도에 몇 차례 이용되기도 했다. 다행히 사람들이 용기 하나 분량을 삼켰고, 이 정도면 상당한 고통을 겪긴 했지만 사망에 이르지는 않았다.

3 일부는 저장될지도 모른다. 하지만 노출 여부를 확인할 수 있을 만큼 충분한 양은 아니다. 앞에서 이야기했듯이 탈륨이 메르캅토기와 약하게 결합하는 탓이다.

4 잦은 구토로 몸무게를 유지할 만큼 영양분을 흡수하지 못하기 때문이다.

5 몰리의 사망은 언급되지 않았다.

6 앞에서 보았듯이, 그레이엄 영의 사건에서처럼 화장한 인골 가루에서 탈륨이 검출되기도 했다.

V 베로날: 에지웨어 경의 죽음

1 주사기로 주입할 수도 있었지만 이 경우는 매우 드물었다.

2 베로날은 주로 미국에서 판매되었다. 영국에서는 바르비톤의 나트륨 염sodium salt이 메디날Medinal이라는 이름으로 유통되었다.

3 펜토탈(티오펜팔 나트륨sodium thiopental)은 약을 복용한 사람들을 보다 협조적이
   게끔, 그리고 보다 말을 많이 하게끔 만든다. 그러나 그 말의 가치나 그 말을 신뢰
   할 수 있는가에 대해서는 미심쩍은 부분이 있다.
4 검시관 보조가 서향나무를 찾으러 집에 도착했을 때 부부는 마치 아무런 일도 없
   었던 듯 차분히 텔레비전을 보고 있었다고 한다.
5 주디 갈랜드 사망에 연루된 바르비투르가 세코날이었다.
6 암스트롱은 사형을 선고받았다가 나중에 종신형으로 감면되었다. 재판 후 자넷
   은 아이에게 자신이 직접 캡슐을 먹였다고 자백했다. 아기가 잠드는 데 캡슐 약
   이 도움을 주리라 믿었다고 했다. 당시 내무장관이 사건을 재조사할 것을 고려했
   지만 자넷을 다시 재판정에 세울 수는 없었다. 중국에는 캡슐 약 한 알로는 터렌
   스를 사망에 이르게 할 수 없었으리라 결론내려졌다. 살인죄는 여전히 암스트롱
   의 몫이었다.
7 범죄 동기는 결국 밝혀지지 않았다.

죽이는 화학
애거서 크리스티의 추리 소설과
14가지 독약 이야기

1판 1쇄 펴냄 | 2016년 12월 5일
1판 9쇄 펴냄 | 2024년 9월 20일

지은이 | 캐스린 하쿠프
옮긴이 | 이은영
발행인 | 김병준 · 고세규
발행처 | 생각의힘

등록 | 2011. 10. 27. 제406-2011-000127호
주소 | 서울시 마포구 독막로6길 11, 우대빌딩 2, 3층
전화 | 02-6925-4185(편집), 02-6925-4188(영업)
팩스 | 02-6925-4182
전자우편 | tpbook1@tpbook.co.kr
홈페이지 | www.tpbook.co.kr

ISBN 979-11-85585-31-4 03430

이 도서의 국립중앙도서관 출판시도서목록(CIP)은
서지정보유통지원시스템 홈페이지(http://seoji.nl.go.kr)와
국가자료공동목록시스템(http://www.nl.go.kr/kolisnet)에서
이용하실 수 있습니다.(CIP제어번호: CIP2016028525)